Matplotlib
科研绘图
基于Python

丁思源◎编著

机械工业出版社
CHINA MACHINE PRESS

本书以丰富的实战案例，系统讲解了 Matplotlib 这一强大工具的相关模块及应用场景。内容涵盖从基本图表绘制到复杂的专业图绘制与动画制作，全面满足读者在数据分析中常见的图表需求，从而帮助读者逐步提升图表绘制技能，创造具有视觉冲击力的效果。

全书首先介绍 Matplotlib 的安装、基础图表的创建，以及常用模块的使用方法，帮助读者快速入门；随后，深入剖析了常见统计图形的绘制技巧，如柱状图、散点图、箱线图等，并详细讲解了坐标轴的设置与调整。书中涵盖多图绘制、色彩搭配、文本样式设置、注释添加、专业图绘制等进阶内容，助力读者精细化调整图表，从而提升图表的表达效果。本书还展示了 Matplotlib 与其他数据处理和可视化库（如 Seaborn、Plotly）的结合应用，将图像处理和动画效果完美结合。

同时，随书还附赠了案例代码、教学视频（扫码观看）、相关电子书以及授课用 PPT 等海量学习资源，以帮助读者全面提升数据可视化能力。

本书适合从事数据分析、机器学习、系统优化等岗位的科研人员，对 Python 数据可视化感兴趣的读者，以及大中专院校理工科在校师生。

图书在版编目（CIP）数据

Matplotlib 科研绘图：基于 Python／丁思源编著．
北京：机械工业出版社，2025.6． -- ISBN 978-7-111
-78000-7

Ⅰ．TP391.412
中国国家版本馆 CIP 数据核字第 20253FZ976 号

机械工业出版社（北京市百万庄大街22号　邮政编码100037）
策划编辑：丁　伦　　　　　　　　　　　责任编辑：丁　伦
责任校对：高凯月　马荣华　景　飞　　　责任印制：邓　博
北京中科印刷有限公司印刷
2025 年 6 月第 1 版第 1 次印刷
185mm×260mm・17.25 印张・427 千字
标准书号：ISBN 978-7-111-78000-7
定价：119.00 元

封底无防伪标均为盗版

电话服务	网络服务
客服电话：010-88361066	机 工 官 网：www.cmpbook.com
010-88379833	机 工 官 博：weibo.com/cmp1952
010-68326294	金　书　网：www.golden-book.com
	机工教育服务网：www.cmpedu.com

前言 PREFACE

Matplotlib 是一个功能强大的 Python 数据可视化库，广泛应用于数据分析、科学计算和工程等领域。它能够生成多种静态、动态和交互式图表，包括折线图、柱状图、散点图、直方图等，同时提供高度自定义的图表布局与设计方案，满足用户对各种专业图表的需求。

Matplotlib 提供了简洁的命令式接口（如 pyplot），可以通过简单的命令快速创建高质量的可视化图表，方便用户更好地理解和展示复杂的数据关系。Matplotlib 还能够与其他数据可视化工具（如 Seaborn、Pandas 等）无缝集成，为用户提供了更加灵活多样的数据可视化解决方案，进一步拓展了其应用的广度与深度。

本书旨在帮助读者系统性地掌握 Matplotlib 的各项功能，构建完整的知识体系，并通过多样化的案例拓宽应用视野。无论是初次接触可视化的读者，还是希望深入了解数据可视化技巧的专业人士，本书都将为他们提供详尽的操作要领和应用方法，铺就一条系统学习 Python 数据可视化的道路。

本书通过丰富的实用案例，深入探讨了可视化的思路、技术与方法。从简单到复杂的案例均经过精心设计，循序渐进地引导读者掌握 Matplotlib 的使用技巧。全书以动手实践为主线，在帮助读者解决实际工作中的数据可视化问题的同时，深入理解 Matplotlib 的核心语法和操作，全面提升其使用能力和理解深度。全书分为 4 部分，具体安排如下。

第 1~3 章：详细介绍 Matplotlib 的背景知识与安装步骤，帮助读者快速上手。包括 pyplot 和 NumPy 模块的基础操作，以及柱状图、条形图、直方图、散点图等常见统计图形的系统绘制方法。

第 4~7 章：深入讲解坐标轴设置技巧，如标签管理、隐藏刻度、添加次要坐标轴等。同时展示多图绘制与子图布局的方法，并详细解析颜色应用、文本对齐、文本旋转、数学文本处理等图表优化技巧。

Matplotlib 科研绘图：基于 Python

第 8~10 章：完整展示注释技巧（如箭头注释），并通过等高线图、石川图、地理图形等专业图表的绘制实例，帮助读者进一步掌握数据可视化。

第 11~13 章：涵盖图像处理和动画效果的实现，并讲解 Matplotlib 与 Pandas、Seaborn、Plotly 等工具的整合使用。同时提供丰富的社区资源，支持读者不断提升数据可视化技能。

说明：为节约读者购书成本和学习时间，本书三维数据可视化内容已制作成电子图书，有需要的读者可根据需要选择学习。

读者可通过关注封底的"IT 有得聊"微信公众号或作者主理的"算法仿真"微信公众号，免费获取随书赠送的案例代码、教学视频（扫码观看）、相关电子书、授课用 PPT 等海量学习资源，以及行业前沿信息和相关技术分享。

本书适合具备一定 Python 编程基础的读者，有助于其学习 Matplotlib 的实际应用案例。书中的示例代码使用基础语法编写，并提供详细解释，确保代码易读易懂，使读者能专注于实用的可视化案例学习。由于编者的学识和能力有限，书中难免存在不足之处，欢迎广大读者对书中的技术问题、阅读体验和编排建议给予反馈。如果您对 Matplotlib 有自己的见解和研究兴趣，也非常欢迎与我联系，非常期待您的反馈和建议，以便不断改进和完善本书内容。感谢您的支持和宝贵意见！

编　者

目 录

前 言

第 1 章 初识 Matplotlib ……………… 1

1.1 Matplotlib 概述 ………………… 1
1.1.1 Matplotlib 功能 ……………… 1
1.1.2 社区资源介绍 ……………… 1
1.1.3 数据可视化发展展望 ……… 2

1.2 准备工作 ……………………… 2
1.2.1 安装 Anaconda 软件 ……… 3
1.2.2 安装 Matplotlib …………… 4
1.2.3 Jupyter Notebook 使用简介 … 7
1.2.4 Spyder 使用简介 …………… 8

1.3 创建第一个图表 ……………… 10
1.4 本章小结 ……………………… 11

第 2 章 绘图常用模块 ……………… 12

2.1 pyplot 简介 …………………… 12
2.2 NumPy 简介 …………………… 19
2.2.1 创建对象 …………………… 19
2.2.2 对象属性 …………………… 21
2.2.3 对象矩阵操作方法 ………… 22
2.2.4 对象索引和切片 …………… 25
2.2.5 对象拆分与拼接 …………… 28
2.2.6 对象广播原则 ……………… 31
2.2.7 随机数模块 ………………… 32
2.2.8 统计方法 …………………… 34
2.2.9 其他方法 …………………… 35

2.3 本章小结 ……………………… 36

第 3 章 绘制统计图 ………………… 37

3.1 柱状图 ………………………… 37
3.1.1 简单柱状图 ………………… 38
3.1.2 堆积柱状图 ………………… 40
3.1.3 分组柱状图 ………………… 42

3.2 条形图 ………………………… 44
3.2.1 简单条形图 ………………… 44
3.2.2 离散分布的条形图 ………… 46

3.3 直方图 ………………………… 50
3.4 散点图 ………………………… 53
3.5 折线图 ………………………… 56
3.6 饼图 …………………………… 59
3.6.1 常规饼图 …………………… 59
3.6.2 嵌套饼图 …………………… 63

3.7 箱线图 ………………………… 64
3.7.1 简单箱线图 ………………… 65
3.7.2 自定义箱线图 ……………… 68

3.7.3　填充颜色的箱线图 ……………… 71
　　3.7.4　箱线图的实际应用 ……………… 72
3.8　茎图 ………………………………………… 73
3.9　雷达图 ……………………………………… 76
3.10　本章小结 …………………………………… 77

第 4 章　坐标轴应用 …………………………… 78

4.1　设置坐标轴标签位置 ……………………… 78
4.2　隐藏坐标轴刻度 …………………………… 79
4.3　设置同一坐标轴不同刻度 ………………… 80
4.4　添加次要坐标轴 …………………………… 81
4.5　隐藏次要坐标轴 …………………………… 82
4.6　设置断轴 …………………………………… 83
4.7　添加共享轴 ………………………………… 84
　　4.7.1　共享不同子图区域的坐标轴 ……… 85
　　4.7.2　共享个别子图区域的坐标轴 ……… 87
4.8　设置对数轴 ………………………………… 88
　　4.8.1　为 x 轴分配对数刻度 ……………… 88
　　4.8.2　为 y 轴分配对数刻度 ……………… 89
4.9　本章小结 …………………………………… 89

第 5 章　多图绘制与子图布局 ………………… 91

5.1　多图绘制与子图创建 ……………………… 91
　　5.1.1　GridSpec 创建多个子图 …………… 91
　　5.1.2　Subplots 创建多个子图 …………… 92
5.2　GridSpec 函数对子图进行布局 …………… 93
　　5.2.1　使用子图和 GridSpec 合并两个
　　　　　子图 …………………………………… 93
　　5.2.2　使用 GridSpec 进行多列或多行
　　　　　子图布局 ……………………………… 94
5.3　subplot_mosaic 快速创建自定义布局的
　　子图 ………………………………………… 95
　　5.3.1　创建简单均匀的子图 ……………… 96
　　5.3.2　创建跨多行或多列的子图 ………… 97

　　5.3.3　创建有空白区域的子图 …………… 98
　　5.3.4　基于 GridSpec 控制子图宽度和
　　　　　高度 ………………………………… 100
　　5.3.5　基于 GridSpec 放置多个相同的子图
　　　　　区域 ………………………………… 101
　　5.3.6　使用嵌套列表布局子图 …………… 103
　　5.3.7　使用 NumPy 数组布局子图 ……… 105
5.4　绘制统计图形案例展示 …………………… 106
5.5　本章小结 …………………………………… 108

第 6 章　颜色的使用 …………………………… 109

6.1　向几何图形中填充颜色 …………………… 109
　　6.1.1　规则多边形的颜色填充 …………… 109
　　6.1.2　不规则图形的颜色填充 …………… 113
6.2　按 y 值为图形填充颜色 …………………… 117
6.3　常用的颜色参数 …………………………… 119
　　6.3.1　单字符颜色代码 …………………… 120
　　6.3.2　Tableau 调色板 …………………… 120
　　6.3.3　CSS 颜色名称 ……………………… 121
　　6.3.4　RGB 或 RGBA 元组 ……………… 121
　　6.3.5　十六进制字符串 …………………… 121
　　6.3.6　灰度字符串 ………………………… 122
　　6.3.7　X11/CSS4 颜色名称 ……………… 122
　　6.3.8　数字颜色索引（对于循环色） …… 122
6.4　创建和修改颜色映射表 …………………… 122
　　6.4.1　常用的颜色映射 …………………… 122
　　6.4.2　获取颜色映射表并访问其值 ……… 126
　　6.4.3　创建颜色映射表 …………………… 128
　　6.4.4　创建线性分段颜色映射表 ………… 129
　　6.4.5　修改颜色映射表 …………………… 130
6.5　从颜色映射表中选择单个颜色 …………… 133
　　6.5.1　从连续映射表中提取颜色 ………… 134
　　6.5.2　从离散映射表中提取颜色 ………… 134

目录

6.6 添加透明度 ············ 135	8.5 坐标系的注释 ············ 173
6.7 本章小结 ············ 137	8.5.1 变换实例（Transform instance）··· 174
第 7 章 文本内容样式和布局 ············ **138**	8.5.2 使用可调用对象，并返回 BboxBase ············ 175
7.1 文本对齐方式 ············ 139	8.6 非文本注释 ············ 176
7.2 文本旋转 ············ 140	8.7 本章小结 ············ 176
7.2.1 文本的旋转模式 ············ 140	**第 9 章 等高线绘制** ············ **177**
7.2.2 相对于直线进行文本旋转 ············ 142	9.1 不填充的等高线图 ············ 177
7.2.3 在曲线上方放置文本 ············ 143	9.2 填充的等高线图 ············ 182
7.3 文本自动换行 ············ 144	9.2.1 为等高线填充颜色 ············ 182
7.4 处理数学文本 ············ 145	9.2.2 为等高线填充图案 ············ 184
7.4.1 使用 LaTeX 渲染数学文本 ············ 145	9.3 等高线的方向 ············ 185
7.4.2 使用 TeX 渲染数学文本 ············ 147	9.4 为等高线添加对数色标 ············ 186
7.5 设置文本框 ············ 148	9.5 等高线图掩蔽操作 ············ 187
7.5.1 设置文本框样式 ············ 149	9.6 绘制不规则间距数据的等高线图 ············ 189
7.5.2 文本框对齐方式 ············ 152	9.7 非结构化三角形网格的等值线图 ············ 190
7.6 添加水印 ············ 153	9.8 本章小结 ············ 195
7.7 连接具有不同属性的文本对象 ············ 155	**第 10 章 专业图绘制** ············ **196**
7.8 本章小结 ············ 156	10.1 石川图 ············ 196
第 8 章 添加注释 ············ **157**	10.2 左心室靶心图 ············ 201
8.1 基本注释 ············ 157	10.3 极轴上绘制图形 ············ 204
8.2 为 Artist 添加注释 ············ 159	10.3.1 极轴条形图 ············ 204
8.2.1 Artist（箭头）上方添加文本注释 ············ 160	10.3.2 极轴散点图 ············ 204
8.2.2 将 Artist（图例）放置在轴中的锚点位置 ············ 160	10.4 条形码和 Hinton 图 ············ 206
8.2.3 为图添加 Artist（圆形、椭圆）对象 ············ 161	10.4.1 条形码 ············ 206
	10.4.2 Hinton 图 ············ 207
8.3 使用箭头进行注释 ············ 163	10.5 地理图形 ············ 208
8.3.1 箭头加文本进行注释 ············ 163	10.5.1 地形阴影图 ············ 209
8.3.2 只绘制箭头进行注释 ············ 164	10.5.2 地球经纬度图 ············ 213
8.3.3 自定义注释箭头 ············ 165	10.5.3 流线图 ············ 215
8.4 相对于数据放置文本注释 ············ 173	10.6 使用样式表绘制统计图形 ············ 218
	10.7 本章小结 ············ 227

第 11 章 图像处理 · 228

- 11.1 图像调色 · 228
- 11.2 图像裁剪 · 233
- 11.3 图像旋转 · 237
- 11.4 图像镜像 · 240
- 11.5 图像拼接 · 241
- 11.6 图像合成 · 247
- 11.7 本章小结 · 249

第 12 章 图形动画效果 · 250

- 12.1 正弦曲线衰减动画 · 250
- 12.2 雨滴模拟动画 · 253
- 12.3 多轴动画 · 255
- 12.4 三维随机游走动画 · 258
- 12.5 模拟示波器的动画 · 260
- 12.6 本章小结 · 262

第 13 章 Matplotlib 整合 · 263

- 13.1 与 Pandas 整合 · 263
- 13.2 与 Seaborn 整合 · 265
- 13.3 与 Plotly 整合 · 267
- 13.4 本章小结 · 268

第 1 章
初识 Matplotlib

无论是在工作中，还是在科研中，难以避免的便是数据分析，Matplotlib 可以用于绘制各种类型的图表和数据可视化，同时提供了类似于 MATLAB 的绘图接口，因此非常适合用于数据分析和科学计算，最重要的是 Matplotlib 能够生成线图、散点图、直方图、饼图等多种类型的图表，并且可以对这些图表进行高度定制和美化，希望读者在对本书的学习过程中有所收获，真正解决自己的实际问题。

1.1 Matplotlib 概述

Matplotlib 的历史可以追溯到 2003 年，由 John D. Hunter 开发。其初衷是为 Python 提供一个类似于 MATLAB 的可视化工具，方便科学计算社区的用户进行过渡和使用。

随着时间的推移，Matplotlib 发展为 Python 数据可视化的标准库之一，成为许多其他库的基础，如 Seaborn 和 Pandas，其灵活性和丰富的功能使用户能够创建高质量的专业图表和可视化效果。

1.1.1 Matplotlib 功能

Matplotlib 提供了面向对象的 API 和 MATLAB 风格的接口，允许用户根据不同的需求选择编程风格。它支持在 Jupyter Notebook 中进行交互式绘图，还能生成用于出版的高质量图像文件。

除基本绘图功能，Matplotlib 还具备高度定制化的能力。用户可以精细控制图表元素，如线条样式、颜色、标签、标题等，轻松添加图例、注释和文本。它还支持不同的背景样式和颜色主题，以及多种图形元素，如箭头、图像和热图。Matplotlib 的发展推动了 Seaborn、Pandas 和 Plotly 等可视化工具和库的出现，它们在 Matplotlib 基础上提供了更高级、更简便的接口和功能。

总之，Matplotlib 在科学计算、数据分析和可视化领域占有重要地位，提供了强大且灵活的工具，可以帮助用户更好地理解和展示数据，并与他人分享发现。

1.1.2 社区资源介绍

1. 官方资源

1）Matplotlib 官方网站：提供了详尽的用户 API 参考和示例代码，是学习 Matplotlib 的最佳起点。

2）官方文档：学习 Matplotlib 的权威资源，涵盖了所有功能和用法。

3）GitHub 仓库：可以获取最新版本的代码、报告问题、提交功能请求或贡献代码。

2. 论坛与讨论组

1）Stack Overflow：热门问答平台，可以搜索 Matplotlib 相关问题或提出自己的问题，社区中的相关专家会提供帮助。

2）Matplotlib 邮件列表：传统讨论平台，在这里可以讨论使用中的问题和分享经验。

3）官方 Twitter：Matplotlib 的官方 Twitter 账号定期发布更新、教程和社区新闻。

4）教程网站：Towards Data Science 和 Real Python 提供大量关于 Matplotlib 的教程和文章，适合不同水平的用户。

3. 视频教程

1）YouTube：涵盖从入门到高级应用的 Matplotlib 视频教程。

2）在线课程：如 Coursera 和 Udemy 等平台上均会提供系统的 Matplotlib 课程。

1.1.3 数据可视化发展展望

数据可视化在数据科学和分析领域中扮演着越来越重要的角色，随着技术进步和数据量的急剧增长，未来的发展趋势主要包括交互式和动态图表、大数据可视化、实时数据可视化、3D 和多维数据可视化，以及高级和自定义图表。

1）交互式和动态图表。用户希望通过单击、缩放和过滤来深入探索数据，交互式和动态图表因此愈加重要。尽管 Matplotlib 主要用于静态图表，但结合 mpld3、Bokeh 和 Plotly 等库，可以增强交互性。例如，Plotly 可以将 Matplotlib 图表转换为交互式图表。

2）大数据可视化。面对日益增长的庞大数据集，快速渲染和处理大数据成为关键需求。虽然 Matplotlib 并非专为大数据设计，但通过与 Dask 和 Datashader 等库结合，可以显著增强处理和可视化大数据的能力。

3）实时数据可视化。物联网、金融市场和实时分析对实时数据可视化需求日益增长。Matplotlib 的 animation 模块可以创建实时更新的动态图表，FuncAnimation 是实现此功能的一个关键工具。

4）3D 和多维数据可视化。3D 可视化在科学研究和工程应用中愈发重要，它能够更直观地展示复杂数据关系。Matplotlib 提供了 mpl_toolkits.mplot3d 模块来支持 3D 图表的创建。

5）高级和自定义图表。随着需求的增加，用户需要更加专业和高度自定义的图表。Matplotlib 的灵活性使得用户能够创建复杂且精细的可视化，以满足特定领域的需求。

1.2 准备工作

本书采用已经集成了许多常用的库（如 Numpy、Pandas 等）的 Anaconda 环境，在安装 Anaconda 后不用单独安装纯净的 Python。Anaconda 可以方便地支持虚拟环境的创建与管理，使用户能够在不同项目中使用不同的环境配置。

1.2.1 安装 Anaconda 软件

1）进入 Anaconda 官网（https://www.anaconda.com），单击右上角的 Free Download 按钮，如图 1-1 所示。

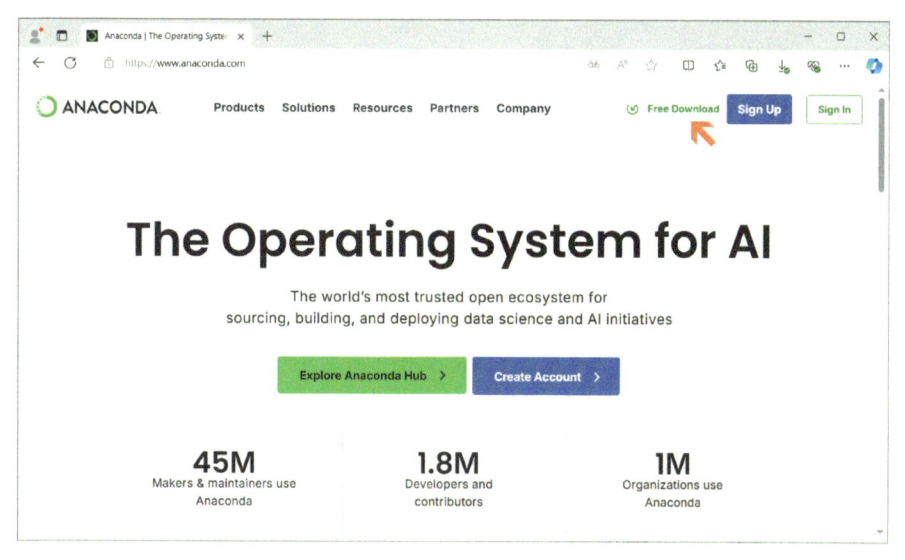

图 1-1　Anaconda 官网

2）在进入的窗口中根据提示登录或注册账号后下载，也可单击 Skip registration 选项，如图 1-2 所示，跳过注册直接进入下载页面。

3）在下载页面中单击 Download 按钮进行下载，如图 1-3 所示。

4）启动安装程序。双击图 1-4 所示下载完的文件开始安装。安装过程略。

图 1-2　跳过注册

图 1-3　官网下载界面

Matplotlib 科研绘图：基于 Python

图 1-4　Anaconda 扩展文件

1.2.2　安装 Matplotlib

1）在 Windows 开始菜单中单击 Anaconda Navigator 选项即可进入 Anaconda Navigator。

2）在 Anaconda Navigator 主界面中包括 Home 和 Environments 两个主要选项卡。

Home 选项卡内主要是各种相关软件的入口（如本书中使用的 Jupyter Notebook），如图 1-5 所示。

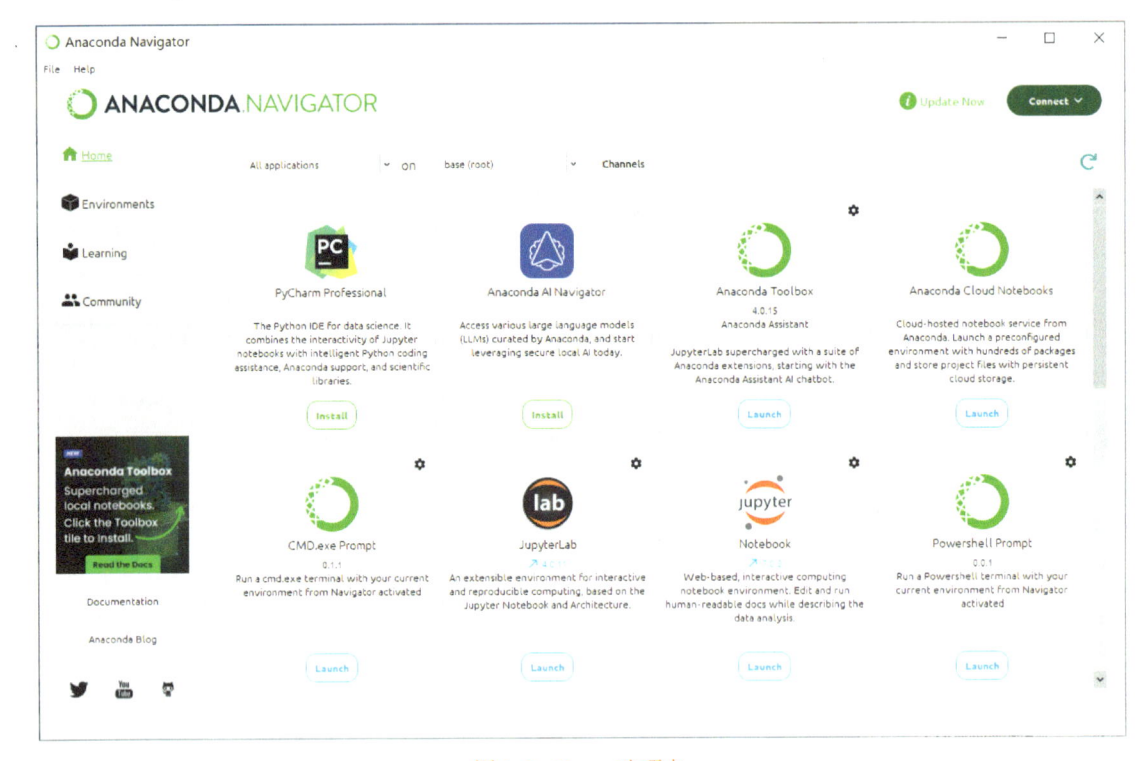

图 1-5　Home 选项卡

Environments 选项卡内是 Anaconda 中已有的各类 Python 环境，在左侧单击 Environments 选项卡，打开 base（root）环境，选择 Installed 可以看到已经安装的工具，如图 1-6 所示。用户可以创建多个环境，并在每个环境中安装不同版本的库。例如：

① 在 A 环境安装 Python 3.8，并安装 Matplotlib 3.7.0 及以上版本，支持最新深度学习系统开发。

② 在 B 环境安装 Python 2.7，并安装 Matplotlib 2.7.0 及以上版本（3 版本以下），支持老旧系统的软件开发。

环境之间相互隔离，互不干扰，有利于单独更新与维护，因此强烈建议读者要熟悉环境的用法。本书中以默认环境 base（root）进行演示，如图 1-5 所示。

4

图 1-6 Environments 选项卡

3）找到命令行交互（CMD.exe Prompt）。

在 Home 选项卡中找到 CMD.exe Prompt，单击其下的 Launch 按钮，如图 1-7 所示，即可打开一个可交互的黑色命令窗口，在该窗口下进行安装的步骤如下。

图 1-7 找到 CMD.exe Prompt

Matplotlib 科研绘图：基于 Python

① 输入指令 pip install opencv-python 并回车（即按回车〈Enter〉键，以下均同），安装 opencv（跨平台计算机视觉和机器学习软件库），等待安装完毕，如图 1-8 所示。

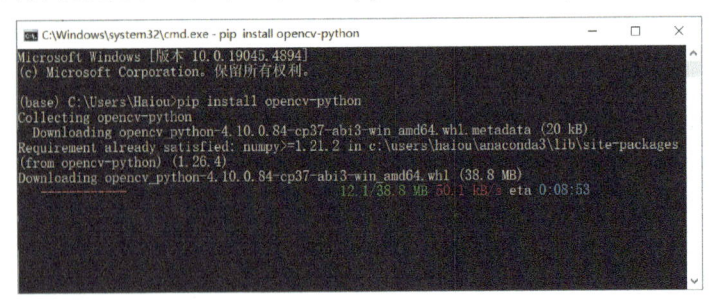

图 1-8　安装 opencv

② 继续输入指令 pip install matplotlib 并回车，安装 Matplotlib。

4）验证是否安装成功。

① 在命令窗口中输入 python 并回车，随后继续输入 import cv2，按〈Enter〉键后再输入 cv2.__version__（前后都是两个下划线），即可查看 OpenCV 的版本，如图 1-9 所示。

② 继续在命令窗口中输入 import matplotlib，按〈Enter〉键后输入 matplotlib.__version__，即可查看 Matplotlib 版本，如图 1-9 所示，输入没有报错表明安装成功。

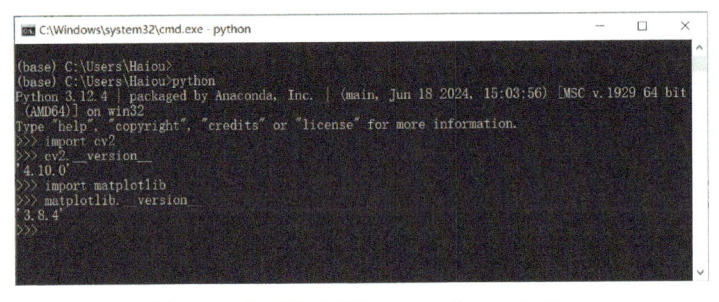

图 1-9　验证是否安装 opencv 和 matplotlib

5）创建一个 Notebook 文件。

在 Home 界面中找到 Jupyter Notebook，单击其下的 Launch 按钮。由于 Jupyter Notebook 是网页工具，所以其会在默认浏览器中打开，如图 1-10 所示。

图 1-10　网页工具

单击 New 下拉菜单中的 Notebook 选项，在弹出的图 1-11 所示的 Select Kernel 对话框中选择 Python 3（ipykernel）选项后，单击 Select 按钮即可新建一个 Python 文件，默认文件名为 Untitled1.ipynb，如图 1-12 所示。

图 1-11　Select Kernel 对话框

图 1-12　创建 Notebook 文件

单击 Jupyter 图标旁边的文件名 Untitled1，在弹出的 Rename File 对话框中可以对文件名进行修改，如图 1-13 所示。

图 1-13　Rename File 对话框

1.2.3　Jupyter Notebook 使用简介

Jupyter Notebook 有编辑模式和命令模式两种模式。在一个文件中可以实现同时编辑和运行代码、查看输出、编辑 Markdown 格式的文档。

编辑模式（按 Enter 键生效）下将代码或文本输入到一个单元格中，并通过一个蓝色边框的单元格来表示。

1）在空白处按 y 键，即可进入代码状态（默认）；按 Enter 键进入编辑状态，即可在代码框内编辑代码。输入 Ctrl+Enter 运行代码。

2）在空白处按 m 键，即可进入 Markdown 状态；按 Enter 键进入编辑状态，即可编辑文档；在编辑状态下，按 Ctrl+Enter 组合键完成文档编辑。

3）在空白处按 1 键，将其设置为"一级标题"；按 2 键，将其设置为"二级标题"，依次类推。最后按 Ctrl+Enter 组合键接受文档的编辑，如图 1-14 所示。

Matplotlib 科研绘图：基于 Python

命令模式（按 Esc 键生效）下将键盘与笔记本命令绑定在一起，并通过一个灰框、左边距蓝色的单元格显示。

1）在命令行模式下，按 a 键向上插入一行，按 b 键向下插入一行，按 d 键删除一行。

2）在命令行模式下，按 h 键可以查找想要的快捷键。

图 1-14　Jupyter Notebook 操作界面

1.2.4　Spyder 使用简介

Spyder 是一个基于 Python 的科学计算与数据分析的集成开发环境（IDE）。执行 Windows 系统的"开始"菜单栏中的 Spyder 命令，即可启动 Spyder，首次启动后的界面如图 1-15 所示。该界面默认为中文版，暗黑色，读者可以根据自己的喜好进行设置。

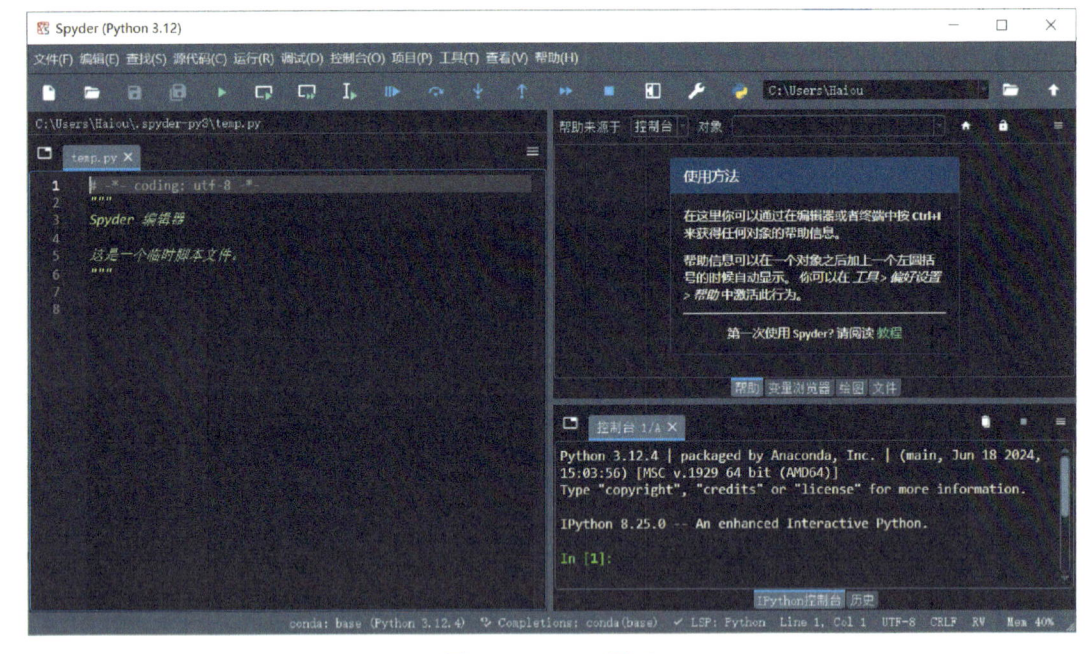

图 1-15　Spyder 界面

1）执行菜单栏中的"工具"→"偏好"命令，即可打开"偏好"对话框。本书采用中文环境进行编写。对于习惯于英文环境的读者，可以在该对话框左侧选择"应用程序"选项，在右侧选择"高级设置"选项卡，将"语言"设置为 English 即可。

2）在该对话框左侧选择"外观"选项，之后将"界面主题"设置为"浅色"，"语法高亮主题"选择 Spyder，如图 1-16 所示。

3）单击 Apply 按钮，弹出"信息"提示框，单击 Yes 按钮，重新启动 Spyder，此时的界面如图 1-17 所示。编者使用的操作界面即为该界面。

Spyder 提供了一个功能丰富的工作环境，旨在帮助用户更轻松地进行数据处理、模型建立、数据可视化等工作。下面是 Spyder 主界面的完整介绍。

初识 Matplotlib 第1章

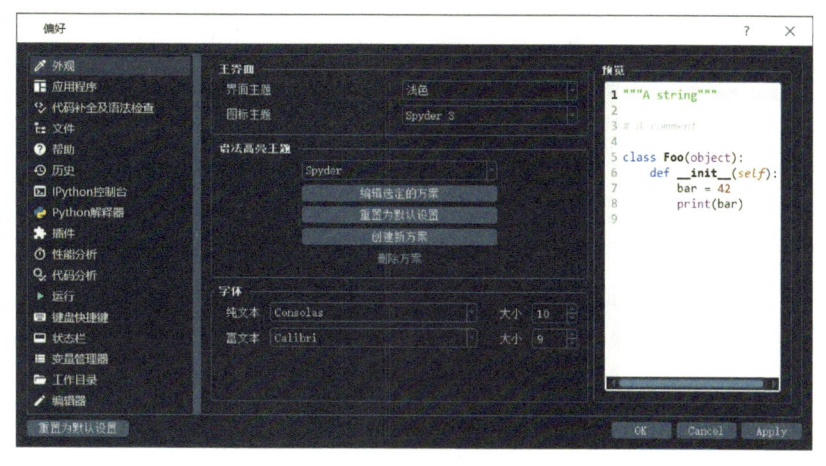

图 1-16 偏好设置

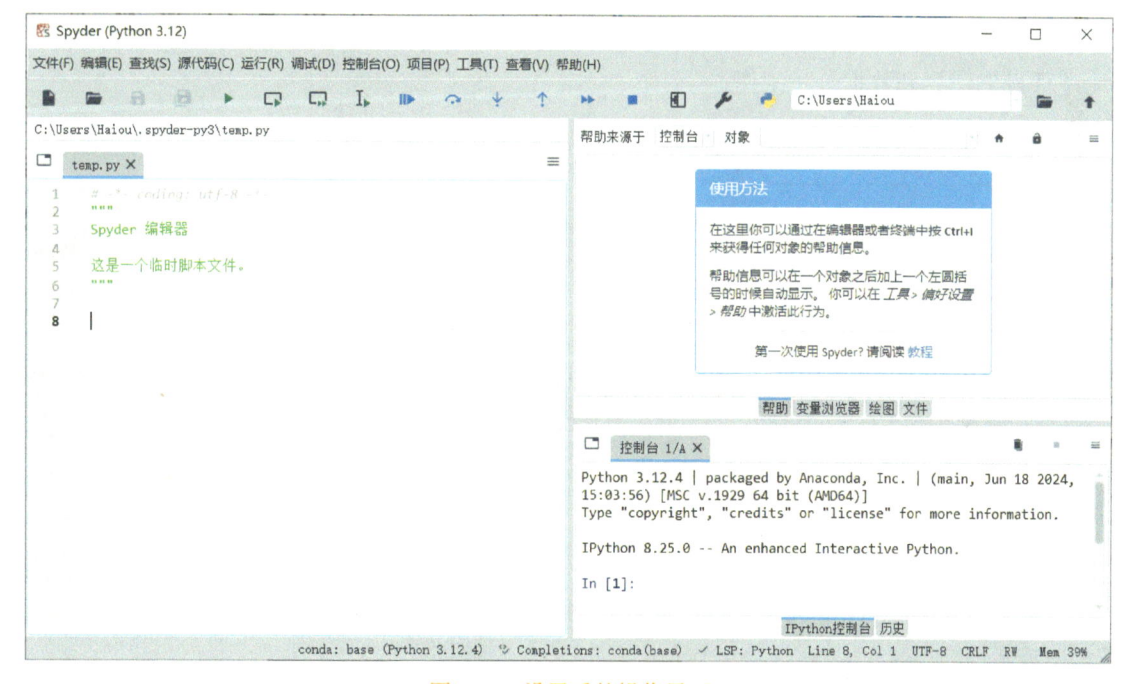

图 1-17 设置后的操作界面

1) 菜单栏。Spyder 的菜单栏包含许多功能丰富的功能命令,从编辑、运行到调试,以及帮助的获取等,使用户能够方便地访问各种工具和功能。

2) 工具栏。工具栏位于主界面的顶部,包含常用的操作按钮,如运行、停止、保存等。用户可以通过工具栏快速执行常用的操作,提高工作效率。

3) 编辑器区域。Spyder 的主编辑器区域提供了一个代码编辑器,用户可以在此处编写 Python 代码。这个编辑器支持语法高亮、代码补全、自动缩进、代码折叠等功能,让用户编写代码更加方便。

4) 变量浏览器。变量浏览器位于界面右上侧,显示了当前 Python 命名空间中的所有变量,包括变量名称、类型和值。通过变量浏览器,用户可以轻松地监视和调试代码中的变量。

9

5）文件浏览器。文件浏览器显示了项目文件夹的目录结构，使用户可以方便地导航和管理文件。用户可以在文件浏览器中浏览文件夹、创建新文件、重命名文件等。

6）绘图浏览器。绘图浏览器用于查看和管理在 IPython 控制台或脚本中生成的图形。它可以实现图形显示、图形管理、交互式操作、导出图形、保存图形状态等。

7）帮助窗口。帮助窗口显示了当前选择的函数或方法的帮助文档。用户可以在帮助窗口中查找函数的用法、参数等信息，从而更好地理解和使用 Python 库和函数。

8）IPython 控制台。IPython 控制台是一个交互式的 Python 解释器控制台，用户可以直接在其中执行 Python 代码并查看结果。IPython 控制台提供了丰富的功能，如代码补全、历史记录、对象检查等，帮助用户更轻松地进行交互式计算。

9）状态栏。状态栏位于主界面的底部，显示了当前工作环境，以及 Python 解释器版本、行号、字符数等信息。用户可以通过状态栏了解当前工作环境的状态，以及代码编辑器中光标位置的相关信息。

通过这些功能组件，Spyder 提供了一个功能齐全的 Python 开发环境，帮助用户更轻松地进行科学计算和数据分析工作。

1.3 创建第一个图表

完成前面的安装操作后，便可以开始使用 Matplotlib 了。下面绘制一个简单的折线图来展示 Matplotlib 的相关操作。

【例 1-1】 创建第一个图表。代码如下。

```
import matplotlib.pyplot as plt
x=[1,2,3,4,5,8,9]                                    # 数据 x
y=[2,3,5,7,11,10,9]                                  # 数据
plt.rcParams['font.sans-serif']=['SimHei']           # 将字体设置为宋体
plt.plot(x,y)                                        # 创建折线图
plt.title('Title')                                   # 添加标题
plt.xlabel('XLabel')                                 # 添加 x 轴标签
plt.ylabel('YLabel')                                 # 添加 y 轴标签
plt.show()                                           # 显示图表
```

将代码放到 Jupyter Notebook 中并运行代码，会得到相应的折线图，如图 1-18 所示，从下一章开始正式进入 Matplotlib 的学习。

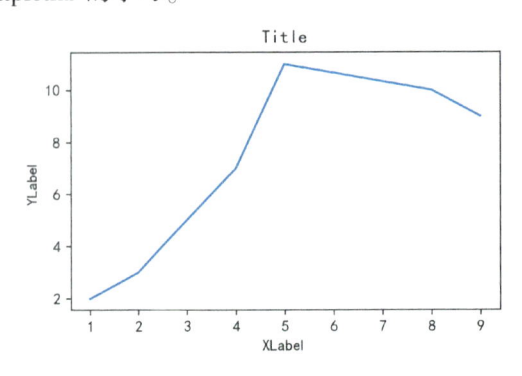

图 1-18　一个简单的折线图

1.4 本章小结

本章对 Matplotlib 进行简介及一些准备工作。通过本章的学习，读者应该已经了解了 Matplotlib 的基本背景、安装过程以及创建图表的基础步骤，这些技能将为在后续章节中学习 Matplotlib 的丰富功能和高级应用打下一个坚实的基础。希望这些基础知识和技能激发读者对数据可视化的兴趣，从而打开一扇通往更精彩的数据世界的大门。

第 2 章
绘图常用模块

在数据可视化过程中,熟练使用绘图和数据处理的基础模块至关重要。本章将介绍两个常用且强大的 Python 模块:pyplot 和 NumPy。通过学习 pyplot,将掌握基本的绘图技巧,为后续复杂图形的绘制奠定基础。NumPy 作为科学计算的核心库,其强大的 Ndarray 对象和丰富的功能将极大地提升您的数据处理效率。无论是矩阵操作、数据索引、随机数生成,还是统计分析,NumPy 均可为数据可视化工作提供有力支持。

2.1 pyplot 简介

pyplot 是 Matplotlib 库的一个子模块,主要用于创建图形、设置图形属性、添加图形元素以及显示图形等操作。pyplot 模块提供了一系列简洁的绘图函数,可以快速创建常见类型的图形,如线图、散点图、柱状图等。这些函数的命名和参数设计使得用户能够快速理解和使用,降低了绘图的复杂度。

pyplot 支持交互式绘图,用户可以通过交互式界面实时调整图形的显示效果、添加注释、修改属性等,方便用户进行探索性数据分析和数据可视化,pyplot 中一些常用的函数见表 2-1。

表 2-1 pyplot 常用函数

函 数	说 明
figure( )	创建一个新的图形窗口或者激活一个已存在的图形窗口
subplot( )	在当前图形中创建一个子图,可以指定子图的行数、列数和子图的索引位置
show( )	显示当前图形。调用其他绘图函数后,通常需要调用此函数才能将图形显示出来
savefig( )	将当前图形保存为图像文件
xlabel( )	设置 x 轴坐标标签
ylabel( )	设置 y 轴坐标标签
legend( )	添加图例,显示图形中不同元素的标识
title( )	设置子图的标题
suptitle( )	设置图形的总标题(针对整个图形而不是子图)
text( )	在图形中的指定位置添加文本

(续)

函　　数	说　　明
annotate( )	在图形中的指定位置添加注释，可以包括文本和箭头
grid( )	在图形中添加网格线，用于更清晰地查看数据的分布和趋势
axis( )	设置坐标轴的取值范围
xlim( )、ylim( )	用于设置 x 轴和 y 轴的范围
arrow( )	绘制一个箭头，通常用于指示特定的数据或关键点
setp( )	设置图形中的各种元素的属性，例如线条颜色、线型、点的样式等
imshow( )	显示图像数据，通常用于显示图像或热图
subplots_adjust( )	调整子块之间的距离，可以控制子图的位置和相对大小
plot( )	绘制线形图，将数据点连接起来形成一条线
bar( )	绘制条形图，用于显示不同类别之间的数量或比较
hist( )	绘制直方图，用于显示数据的分布情况
scatter( )	绘制散点图，用于展示两个变量之间的关系
pie( )	绘制饼图，用于显示各个部分占整体的比例
boxplot( )	绘制箱形图，用于显示数据的分布情况，包括中位数、上下四分位数等

【例 2-1】 pyplot 常用函数应用示例。

1）导入两个库。代码如下。

```
import matplotlib.pyplot as plt
import numpy as np
```

这段代码首先导入了 Matplotlib 库，并使用 plt 作为别名，这样可以更方便地调用 Matplotlib 中的函数。然后，导入了 NumPy 库，并使用 np 作为别名。

导入 Matplotlib 和 NumPy 后，就可以使用 Matplotlib 绘制各种类型的图形。NumPy 是一个用于数值计算的 Python 库，常用于处理数组和执行数学运算，将会在下一小节中具体讲解。

2）创建数据。代码如下。

```
x=np.linspace(0,2*np.pi,100)          #语句①
print(x)
y1=np.sin(x)                          #语句②
print(y1)
y2=np.cos(x)                          #语句③
print(y2)
```

语句①利用 NumPy 库中的 linspace( ) 函数来创建一个包含 100 个元素的一维数组。第一个参数是起始值，这里是 0，表示数组的起始点；第二个参数是结束值，这里是 2π，表示数组的结束点；第三个参数是生成的元素数量，表示数组中包含 100 个数据点；最后使用 print（x）函数查看 x 的值，运行后输出结果如下。

Matplotlib 科研绘图：基于 Python

```
[0.         0.06346652 0.12693304 0.19039955 0.25386607 0.31733259
 0.38079911 0.44426563 0.50773215 0.57119866 0.63466518 0.6981317
 ……                                        # 中间数据略
 6.09278575 6.15625227 6.21971879 6.28318531]
```

语句②利用 NumPy 库中的 sin( ) 函数对数组 x 中的每个元素进行正弦运算，然后将结果存储在数组 y1，运行后输出结果如下。

```
[ 0.00000000e+00  6.34239197e-02  1.26592454e-01  1.89251244e-01
  2.51147987e-01  3.12033446e-01  3.71662456e-01  4.29794912e-01
  ……                                          # 中间数据略
 -1.89251244e-01 -1.26592454e-01 -6.34239197e-02 -2.44929360e-16]
```

语句③利用 NumPy 库中的 cos( ) 函数对数组 x 中的每个元素进行余弦运算，然后将结果存储在数组 y2，运行后输出结果如下。

```
[ 1.         0.99798668 0.99195481 0.9819287  0.9679487  0.95007112
  0.92836793 0.90292654 0.87384938 0.84125353 0.80527026 0.76604444
  ……                                          # 中间数据略
  0.9819287  0.99195481 0.99798668 1.                    ]
```

3) 创建一个图形和两个子图。代码如下。

```
fig=plt.figure()
ax1=fig.add_subplot(211)
ax2=fig.add_subplot(212)
plt.show()
```

plt.figure( ) 函数创建了一个新的图形对象（Figure），即一个空白画布，用于存放图形元素，返回的 fig 对象代表了整个图形。

fig.add_subplot( ) 函数在图形对象 fig 上创建一个子图，参数 211 第一个数字表示行数，第二个数字表示列数，第三个数字表示第几个图，在这里表示将图形分成 2 行 1 列的子图网格，并选择第 1 个子图。

plt.show( ) 函数是 matplotlib 绘图过程中的最后一步，用于将绘制的图形显示在屏幕上。在调用这个函数之前，可以进行各种绘图操作，如设置坐标轴、绘制曲线、添加标签等，但这些操作不会立即在屏幕上显示出来，直到调用了 plt.show( ) 函数之后才会显示出来，如图 2-1 所示。

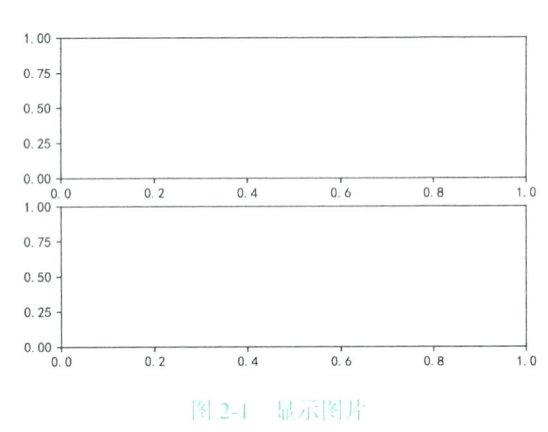

图 2-1 显示图片

4) 在创建一个图形和两个子图的基础上，接着在每个子图上绘制曲线。代码如下。

```
ax1.plot(x,y1,label='sin(x)')                    #语句①
ax2.plot(x,y2,label='cos(x)',color='r')          #语句②
```

语句①在第 1 个子图 ax1 上使用 plot( ) 函数绘制了正弦函数的曲线。其中，x 是自变量数组，y1 是正弦函数对应的值数组。参数 label='sin(x)'指定了曲线的标签为 sin(x)，这将在图例中用到，如图 2-2 上图所示。

语句②在第 2 个子图 ax2 上使用 plot( )函数绘制了余弦函数的曲线。与前一行代码类似，不同的是，这里指定参数 color='r'，表示曲线颜色为红色，如图 2-2 下图所示。

5）添加网格线。代码如下。

```
ax1.grid(True,which='both',axis='x',color='purple',
        linestyle=':',linewidth=0.7)
ax2.grid(True,which='both',axis='y',color='gray',
        linestyle='--',linewidth=0.5)
```

该代码块是应用 ax1.grid( )方法来控制网格线的样式。运行结果如图 2-3 所示。

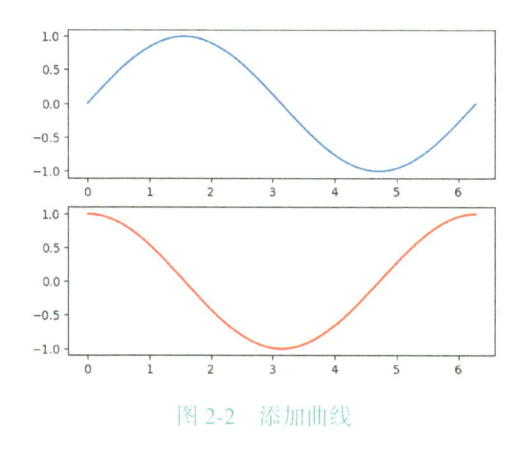

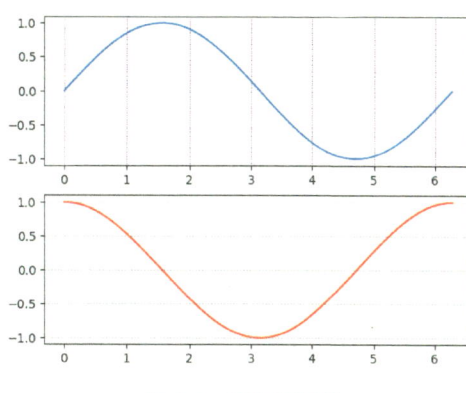

图 2-2　添加曲线　　　　　　　　图 2-3　添加网格线

- 第一个参数为布尔值，默认为 True，指定是否显示网格线，如果设置为 False，则网格线将不会显示。
- 参数 which（字符串，默认为 major），指定要绘制哪些刻度线的网格线，可选值包括 major（主刻度线）、minor（次刻度线）或者 both（同时显示主刻度线和次刻度线）。
- 参数 axis（字符串，默认为 both），指定绘制网格线的轴。可选值包括 x（仅绘制 x 轴的网格线）、y（仅绘制 y 轴的网格线）或者 both（同时绘制 x 轴和 y 轴的网格线）。
- 参数 color（字符串或颜色码，默认为 k，黑色），指定网格线的颜色，在这里用的 purple 和 gray，表示紫色和灰色。
- 参数 linestyle（字符串，默认为 -，实线），指定网格线的样式，可选值包括 -（实线）、:（点线）、--（虚线）等。
- 参数 linewidth（标量，默认为 0.5），指定网格线的线宽。这些参数可以根据需要进行调整，以满足特定的绘图要求，这里，对部分参数举例进行了说明。

6）添加标签、标题、图例。代码如下。

```
ax1.set_xlabel('x',fontsize=12,fontweight='bold',
              color='blue',labelpad=5)              #语句①
ax1.set_ylabel('sin(x)')                            #语句②
ax1.legend(loc='upper right',fontsize=10)           #语句③
ax1.set_title('Sine Function')                      #语句④
```

```
ax2.set_xlabel('x')
ax2.set_ylabel('cos(x)')
ax2.legend(loc='lower left',fontsize=10)
ax2.set_title('Cosine Function')
```

这段代码用于设置两个子图 ax1 和 ax2 的标签、图例和标题。运行结果如图 2-4 所示。

对于 ax1 子图，语句①利用 set_xlabel( ) 函数，设置 x 轴标签。其中 x 是 x 轴标签的文本内容；fontsize 指定 x 轴标签的字体大小为 12；fontweight 指定 x 轴标签的字体为粗体；color 指定 x 轴标签的颜色为蓝色；labelpad=5 指定 x 轴标签与轴之间的间距为 5，以调整标签与轴之间的距离，使得图表更美观易读。

语句②与语句①类似，用于设置 y 轴的标签。

语句③添加图例，参数 loc 指定了图例的位置，例如 upper right 表示右上角，lower left 表示左下角，等等。也可以传递一个元组（x, y），表示图例左下角的位置在轴的坐标系中的位置。参数 fontsize 指定了图例文本的字体大小为 10。

语句④设置子图标题为 Sine Function。

7）调整子图间的间距。代码如下。

```
plt.subplots_adjust(hspace=0.5)
```

从图 2-4 中可以看出，由于两个子图距离太近，第 1 个子图的 x 轴的标签和第二个子图的标题重叠，我们需要加大两个子图的垂直间距，对参数 hspace 赋值 0.5，来增加子图之间的垂直间距，使得图形布局更加清晰。

运行结果如图 2-5 所示。

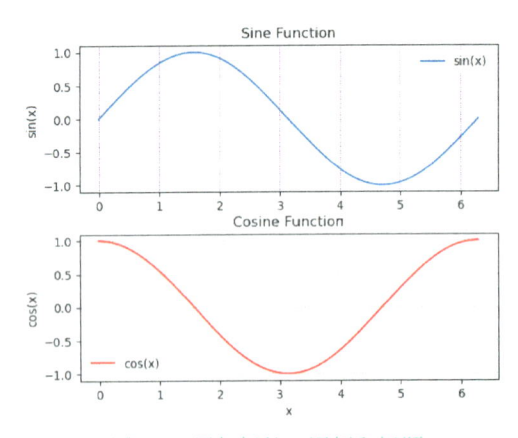

图 2-4　添加标签、图例和标题　　　　　　图 2-5　调整子图间的间距

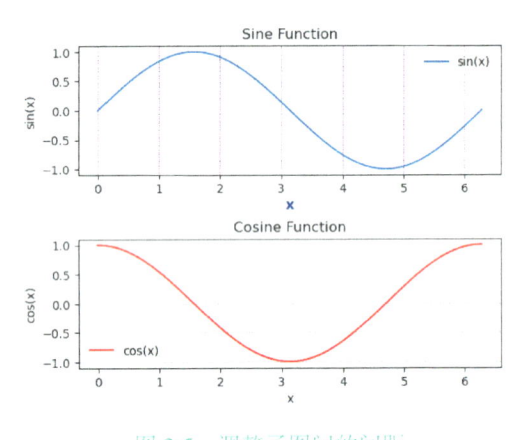

8）设置坐标轴范围。代码如下。

```
ax1.set_xlim(0,2*np.pi)          #语句①
ax1.set_ylim(-1,1)               #语句②
ax2.set_xlim(0,2*np.pi)
ax2.set_ylim(-1,1)
```

其中，set_xlim( ) 函数设置子图的 x 轴范围，在这个范围内显示数据。在这里，x 轴的范围被设置为从 0 到 2π，这对应于正弦函数和余弦函数在一个完整周期内的范围。

set_ylim()函数设置子图的y轴范围。在这里，y轴的范围被设置为从-1到1。运行结果如图2-6所示。

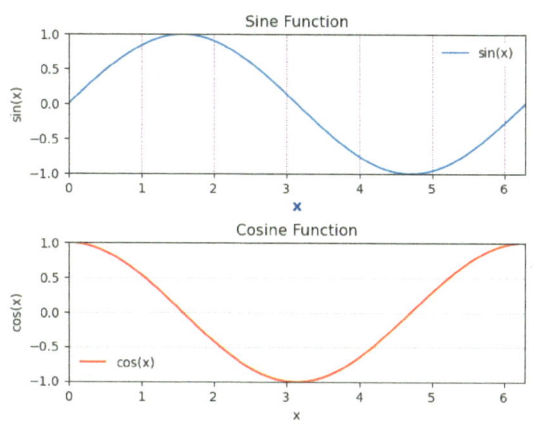

图2-6 设置坐标轴范围

9）添加注释和箭头。代码如下。

```
ax1.text(np.pi/2,1.05,'Maximum',ha='center')
ax1.annotate('Zero',xy=(np.pi,0),xytext=(np.pi/2,-0.5),
            arrowprops=dict(facecolor='black',shrink=0.05))
```

利用text()函数在子图ax1中添加文本。位置为（np.pi/2，1.05），文本内容为Maximum。

- 参数ha='center'指定了文本的水平对齐方式为居中，即文本水平居中于指定的坐标点（np.pi/2，1.05）。使用annotate()函数在子图ax1中添加了一个带箭头的注释，注释内容为Zero。
- 参数xy指定了箭头的目标坐标点，即箭头尖端所指向的位置。在这里，箭头指向的目标坐标点为（np.pi,0），即x坐标为π，y坐标为0。
- 参数xytext指定了文本显示的位置。在这里，文本显示在坐标点（np.pi/2，-0.5）处，即x坐标为π/2，y坐标为-0.5。
- 参数arrowprops定义箭头的样式。其中facecolor='black'指定箭头的颜色为黑色，shrink=0.05指定箭头的长度缩小比例为0.05，即箭头长度会缩小为原来的5%。这样做是为了使箭头看起来更加精细和清晰。

运行结果如图2-7所示。

10）保存图形。代码如下。

```
plt.savefig('plot.png')
```

该语句用于将当前的图形保存为一个图片文件，文件名为plot.png。默认情况下图片保存在当前工作目录下。保存的图片格式（如PNG、JPEG、PDF等）由文件名的扩展名来确定。在这个例子中，文件名的扩展名为.png，因此保存的图片将以PNG格式保存。

【例2-2】 创建多个子图示例。

如果需要创建2行3列的子图，可以采用下面的代码。

Matplotlib 科研绘图：基于 Python

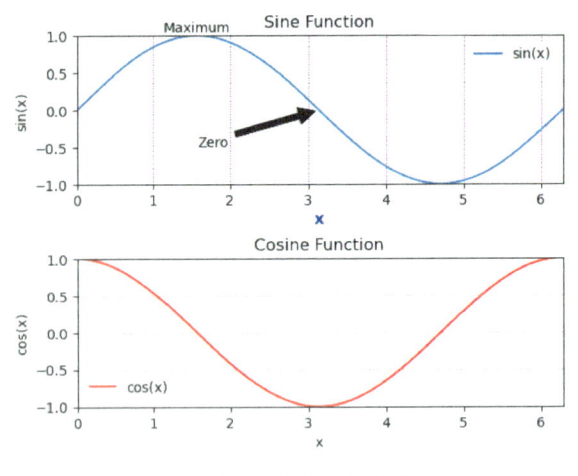

图 2-7 添加注释和箭头

```
fig=plt.figure()
ax1=fig.add_subplot(231)
ax2=fig.add_subplot(232)
ax3=fig.add_subplot(233)
ax4=fig.add_subplot(234)
ax5=fig.add_subplot(235)
ax6=fig.add_subplot(236)
plt.show()
```

ax1 到 ax6 分别代表图形对象 fig 中的 6 个子图，可以在每个子图上添加所需的绘图元素，运行结果如图 2-8 所示。

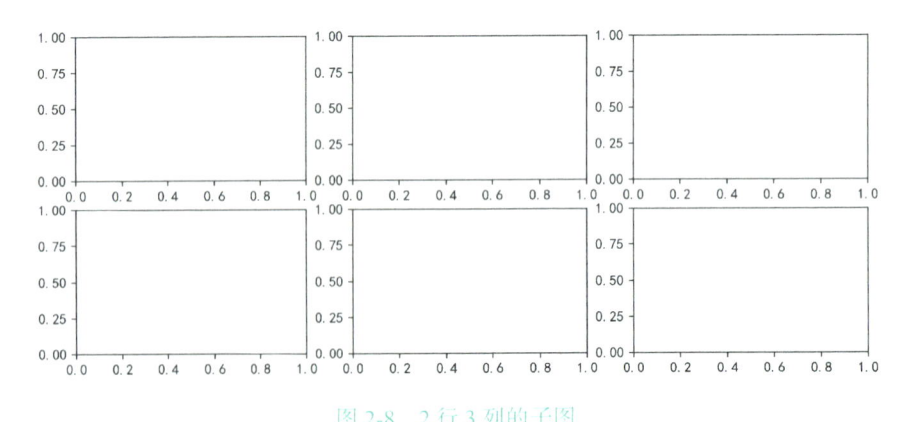

图 2-8 2 行 3 列的子图

从图中可以看出 6 个子图很拥挤且影响美观，不利于读者阅读，为了改善这种效果，可以通过调整子图之间的间距或者调整图形的大小来改善显示效果，添加代码如下。

```
plt.subplots_adjust(hspace=0.5,wspace=0.5)
```

其中，subplots_adjust( ) 函数是用来调整子图之间的间距。
- 参数 hspace 用于控制子图之间的垂直间距。该参数的值表示子图之间的垂直间距与子图高度之比,例如,hspace=0.5 表示子图之间的垂直间距是子图高度的一半。
- 参数 wspace 用于控制子图之间的水平间距。该参数的值表示子图之间的间距与子图宽度之比,例如,wspace=0.5 表示子图之间的水平间距是子图宽度的一半。

通过以上操作,从而增加了子图之间的间隔,使图形更易于观察,如图 2-9 所示。

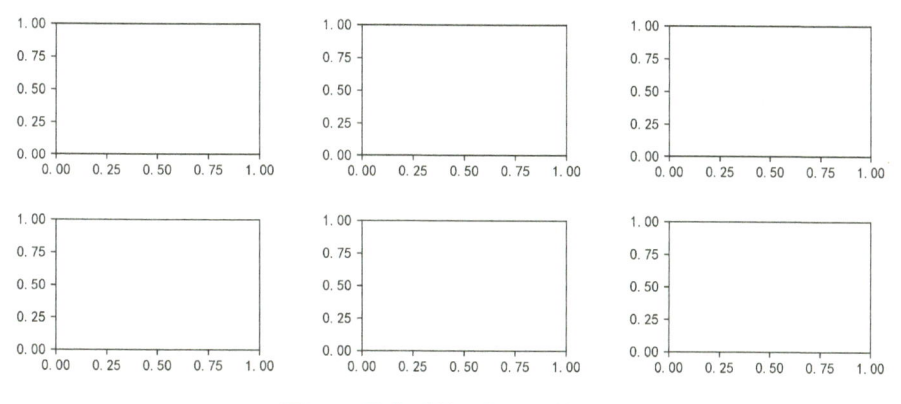

图 2-9 优化后的 2 行 3 列的子图

2.2 NumPy 简介

NumPy 是 Python 中用于科学计算的基础库,它提供了强大的多维数组对象(Ndarray)和丰富的数学函数,使得在 Python 中进行数据处理、分析和科学计算变得更加高效和便捷。用户通过 NumPy 可以轻松地进行数组操作、线性代数运算、傅里叶变换、随机数生成等各种操作。通常在导入 numpy 时使用 import numpy as np 来创建别名 np,以简化代码书写。

NumPy 的向量化操作和广播机制极大地提高了代码的执行效率,同时也使得代码更加简洁易读。许多优秀的科学计算库(如 SciPy、Pandas 和 Matplotlib 等)都构建在 NumPy 之上,共同构成了 Python 科学计算的强大工具集。

2.2.1 创建对象

NumPy 的 Ndarray 对象是多维数组的基础,可通过多种方式创建。最简单的方法是将 Python 列表传递给 np.array() 函数。此外,可以使用 NumPy 提供的函数(如 np.zeros()、np.ones() 和 np.arange() 等)创建特定形状和值的数组,见表 2-2。这些创建方法允许用户轻松构建各种形状和内容的数组,为数据分析、科学计算等领域提供了强大的基础工具。

表 2-2 Ndarray 对象的创建

方 法	说 明
np.array(array_like)	创建一个 Ndarray(多维数组)对象。array_like 可以是 Python 列表、元组、其他数组类对象等类数组对象,返回一个新的 ndarray 对象
np.asarray(array_like)	将传递的序列类型数据(list、tuple 等)转换为 ndarray,返回一个新的 Ndarray 对象,但当传递 Ndarray 时,则不会生成新的对象

(续)

方　　法	说　　明
np.arange（start，stop，step）	根据传递的参数，返回等间隔的数据组成的 Ndarray，与 range( )方法类似，但这里步长可以是小数
np.empty（shape）	用于创建指定形状的空数组，数组元素为随机值
np.zeros（shape）	用于创建指定形状的数组，数组元素都为 0
np.zeros_like（array_like）	创建一个形状与 Ndarray 对象相同，元素都为 0 的数组
np.ones（shape）	用于创建指定形状的数组，数组元素都为 1
np.ones_like（array_like）	创建一个形状与 Ndarray 对象相同，元素都为 1 的数组
np.full（shape，fill_value）	创建指定形状的数组，数组中所有元素相同，为指定值
np.linspace（start，stop，num）	创建等差数组，指定开始、结束和元素个数，程序自动计算，num 默认为 50
np.logspace（start，stop，num）	创建等比数组，指定开始、结束和元素个数，程序自动计算，num 默认为 50
np.eye（n，m）	创建 $n×m$ 的单位矩阵，对角线为 1，其余为 0
np.identity（n）	创建 $n×n$ 的单位方阵，对角线为 1，其余为 0

【例 2-3】　某汽车制造公司的数据分析师针对公司生产的不同车型的销售数据进行分析，请创建一些用于存储数据的数组，例如汽车的销售数量、月份和利润等。代码如下。

```
import numpy as np

sales_data=[100,120,90,110,130]                    # 销售数量列表
sales_array=np.array(sales_data)                    # 创建销售数量数组
print("销售数量数组:",sales_array,'\n')
months_array=np.arange(1,13,1)                      # 创建月份数组
print("月份数组:",months_array,'\n')
sales_revenue_array=np.empty((0,12))                # 创建有 12 个月份的空数组
print("车型销售额数组:",sales_revenue_array,'\n')
car_sales_array=np.zeros((1,5))                     # 创建有 5 个销售数据点的零数组
print("特定车型销售数量数组:",car_sales_array,'\n')
profit_margin_array=np.ones((12,))                  # 创建利润率数组
print("利润率数组:",profit_margin_array,'\n')
specific_car_profit_margin=np.ones_like(car_sales_array)
# 创建特定车型利润率数组
print("特定车型利润率数组:",specific_car_profit_margin,'\n')
fixed_costs_array=np.full((12,),5000)               # 创建固定成本数组
print("固定成本数组:",fixed_costs_array,'\n')
car_price_range_array=np.linspace(5000,10000,10,dtype=int)
# 创建售价范围数组
print("车型售价范围数组:",car_price_range_array,'\n')
advertising_budget_array=np.logspace(2,4,5,dtype=int)
# 创建广告投入范围数组
print("广告投入范围数组:",advertising_budget_array,'\n')
car_identity_matrix=np.eye(5)                       # 创建单位矩阵
print("车型编号单位矩阵:\n",car_identity_matrix)
```

运行后输出结果如下。

```
销售数量数组：[100 120  90 110 130]
月份数组：[ 1  2  3  4  5  6  7  8  9 10 11 12]
车型销售额数组：[]
特定车型销售数量数组：[[0. 0. 0. 0. 0.]]
利润率数组：[1. 1. 1. 1. 1. 1. 1. 1. 1. 1. 1. 1.]
特定车型利润率数组：[[1. 1. 1. 1. 1.]]
固定成本数组：[5000 5000 5000 5000 5000 5000 5000 5000 5000 5000 5000 5000]
车型售价范围数组：[ 5000 5555 6111 6666 7222 7777 8333 8888 9444 10000]
广告投入范围数组：[   100   316  1000  3162 10000]
车型编号单位矩阵：
[[1. 0. 0. 0. 0.]
 [0. 1. 0. 0. 0.]
 [0. 0. 1. 0. 0.]
 [0. 0. 0. 1. 0.]
 [0. 0. 0. 0. 1.]]
```

代码中，用 np.linspace( ) 函数创建一个等间隔的数组，用来表示车型的售价范围。该函数会在指定的起始值（10000）和结束值（45000）之间生成指定数量（10 个）的等间隔数据点。参数 dtype=int，表示创建整数类型的数组。这样就确保了生成的数组中的元素都是整数，而不是默认的浮点数类型。

代码中使用 np.eye( ) 函数创建一个单位矩阵，用来表示不同车型的编号。此处，创建了一个 5×5 的单位矩阵，其中对角线上的元素都为 1，其他元素都为 0。

2.2.2 对象属性

NumPy 中的 Ndarray 对象是数据科学和数值计算中的重要工具。它不仅提供了高效的多维数组操作，还具有一系列属性，帮助用户了解和操作数组的结构和内容。通过这些属性可以轻松地获取数组的形状、维度、元素个数、数据类型以及内存占用情况等关键信息，见表 2-3。这些属性不仅为数据分析和科学计算提供了基础，而且在内存管理和性能优化方面也起着重要作用。

表 2-3 Ndarray 对象的属性

属　　性	说　　明
shape	返回一个元组，表示数组各个维度的长度，元组的长度为数组的维度（与 ndim 相同），元组的每个元素的值代表了数组每个维度的长度
ndim	Ndarray 对象的维度
size	Ndarray 中元素的个数，相当于各个维度长度的乘积
dtype	Ndarray 中存储的元素的数据类型
itemsize	Ndarray 中每个元素的字节数
nbytes	Ndarray 中所有元素所占字节数

【例 2-4】 Ndarray 对象的属性示例。代码如下。

```
import numpy as np
arr=np.array([[1,2,3,4],[5,6,7,8],[9,10,11,12]])        # 创建一个 3x4 的二维数组
```

```
print("数组形状(shape):",arr.shape)            # 输出数组的形状
print("数组维度(ndim):",arr.ndim)              # 输出数组的维度
print("数组元素个数(size):",arr.size)          # 输出数组的元素个数
print("数组中元素数据类型(dtype):",arr.dtype)  # 输出数组中元素的数据类型
print("数组中每个元素所占字节数(itemsize):",arr.itemsize)
                                               # 输出数组中每个元素所占的字节数
print("数组所占总字节数(nbytes):",arr.nbytes)  # 输出数组所占的总字节数
```

运行后输出结果如下。

```
数组形状(shape): (3,4)
数组维度(ndim): 2
数组元素个数(size): 12
数组中元素数据类型(dtype): int32
数组中每个元素所占字节数(itemsize): 4
数组所占总字节数(nbytes): 48
```

下面对代码进行讲解。

1) 数组的属性 shape，它返回一个元组，表示数组的形状。对于二维数组来说，这个元组的第一个元素表示行数，第二个元素表示列数。

2) 使用数组的属性 ndim，查看数组的维度，即数组是一维、二维还是多维数组。

3) 使用数组的属性 size，它返回数组中元素的总个数。对于二维数组来说，即数组的行数乘以列数。

2.2.3 对象矩阵操作方法

NumPy 中的 Ndarray 对象提供了丰富的方法来进行矩阵操作。这些方法涵盖了矩阵的创建、变形、数学运算、线性代数运算等各个方面。例如，可以使用 dot() 方法进行矩阵乘法运算，见表 2-4。掌握 Ndarray 对象的操作方法对于数据科学从业者来说至关重要，它们是构建高效数据处理和计算流程的基石。

表 2-4　Ndarray 对象矩阵的方法

方法	说明
reshape()	用于将原来数组的数据重新按照维度划分，划分后只是改变数据显示方式，并未重新创建数组，如果指定的维度和数组的元素数目不匹配，将抛出异常
flatten()	将一个多维数组转换成一维数组形式，可以指定转换的顺序，转化后生成了一个新的数组
astype()	显式指定数组中元素的类型，将会创建一个新的数组
sum()	对所有元素求和，指定轴时，按轴求和
cumsum()	累积求和，指定轴时，按轴累积求和
max()	对所有元素求最大值，指定轴时，按轴求最大值
min()	对所有元素求最小值，指定轴时，按轴求最小值
mean()	对所有元素求平均值，指定轴时，按轴求平均值
dot()	计算两个数组的点积（内积）

(续)

方　　法	说　　明
transpose( )	返回数组的转置，即交换数组的维度
inv( )	计算矩阵的逆
add( )	计算两个矩阵的加
subtract( )	计算两个矩阵的减

【例2-5】 Ndarray对象矩阵的方法。代码如下。

```
import numpy as np

arr=np.array([[1,2,3,4],[5,6,7,8],[9,10,11,12]])    # 创建一个3×4的二维数组

print("原始数组 arr:\n",arr)
reshaped_arr=arr.reshape((4,3))                      # 使用reshape()方法改变数组形状
print("reshape后的数组:\n",reshaped_arr,'\n')
flattened_arr=arr.flatten()                          # 使用flatten()方法将数组展平为一维数组
print("展平后的数组:\n",flattened_arr,'\n')
float_arr=arr.astype(float)                          # 使用astype()方法将数组元素类型转换为浮点数
print("转换后的数组(浮点数):\n",float_arr,'\n')
arr_sum=arr.sum()                                    # 使用sum()方法计算数组元素的总和
print("数组元素的总和:",arr_sum,'\n')
arr_cumsum=arr.cumsum()                              # 使用cumsum()方法计算数组元素的累积和
print("数组元素的累积和:",arr_cumsum,'\n')
arr_max=arr.max()                                    # 使用max()方法找到数组中的最大值
print("数组中的最大值:",arr_max,'\n')
arr_min=arr.min()                                    # 使用min()方法找到数组中的最小值
print("数组中的最小值:",arr_min,'\n')
arr_mean=arr.mean()                                  # 使用mean()方法计算数组元素的平均值
print("数组元素的平均值:",arr_mean,'\n')
arr_transposed=arr.transpose()                       # 使用transpose()方法进行矩阵转置
print("矩阵的转置:\n",arr_transposed,'\n')
```

运行后输出结果如下。

```
原始数组 arr:
[[ 1  2  3  4]
 [ 5  6  7  8]
 [ 9 10 11 12]]

reshape后的数组:
[[ 1  2  3]
 [ 4  5  6]
 [ 7  8  9]
 [10 11 12]]

展平后的数组:
[ 1  2  3  4  5  6  7  8  9 10 11 12]
```

```
转换后的数组(浮点数):
[[ 1. 2. 3. 4.]
 [ 5. 6. 7. 8.]
 [ 9. 10. 11. 12.]]

数组元素的总和: 78
数组元素的累积和: [ 1  3  6 10 15 21 28 36 45 55 66 78]
数组中的最大值: 12
数组中的最小值: 1
数组元素的平均值: 6.5
矩阵的转置:
[[ 1  5  9]
 [ 2  6 10]
 [ 3  7 11]
 [ 4  8 12]]
```

注意：reshape()、flatten() 和 astype() 这 3 种方法不改变原始数组，而是返回一个新的数组，因此原始数组 arr 保持不变。

【例 2-6】 计算两个矩阵的加法、减法、乘积和哈达玛积等操作示例。代码如下。

```
import numpy as np
                                              # 创建两个矩阵
matrix_a=np.array([[1,2],[3,4]])
matrix_b=np.array([[5,6],[7,8]])
print("matrix_a:\n",matrix_a,"\n")
print("matrix_b:\n",matrix_b,"\n")

# matrix_addition1=(matrix_a+matrix_b)         # 矩阵加法
matrix_addition=np.add(matrix_a,matrix_b)      # 矩阵加法
print("矩阵加法结果:\n",matrix_addition,'\n')
# matrix_subtraction=(matrix_a-matrix_b)       # 矩阵减法
matrix_subtraction=np.subtract(matrix_a,matrix_b)   # 矩阵减法
print("矩阵减法结果:\n",matrix_subtraction,'\n')
# elementwise_mod=(matrix_a % matrix_b)        # 逐个元素取模
elementwise_mod=np.mod(matrix_a,matrix_b)      # 逐个元素取模
print("逐个元素取模结果:\n",elementwise_mod,'\n')
# elementwise_divide=(matrix_a/matrix_b)       # 逐个元素相除
elementwise_divide=np.divide(matrix_a,matrix_b)     # 逐个元素相除
print("逐个元素相除结果:\n",elementwise_divide,'\n')
# elementwise_product=(matrix_a*matrix_b)      # 计算哈达玛积
elementwise_product=np.multiply(matrix_a,matrix_b)  # 计算哈达玛积
print("哈达玛积结果:\n",elementwise_product,'\n')
matrix_dot_product=np.dot(matrix_a,matrix_b)   # 使用 dot() 方法计算矩阵的乘积
print("矩阵的乘积:\n",matrix_dot_product,'\n')
```

运行后输出结果如下。

```
matrix_a:
[[1 2]
```

[3 4]]

matrix_b:
[[5 6]
[7 8]]

矩阵加法结果：
[[6 8]
[10 12]]

矩阵减法结果：
[[-4 -4]
[-4 -4]]

逐个元素取模结果：
[[1 2]
[3 4]]

逐个元素相除结果：
[[0.2   0.33333333]
[0.42857143 0.5   ]]

哈达玛积结果：
[[5 12]
[21 32]]

矩阵的乘积：
[[19 22]
[43 50]]

下面对代码进行讲解。

1）使用 np.add( ) 函数对两个矩阵进行加法运算（或直接相加），使用 np.subtract( ) 函数对两个矩阵进行减法运算（或直接相减）。

2）取模是指对一个数除以另一个数所得的余数，使用 np.mod( ) 函数进行取模或者用模运算符（%）。

3）np.divide( ) 函数对两个矩阵相除，或者使用除法运算符（/）。

4）哈达玛积是指两个矩阵中对应位置上的元素相乘所得到的新矩阵。使用 np.multiply( ) 函数或者使用乘法运算符（*），对 matrix_a 和 matrix_b 中的对应位置上的元素进行相乘操作，得到哈达玛积结果。

5）矩阵的乘积是两个矩阵按照矩阵乘法规则进行相乘的结果，其中需要注意的是矩阵 A 的列数必须等于矩阵 B 的行数。使用 np.dot( ) 方法计算两个矩阵的乘积，需要区分哈达玛积和矩阵乘积的区别。

2.2.4　对象索引和切片

　　Ndarray 对象的索引和切片操作，与序列的索引和切片操作类似。索引支持正向索引

(从左到右，下标从 0 开始不断增大）和反向索引（从右到左，下标从-1 开始不断减小）。切片操作可通过 slice 函数，设置 start、stop 和 step 参数进行；也可以通过冒号分隔切片参数 start：stop：step 进行。

注意：1）序列进行切片操作后，会生成一个新的序列，相当于是将相应的元素复制出来组成了一个新的序列；2） ndarray 切片结果并不会单独生成一个新的 ndarray，访问的仍然是原始的 Ndarray 中的数据，因此对切片结果的修改会影响到原始数据。

【例 2-7】 通过几种索引和切片的方法，访问一栋楼的房间信息。代码如下。

```
import numpy as np

#创建一个三维数组,表示有2层楼,每层楼有3行4列的房间
a=np.arange(24).reshape(2,3,4)
print("原始数组:\n",a,'\n')

#(1)整数索引
print("(1)整数索引:",'\n')
room1=a[0,1,2]                                      #访问第1层、第2行、第3列的房间
print("访问指定房间(第1层、第2行、第3列):",room1,'\n')
floor1=a[0]                                         #访问第1层的所有房间
print("访问指定楼层的所有房间(第1层):\n",floor1,"\n")
floor1_row2=a[0,1]                                  #访问第1层第2行的所有房间
print("访问指定楼层和行号的所有房间(第1层第2行):\n",floor1_row2)

#(2)切片索引
print("\n(2)切片索引:",'\n')
print("访问指定楼层、行号、列号的房间:",a[:,1,1],'\n')
                                                    #访问指定楼层、行号、列号的房间
print("访问指定层的所有房间:\n",a[1,:,:])            #访问指定层的所有房间

#(3)使用dots索引,使用省略号(...)进行访问
print("\n(3)使用dots索引",'\n')
print("使用省略号(...)进行访问:")
print("访问指定层、行号的所有房间:",a[1,...,1])
print("访问指定层、行号、列号的房间:",a[1,...,1,1])

#(4)序列索引,访问指定房间
print("\n(4)序列索引",'\n')
#print("\n访问指定房间(第1层第2行的第1列和第3列):",a[0,1,[0,2]])
print("访问指定房间(第1层第2行的第1列和第3列):",a[0,1,(0,2)])

#(5)布尔索引,选择满足条件的房间元素
print("\n(5)布尔索引",'\n')
print("选择数组中可以被3整除的房间元素:")
print(a[a%3==0])
print("\n选择数组中可以被3整除或以3结尾的房间元素:")
print(a[(a%3==0)|(a%10==3)])                        #使用复合条件来选择房间元素
```

```
#(6)花式索引,获取坐标为(1,1),(0,2)的数据
print("\n(6)花式索引",'\n')
print("获取坐标为(1,1),(0,2)的数据:")
print(a[np.array([1,0]),np.array([1,2])])
```

运行后输出结果如下。

原始数组:
[[[0 1 2 3]
  [4 5 6 7]
  [8 9 10 11]]

 [[12 13 14 15]
  [16 17 18 19]
  [20 21 22 23]]]

(1)整数索引
访问指定房间(第1层、第2行、第3列):6
访问指定楼层的所有房间(第1层):
[[0 1 2 3]
 [4 5 6 7]
 [8 9 10 11]]
访问指定楼层和行号的所有房间(第1层第2行):[4 5 6 7]

(2)切片索引
访问指定楼层、行号、列号的房间:[5 17]
访问指定层的所有房间:
[[12 13 14 15]
 [16 17 18 19]
 [20 21 22 23]]

(3)使用dots索引
使用省略号(...)进行访问:
访问指定层、行号的所有房间:[13 17 21]
访问指定层、行号、列号的房间:17

(4)序列索引
访问指定房间(第1层第2行的第1列和第3列):[4 6]

(5)布尔索引
选择数组中可以被3整除的房间元素:
[0 3 6 9 12 15 18 21]
选择数组中可以被3整除或以3结尾的房间元素:
[0 3 6 9 12 13 15 18 21 23]

(6)花式索引
获取坐标为(1,1),(0,2)的数据:
[[16 17 18 19]
 [8 9 10 11]]

下面对代码进行讲解。

1) 使用 dots 索引，即使用省略号 (...) 来进行数组的访问，省略号可以代替一个或多个冒号，从而使得代码更加简洁和易读。

2) 布尔索引通过布尔运算来获取符合指定条件的元素的数组。例如，获取所有能被 3 整除的元素，则可写成 a[a % 3 == 0]。当有多个条件时，使用布尔运算符 &（与）、|（或）即可，Python 中的 and、or 在布尔索引中无效。例如获取所有能被 3 整除或尾数为 3 的元素，则可写成 a[(a % 3 == 0) | (a % 10 == 3)]。

3) 花式索引利用整数数组进行索引。其根据整数索引数组的值作为目标数组的某个轴的下标来取值。这里的整数数组可以是 Numpy 数组，也可以是 Python 中列表、元组等可迭代类型。由此可见，序列索引属于花式索引。

2.2.5 对象拆分与拼接

Ndarray 对象的拆分将一个数组沿着指定的轴或维度分割成多个子数组。这种拆分操作可以帮助我们更好地管理和处理数据，以便进行进一步的分析、处理或建模。下面探讨 Ndarray 对象的拆分操作，常用函数见表 2-5。

表 2-5 Ndarray 对象的拆分

函　数	说　明
np.split（array, indices_or_sections, axis）	沿特定的轴将数组分割为子数组，如果是整数 N，就平均切分为 N 份；如果是数组，为沿轴对应位置切分（左开右闭）
np.hsplit（array, indices_or_sections）	用于水平分割数组，通过指定要返回的相同形状的数组数量来拆分原数组
np.vsplit（array, indices_or_sections）	沿着垂直轴分割，其分割方式与 hsplit 用法相同

【例 2-8】 将一个二维数组沿垂直轴或者水平轴进行拆分示例。代码如下。

```
import numpy as np

a=np.arange(12).reshape((3,4))              # 创建一个 3×4 的二维数组
print("原始数组:\n",a)
split_result=np.split(a,2,axis=1)           # 将数组沿着垂直分割成两个子数组
# split_result=np.hsplit(a,2)               # 将数组沿着垂直分割成两个子数组
print("\n(1)沿垂直轴分成两个子数组:","\n")

for idx,sub_array in enumerate(split_result):
    print(f"子数组{idx+1}:")
    print(sub_array)
# vsplit_result=np.split(a,3,axis=0)        # 将数组水平分轴割成两个子数组
vsplit_result=np.vsplit(a,3)                # 将数组水平分轴割成两个子数组
print("\n(2)沿水平轴分割成三个子数组:","\n")
for idx,sub_array in enumerate(vsplit_result):
    print(f"子数组 {idx+1}:")
    print(sub_array,'\n')
```

运行后输出结果如下。

原始数组：
[[0 1 2 3]
 [4 5 6 7]
 [8 9 10 11]]

(1) 沿垂直轴分成两个子数组：
子数组 1：
[[0 1]
 [4 5]
 [8 9]]
子数组 2：
[[2 3]
 [6 7]
 [10 11]]

(2) 沿水平轴分割成三个子数组：
子数组 1：
[[0 1 2 3]]

子数组 2：
[[4 5 6 7]]

子数组 3：
[[8 9 10 11]]

下面对代码进行讲解。

1) 使用 np.split() 函数将数组沿着垂直轴（即 axis = 1）分割成两个子数组，如果 axis = 0 则表示沿着水平轴进行拆分，np.split(a,2,axis = 1)，这里的 a 表示二维数组，2 表示分成两个子数组。

2) 使用 np.vsplit() 函数和 np.hsplit() 将数组 a 沿着水平或垂直方向（沿着行或列的方向）分割成子数组。np.vsplit(a,3) 函数中，a 是待分割的数组，3 是指定的分割份数，表示将数组沿着行轴均匀地分割成三个子数组。

Ndarray 对象拼接操作允许我们将多个数组沿着一个或多个轴方向组合成一个新的数组。这种功能在数据处理和分析中非常有用，可以帮助我们将数据按照需要的方式整合在一起。以下是 NumPy 中拼接操作的常用方法，见表 2-6。

表 2-6　Ndarray 对象的拼接

方　　法	说　　明
np.concatenate((a1,a2,…),axis)	沿指定轴连接两个或多个数组，要求除指定轴以外的维度完全匹配
np.stack((a1,a2,…),axis)	沿新轴连接数组序列，数组形状必须相同
np.hstack((a1,a2,…))	通过水平堆叠来生成数组
np.vstack((a1,a2,…))	通过垂直堆叠来生成数组

【例 2-9】　将两个二维数组沿垂直轴、水平轴或者新轴进行拼接示例。代码如下。

```python
import numpy as np
# 定义两个二维数组
a1=np.array([[1,2,3],[4,5,6]])
a2=np.array([[7,8,9],[10,11,12]])
print("数组 a1:\n",a1,'\n')
print("数组 a2:\n",a2,'\n')

result_concatenate_axis0=np.concatenate((a1,a2),axis=0)
result_vstack=np.vstack((a1,a2))                      # 将数组沿着垂直方向(行)拼接
print("将 a1 和 a2 沿着垂直方向(行)拼接:\n",result_vstack,"\n")

result_concatenate_axis1=np.concatenate((a1,a2),axis=1)
# result_hstack=np.hstack((a1,a2))                    # 将数组沿着水平方向(列)拼接
print("将 a1 和 a2 沿着水平方向(列)拼接:\n",result_concatenate_axis1,"\n")

result_stack_axis0=np.stack((a1,a2),axis=0)           # 将数组沿着新的轴拼接
print("沿着新的轴拼接:\n",result_stack_axis0)
```

运行后输出结果如下。

数组 a1:
 [[1 2 3]
 [4 5 6]]

数组 a2:
 [[7 8 9]
 [10 11 12]]

将 a1 和 a2 沿着垂直方向(行)拼接:
 [[1 2 3]
 [4 5 6]
 [7 8 9]
 [10 11 12]]

将 a1 和 a2 沿着水平方向(列)拼接:
 [[1 2 3 7 8 9]
 [4 5 6 10 11 12]]

沿着新的轴拼接:
 [[[1 2 3]
  [4 5 6]]

 [[7 8 9]
  [10 11 12]]]

下面对代码进行讲解。

1)使用 np.concatenate() 函数将两个数组沿着垂直或者水平方向（行或列）进行拼接。指定 axis=0 参数，表示沿着垂直方向（行）进行拼接；传入 axis=1，表示沿着水平方向（列）进行拼接，或者使用 np.vstack() 函数直接将两个数组沿着垂直方向（行）进行拼接；

使用 np.hstack( ) 函数直接将两个数组沿着水平方向（列）进行拼接。

2）使用了 np.stack( ) 函数将数组 a1 和 a2 沿着新的轴进行拼接。拼接时，我们传入了 axis=0 参数，表示沿着新的轴（即新的第一个维度）进行拼接。

2.2.6　对象广播原则

当两个数组的形状不相同时，可以通过扩展数组维度的方法来实现运算，这种机制称为广播。如果两个数组的后缘维度（trailing dimension，即从末尾开始算起的维度）的轴长度相符，或其中的一方的长度为 1，则认为它们是广播兼容的。广播会在缺失或长度为 1 的维度上进行。

【例 2-10】　将两个形状不同的二维数组进行相加。代码如下。

```
import numpy as np
# 创建一个 4×3 的数组和一个 1×3 的数组
a=np.array([[0,0,0],[1,1,1],[2,2,2],[3,3,3]])
b=np.array([1,2,3])

print('数组 a:\n',a,'\n')              # 打印数组 a
print('数组 b:\n',b,'\n')              # 打印数组 b
print('数组 a+b:\n',a+b,'\n')          # 打印数组 a+b
```

运行后输出结果如下。

```
数组 a:
 [[0 0 0]
 [1 1 1]
 [2 2 2]
 [3 3 3]]

数组 b:
 [1 2 3]

数组 a+b:
 [[1 2 3]
 [2 3 4]
 [3 4 5]
 [4 5 6]]
```

这段代码是将一个 4×3 的数组和一个 1×3 的数组相加，对于大多数编程语言中的数组操作，直接将不同形状的数组相加是不被允许的，因为它们的形状不兼容。

在 NumPy 库中通过广播（broadcasting）机制可以实现对不同形状的数组进行运算，运算思路如图 2-10 所示，例如 a*b。

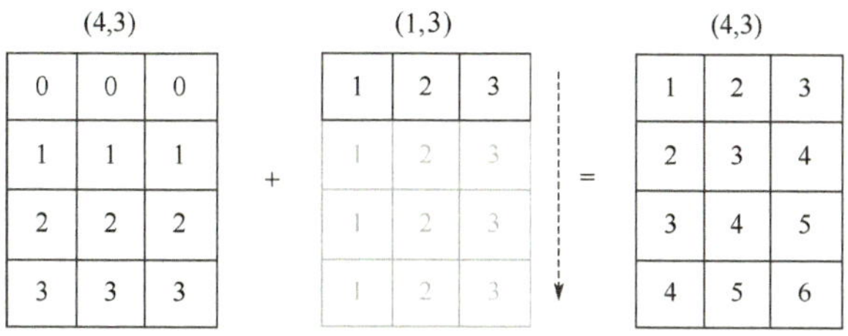

【例 2-11】　根据广播机制对数组中的切片进行赋值，将值传到相应的位置上。代码如下。

图 2-10　广播操作原理

Matplotlib 科研绘图：基于 Python

```
import numpy as np
a=np.arange(10).reshape(2,5)
print('数组 a:\n',a,'\n')
a[:,1:3]=15
print('将数字 15 插入数组 a 的第二列和第三列:\n',a)      # 在数组 a 的第二列和第三列插入 15
a[:,1:3]=[10,18]                                        # 在数组 a 的第二列插入 10,第三列插入 18
print('\n 将数字 10 和 18 分别插入数组 a 的第二列和第三列:\n',a)
```

运行后输出结果如下。

数组 a:
  [[0 1 2 3 4]
   [5 6 7 8 9]]

将数字 15 插入数组 a 的第二列和第三列:
  [[0 15 15 3 4]
   [5 15 15 8 9]]

将数字 10 和 18 分别插入数组 a 的第二列和第三列:
  [[0 10 18 3 4]
   [5 10 18 8 9]]

这段代码是将数字插入到数组中，对数组进行更改。在编程中，根据广播机制对数组中的切片进行赋值意味着可以通过切片的方式，将某个数组的部分值赋给另一个数组的相应部分。广播机制对于简化和优化数组操作非常实用，特别是在处理大量数据或者进行复杂计算时。

2.2.7 随机数模块

NumPy 中的 np.random 模块提供了用于生成各种随机数的函数。这些函数包括从各种概率分布中生成随机数，以及对数组进行随机操作，如随机重排，一些常用的函数，见表 2-7。这些随机数对于模拟、统计分析、机器学习等领域非常有用。

表 2-7 np.random 随机数模块

函数	说明
np.random.rand(m,n)	随机生成 m 行 n 列数组，每个元素都是 [0,1) 之间的小数
np.random.randint(a,b,(m,n))	随机生成 m 行 n 列数组，每个元素都是 [a,b) 之间的整数
np.random.randn(m,n)	随机生成 m 行 n 列数组，元素的值符合标准正态分布
np.random.shuffle(array_like)	随机打乱数组的顺序
np.random.uniform(a,b,num)	均匀分布，随机生成 num 个在 [a,b) 之间的小数
np.random.choice(1-D array_like,size=(3,4))	随机从一维数组中抽取指定数量的元素
np.random.binomial( )	随机生成符合二项分布的样本
np.random.normal( )	随机生成符合正态分布的样本
np.random.beta( )	随机生成符合 Beta 分布的样本
np.random.gamma( )	随机生成符合 Gamma 分布的样本

【例 2-12】 使用 np.random 创建随机数组示例。

```
import numpy as np
print("随机数组(均匀分布):\n",np.random.rand(4,5),"\n")
                                    # 生成形状为(4,5)均匀分布的随机数组
print("随机整数数组:\n",np.random.randint(1,10,(3,4)),"\n")
                                    # 生成形状为(3,4),范围为[1,10)的随机整数数组
print("随机数组(正态分布):\n",np.random.randn(4,5),"\n")
                                    # 生成形状为(4,5)标准正态分布的随机数组
array4=np.array([1,2,3,4,5])        # 对数组进行随机重排并打印
print('原数组:\n',array4)
np.random.shuffle(array4)
print("重排后的数组:\n",array4,"\n") # 随机重排数组的顺序
print("随机均匀分布的数组:\n",np.random.uniform(0,10,15),"\n")
                                    # 生成长度15,范围[0,10)的随机均匀分布的数组
print("随机选择的数组:\n",
      np.random.choice(np.array([1,2,3,4,5,6,7,8,9,10]),
      size=(3,4)),"\n")             # 从一维数组中随机选取元素,生成形状为(3,4)的数组
print("二项分布随机数组:",np.random.binomial(n=10,p=0.5),"\n")
                                    # 生成一个服从二项分布的随机数组
print("正态分布随机数组:\n",np.random.normal(loc=0,
    scale=1,size=(3,3)),"\n")       # 生成一个服从正态分布的随机数组
print("Beta 分布随机数组:\n",np.random.beta(a=2,b=5,size=(2,2)),"\n")
                                    # 生成一个服从 Beta 分布的随机数组
print("Gamma 分布随机数组:\n",np.random.gamma(shape=2,
    scale=1,size=(3,3)),"\n")       # 生成一个服从 Gamma 分布的随机数组
```

运行后输出结果如下。

```
随机数组(均匀分布):
 [[0.97466538 0.34970484 0.96174765 0.44408887 0.88306084]
 [0.66838773 0.622554   0.82893196 0.57785542 0.35333062]
 [0.51558397 0.24445241 0.92491694 0.85015854 0.69700011]
 [0.12967067 0.13193872 0.94067812 0.11620787 0.15725744]]
随机整数数组:
 [[6 1 4 5]
 [1 2 4 8]
 [6 8 9 5]]
随机数组(正态分布):
 [[-0.21360063  0.23414322  1.33063627 -1.11149073  0.585551  ]
 [-0.28126489  0.90834958  2.06715616 -0.52369979 -2.25425166]
 [-0.69911317 -0.8988936  -0.34289683  0.32483884 -0.93241735]
 [ 0.75202444 -0.4404562  -2.23692684 -0.41063391 -0.08417967]]
原数组:
 [1 2 3 4 5]
重排后的数组:
 [2 5 4 3 1]
随机均匀分布的数组:
 [9.57281255 8.22648102 7.22527806 4.50255723 5.28335682 6.07347144
 1.94436157 7.80803497 9.11697973 4.04620045 0.243818   2.45887405
```

```
        8.84569387 2.66500521 1.84440828]
随机选择的数组：
 [[ 6 10  8  5]
  [ 9  1  2  1]
  [ 1  8  5  8]]
二项分布随机数组：5
正态分布随机数组：
 [[ 0.43625638 -1.28643544  0.7062501 ]
  [ 0.77888406 -2.00274603 -1.3211715 ]
  [-0.05141408 -2.49229215 -1.56999109]]
Beta 分布随机数组：
 [[0.33279023 0.07196391]
  [0.11471981 0.39992807]]
Gamma 分布随机数组：
 [[3.32327941 1.7108648  2.86390987]
  [3.20179981 5.39336429 1.18827028]
  [0.77137614 3.99176639 0.88386536]]
```

下面对代码进行讲解。

1）np.random.binomial(n,p)函数，用于生成服从二项分布的随机数。其中，参数 n 表示试验的次数（或者说是二项分布的总次数），而参数 p 表示每次试验成功的概率。

2）np.random.normal(loc,scale,size=(a,b))函数，用于生成服从正态分布（高斯分布）的随机数。参数 loc 表示正态分布的均值（期望值），参数 scale 表示正态分布的标准差，而参数 size 表示生成随机数的形状。

3）np.random.beta(a=2,b=5,size))函数，用于生成服从 Beta 分布的随机数。其中，参数 a 和 b 是 Beta 分布的两个形状参数。

4）np.random.gamma(shape=2,scale=1,size)函数，用于生成服从 Gamma 分布的随机数。参数 shape 是 Gamma 分布的形状参数，参数 scale 是 Gamma 分布的尺度参数。

2.2.8 统计方法

NumPy 中的统计方法涵盖了各种基本的统计量计算、随机数生成、概率分布函数等。通过这些方法，可以轻松地计算数组的均值、方差、标准差、最大值、最小值等基本统计量，还可以进行直方图的绘制、随机数的生成以及拟合各种概率分布，见表 2-8。

表 2-8　Numpy 统计方法

方　　法	说　　明
np.sum()	对数组中元素进行求和，空数组的和为 0
np.mean()、np.median()	获取一组数据的平均数、中位数，空数组的平均值为 NaN
np.std()、np.var()	获取一组数据的标准差和方差
np.min()、np.max()	获取最大值和最小值，可以指定轴
np.argmin()、np.argmax()	获取最大、最小元素的索引
np.cumsum()	对数组中元素累积求和，可指定轴
np.cumprod()	对数组中元素累积求积，可指定轴

(续)

方　　法	说　　明
np.ptp( )	计算一组数中最大值与最小值的差，可指定轴
np.unique( )	删除数组中的重复数据，并对数据进行排序
np.nonzero( )	返回数组中非零元素的索引

2.2.9　其他方法

NumPy 除了提供丰富的统计方法外，还包含了众多强大的数学运算方法，涵盖了从基本的数学运算到高级的数值计算等各个方面。NumPy 中的数学运算方法包括基本的加减乘除、幂运算、取整、求绝对值、三角函数、指数函数、对数函数等，见表 2-9。

表 2-9　NumPy 其他数学运算方法

方　　法	说　　明
np.abs( )、np.fabs( )	计算整数、浮点数的绝对值
np.sqrt( )	计算各元素的平方根
np.square( )	计算各元素的平方
np.exp( )	计算各元素的指数 ex
np.log( )、np.log10( )、np.log2( )	计算各元素的自然对数、底数为 10 的对数、底数为 2 的对数
np.sign( )	计算各元素的符号，1（正数）、0（零）、-1（负数）
np.ceil( )、np.floor( )、np.rint( )	对各元素分别向上取整、向下取整、四舍五入
np.modf( )	将各元素的小数部分和整数部分以两个独立的数组返回
np.cos( )、np.sin( )、np.tan( )	对各元素求对应的三角函数
np.add( )、np.subtract( )、np.multiply( )	对两个数组的各元素执行加法、减法、乘法等操作
np.intersect1d(a,b)	交集，结果为同时在 a 和 b 中的元素组成的数组
np.setdiff1d(a,b)	差集，结果为在 a 中不在 b 中的元素组成的数组
np.union1d(a,b)	并集，结果为在 a 或 b 中的元素组成的数组
np.setxor1d(a,b)	异或集，结果为在 a 或 b 中（但不同时）中的元素组成的数组
np.in1d(a,b)	判断 a 中的元素是否在 b 中，结果为布尔类型数组

NumPy 还拥有一系列其他功能强大的函数，进一步扩展了其在数据处理、文件 IO、数组操作等方面的应用。这些函数涵盖了从数据重复、文件读写、条件逻辑处理，到数组排序、矩阵操作等多个领域，为用户提供了全面而灵活的工具集，助力他们更加高效地进行科学计算和数据分析。一些常用的函数见表 2-10。

表 2-10　NumPy 其他函数

函　　数	说　　明
np.tile( )	将数组的数据按照行列复制扩展
np.repeat( )	将数组中的每个元素重复若干次

Matplotlib 科研绘图：基于 Python

（续）

函　数	说　明
np.savetxt( )	将数据保存到 txt 文件中
np.loadtxt( )	从文件中加载数据
np.genfromtxt( )	根据文件内容中生成数据，可以指定缺失值的处理等
np.any( )	如果数组中存在一个为 True 的元素（或者能转为 True 的元素），则返回 True
np.all( )	如果数组中所有元素都为 True（或者能转为 True 的元素），则返回 True
np.where（条件，x，y）	如果条件为 True，对应值为 x，否则对应值为 y
np.sort( )	对数组进行排序，返回一个新的排好序的数组，原数组不变
np.argsort( )	返回的是数组值从小到大排序后元素对应的索引值
np.mat( )	将一个数组转换成矩阵
np.transpose( )	数组行列转置，只是改变元素访问顺序，并未生成新的数组

2.3　本章小结

　　本章介绍了绘制图形常用的两个重要模块：pyplot 和 NumPy。通过本章，读者将学习 pyplot 模块的基本功能，以及 NumPy 模块中 Ndarray 对象的创建、属性、矩阵操作、索引与切片、拆分与拼接、广播原则、随机数生成和统计方法等。这些内容为高效学习数据处理和可视化操作打下了坚实的基础。

第 3 章 绘制统计图

利用 Matplotlib 进行数据可视化实践具有许多好处，通过可视化数据，可以直观地理解数据的分布、趋势和关系。图表能够将抽象的数据转化为可视化的形式，使得数据分析过程更加直观和易懂。通过绘制不同类型的图表（如散点图、折线图、柱状图、饼图等），可以更容易地发现数据中的模式和趋势。本章就来介绍常见图表的绘制，通过行数据可视化实践能够帮助用户更好地理解数据、发现规律和传达信息。

3.1 柱状图

柱状图通过柱形的高度或长度来表示数据的数值大小，通常用于比较不同类别的数据，并展示它们之间的差异或趋势。matplotlib.pyplot.bar 是绘制柱状图的函数，基本语法如下。

```
matplotlib.pyplot.bar(x,height,width=0.8,bottom=None,*,
                      align='center',data=None,**kwargs)
```

部分参数的含义见表 3-1。其中，**kwargs 表示其他可选参数，如 color、Edgecolor、linewidth、tick_label、hatch、label 等，后文将不再表述。

表 3-1 函数参数含义

参 数	含 义
x	柱条的 x 坐标，可以是数组对象或标量
height	柱条的高度，与 x 对应的高度值
width	柱条的宽度，默认值为 0.8，可以是一个值或数组
bottom	柱条的底部 y 坐标，默认值为 None，默认为从 0 开始
align	柱条的对齐方式，有两种类型。center 表示柱条在 x 位置居中，edge 表示左边缘
data	默认值为 None，如果提供了此参数，其他参数将从此字典中获取
color	指定柱条的颜色，可以是单个颜色或颜色列表，支持十六进制颜色代码、RGB 值等
edgecolor	柱条边缘的颜色，类似于 color，可以是单个颜色值或颜色列表
linewidth	柱条边缘的线宽，以点（points）为单位
tick_label	柱条对应的标签，可以是字符串列表，用于替换默认的 x 轴数值
hatch	填充柱条的图案，如斜线、点状、网格等。常见取值包括 /、\ 、|、-、+、. 等

Matplotlib 科研绘图：基于 Python

(续)

参　　数	含　　义
label	柱条图的标签，用于在调用 plt.legend( ) 时显示图例
alpha	透明度，取值范围为 [0,1]。0 表示完全透明，1 表示完全不透明
align	柱条的对齐方式，center（默认值）或 edge，决定条形相对于 x 位置的对齐方式
xerr 和 yerr	用于添加误差条，主要用来表示数据的不确定性或标准误差

3.1.1　简单柱状图

本小节主要介绍最基础、最简单的柱状图。

【例 3-1】　简单柱状图绘制示例。代码如下。

```
import matplotlib.pyplot as plt
fig,ax=plt.subplots()
fruits=['apple','blueberry','banana','orange','cherry']     # 定义水果种类
counts=[40,100,30,55,70]                                    # 定义水果的供应量

bar_labels=['red','blue','yellow','orange','_red']          # 存储图例的名称
bar_colors=['tab:red','tab:blue','yellow','tab:orange','tab:red']
                                                            # ①,存储柱状图的颜色
ax.bar(fruits,counts,label=bar_labels,color=bar_colors)     # 绘制柱状图
ax.set_ylabel('fruit supply')
ax.set_title('Fruit supply by kind and color')
ax.legend(title='Fruit color')
plt.show()
```

运行结果如图 3-1 所示。下面对代码进行讲解。

1）创建列表 bar_labels，用于存储图例的名称，注意下划线开头的 _red 表示在图例中不显示该名称。

2）列表 bar_colors 的 tab:red、tab:blue 和 tab:orange 这些颜色值是 matplotlib 中预定义的一组颜色之一，用于表示红色、蓝色和橙色。这些颜色是专门设计用于数据可视化的，具有良好的辨识度和可视化效果。yellow 这个颜色值是标准的颜色名称，代表黄色。这个列表中的 5 个颜色值，分别指定柱状图中 5 根柱子的颜色。

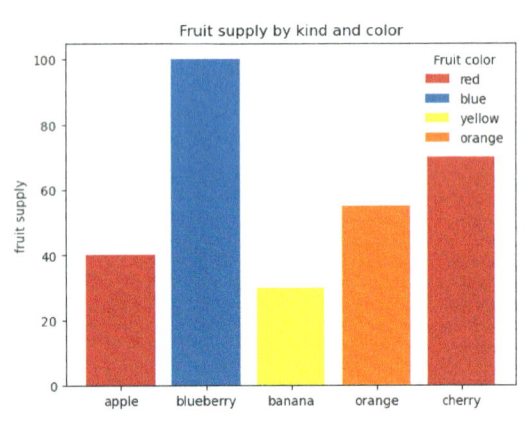

图 3-1　简单柱状图

3）bar( ) 函数的作用是在当前的子图上绘制柱状图，并根据指定的颜色值为每个柱子设置颜色，并在图例中显示对应的标签。其中 fruits 是水果种类，counts 是每种水果的供应量，label 是柱状图标签（用于图例显示），color 是柱状图颜色。

4）条形的对齐方式默认是居中对齐，即 x 轴的刻度在每个条形的中间，可以改变其参

38

数，使得对齐方式为边缘对齐，即 x 轴的刻度在每个条形的左侧，只需改为如下代码即可。

```
ax.bar(fruits,counts,label=bar_labels,
       color=bar_colors,align='edge')
```

运行结果如图 3-2 所示。

5）条形边缘的颜色和条形边缘的线宽默认是没有的，为了使图形有明显的边缘颜色和线宽，具体的颜色和线宽可以根据需求来设置。这里使用边缘的颜色为黑色，线宽为 3，使用如下代码来实现。

```
ax.bar(fruits,counts,label=bar_labels,
       color=bar_colors,align='edge',
       edgecolor="black",linewidth=3)
```

运行结果如图 3-3 所示。

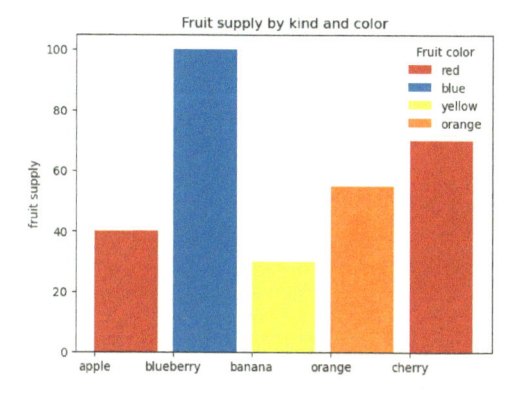

图 3-2　刻度在条形左侧的柱状图 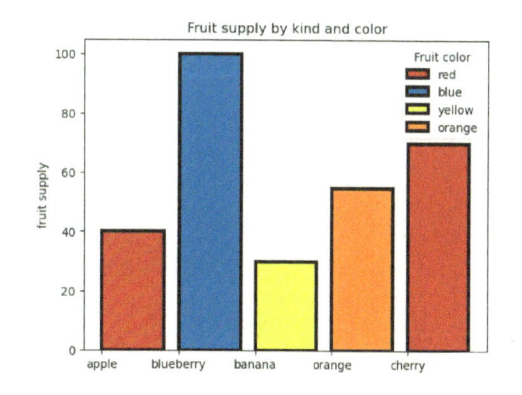　　　　图 3-3　条形边缘为黑色的柱状图

6）默认情况下图例在右侧，只需要在 ax.legend 方法中加入两个参数，就可以将图例放到左侧，实现方法如下。

```
ax.legend(title='Fruit color',bbox_to_anchor=(0,1),
         loc='upper left')
```

运行结果如图 3-4 所示。

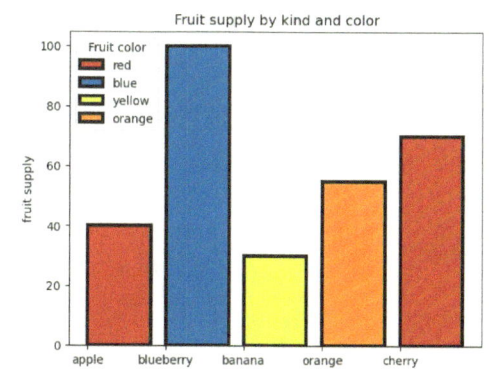

图 3-4　图例在左侧的柱状图

Matplotlib 科研绘图：基于 Python

7）每个条形图除了可以填充颜色外，还可以填充特定的图案，常见的填充图案类型见表 3-2。

表 3-2 hatch 参数的含义

参　数	含　义	参　数	含　义
/	斜线（从左下到右上）	x	叉形线（斜线和反斜线的组合）
\	反斜线（从左上到右下）	o	圆圈
|	垂直线	.	点
-	水平线	*	星号
+	十字线（垂直和水平线的组合）		空格

将 ax.legend() 函数行注释掉（即不运行该函数，以下均同），在①处后边加入如下代码。

```
bar_hatches=['/','\\','|','-','+']              #定义每个柱子的填充图案
bars=ax.bar(fruits,counts,color=bar_colors,align='edge',
        edgecolor="black",linewidth=3)          #绘制柱状图并加粗边缘线
for bar,hatch in zip(bars,bar_hatches):         #为每个柱子设置填充图案
    bar.set_hatch(hatch)
```

运行结果如图 3-5 所示。

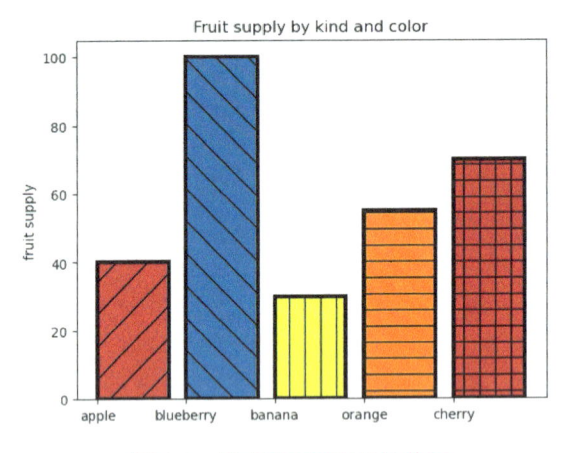

图 3-5 填充特定图案的柱状图

3.1.2 堆积柱状图

堆积柱状图是柱状图的一种变体，它将多个数据系列的柱子堆积在一起，以展示每个类别中各个数据系列的相对大小，并显示它们的总和。

【例 3-2】 使用堆积柱状图比较不同企鹅物种的体重分布情况。代码如下。

```
import matplotlib.pyplot as plt
import numpy as np
species=( "Adelie\n $ \\mu $ =3700.66g",
        "Chinstrap\n $ \\mu $ =3733.09g",
        "Gentoo\n $ \\mu=5076.02g $ ",
```

```python
            "King\n $ \\mu=4057.04g $ ")
weight_counts={
    "Below": np.array([70,31,58,50]),    # Below 代表低于平均体重
    "Above": np.array([82,37,66,30]),    # Above 代表高于平均体重
}                                        # 定义体重分类及对应的计数数据
width=0.5

fig,ax=plt.subplots()
bottom=np.zeros(4)
for boolean,weight_count in weight_counts.items():
    p=ax.bar(species,weight_count,width,label=boolean,bottom=bottom)
    bottom +=weight_count
    ax.bar_label(p,label_type='center')

ax.set_title("Number of penguins with above average body mass")
ax.legend(loc="upper right")
plt.show()
```

运行结果如图 3-6 所示。下面对代码进行讲解。

1）Adelie\n $\\mu$=3700.66g 这种写法是普通的字符串表示法，其中 Adelie 表示企鹅的名字，后面的 $\\mu$=3700.66g 表示平均体重 μ 的信息，$\\mu$ 是希腊字母 μ 的数学符号，表示平均值，3700.66g 则表示该物种的平均体重为 3700.66 克。

2）King\n $\\mu=4057.04g$ 这种写法是 LaTeX 表示法，在 Python 的字符串中，使用双美元符号 $...$ 或者 $$...$$ 将想要表达的数学符号或公式括起来，就可以在图表或文本中显示相应的数学符号或公式。

3）绘制堆积柱状图并添加标签。使用 zeros( ) 函数，创建一个长度为 4 的零数组，这个数组用于存储每个柱子的底部位置，初始时所有柱子的底部位置都设为 0。

使用 for 循环遍历体重分类这个字典，对每个分类下的企鹅物种进行堆积柱状图的绘制。ax.bar( ) 函数用于绘制柱状图，参数 bottom 用于指定底部位置，从而实现堆积效果。

ax.bar_label( ) 函数用于在每个柱子的中央添加标签，标签内容为柱子的高度，把 label_type = ' center' 换成 label_type = ' edge '，可以改变标签的位置。

运行结果如图 3-7 所示。

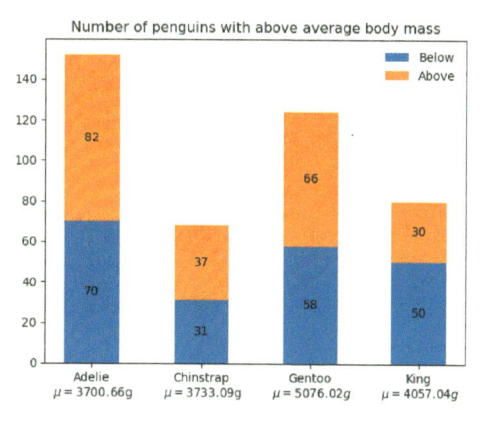

图 3-6　堆积柱状图

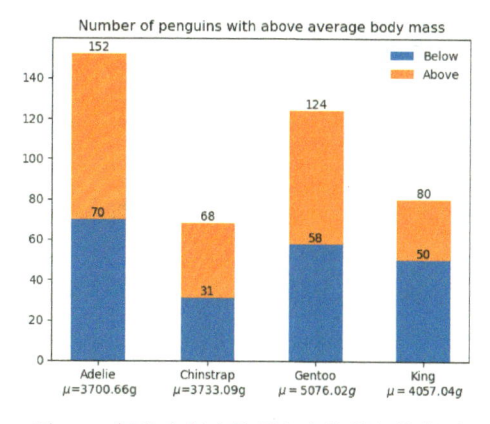

图 3-7　标签在每个柱子上方的堆积柱状图

Matplotlib 科研绘图：基于 Python

3.1.3 分组柱状图

分组柱状图是一种简单而有效的数据可视化方式，能够清晰展示不同组别之间的比较关系，同时还可以同时比较多个变量，适用于展示大量复杂数据的结构和模式。

【例3-3】 绘制一个分组柱状图，用于展示不同企鹅物种（Adelie、Chinstrap、Gentoo）的不同属性（Bill Depth、Bill Length、Flipper Length）的平均值。代码如下：

```python
import matplotlib.pyplot as plt
import numpy as np

species=("Adelie","Chinstrap","Gentoo")              # 定义企鹅物种
penguin_means={
    'Bill Depth': (18.35,18.43,14.98),
    'Bill Length': (38.79,48.83,47.50),
    'Flipper Length': (120.95,165.82,217.19),
}                                                     # 定义企鹅属性的平均值
x=np.arange(len(species))                             # 计算每个物种的位置
width=0.25                                            # 定义每个柱的宽度
multiplier=0                                          # 计算每个柱子偏移量
fig,ax=plt.subplots(layout='constrained')

# 遍历企鹅的每个属性及其对应的测量值
for attribute,measurement in penguin_means.items():
    offset=width*multiplier                           # 计算当前柱子的偏移量
    rects=ax.bar(x+offset,measurement,width,label=attribute)
    ax.bar_label(rects,padding=3)                     # 为每个柱子添加标签
    multiplier +=1                                    # 更新偏移量
ax.set_ylabel('Length (mm)')                          # 设置 y 轴标签
ax.set_title('Penguin attributes by species')         # 设置图表标题
ax.set_xticks(x+width/2,species)                      # 设置 x 轴刻度的位置和标签
ax.legend(loc='upper left',ncols=3)                   # 图例位置左上角，列数为 3 列
ax.set_ylim(0,250)                                    # 设置 y 轴的范围从 0 到 250
plt.show()
```

运行结果如图 3-8 所示。下面对代码进行讲解。

1）在创建新的画布和坐标轴时，参数 layout 的作用是根据给定的画布尺寸和子图数量，以及其他参数设置，自动调整子图的位置和大小，使其在画布上并保持良好的视觉效果。

2）绘制分组柱状图。

用 for 循环语句遍历 penguin_means 字典中的每一项，attribute 是企鹅的特征（Bill Depth、Bill Length 和 Flipper Length），而 measurement 是对应特征的值（Adelie、Chinstrap 和 Gentoo 三种企鹅的平均值）。

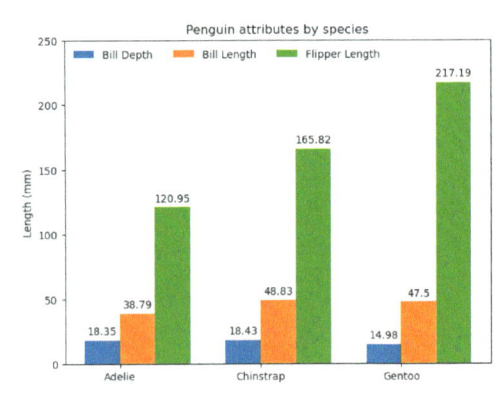

图 3-8　分组柱状图

变量 offset 计算了当前特征所对应的柱状图的横向位置偏移量。width 是每个柱子的宽度，multiplier 是一个计数器，用于确保每个特征的柱状图位置不重叠。

使用 ax.bar( ) 函数在图表上绘制柱状图。参数 x+offset 确定了每个柱子的横向位置，measurement 提供了每个柱子的高度，label=attribute 设置了每个柱子的标签为对应的特征。

ax.bar_label( ) 函数将标签添加到每个柱子的顶部，参数 rects 是之前绘制的柱子对象，padding=3 指定了标签与柱子顶部的间距，当 padding=−15 和 padding=15 时，运行结果如图 3-9 所示。

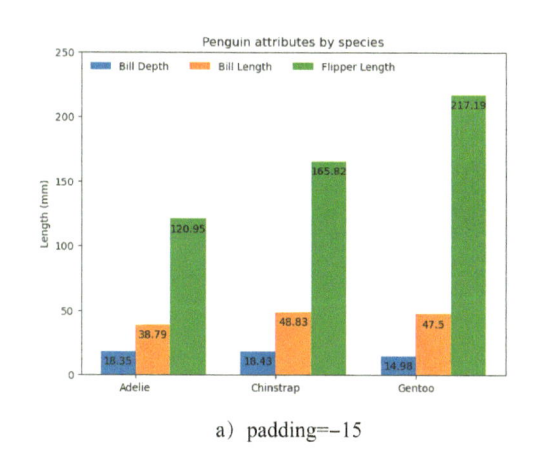

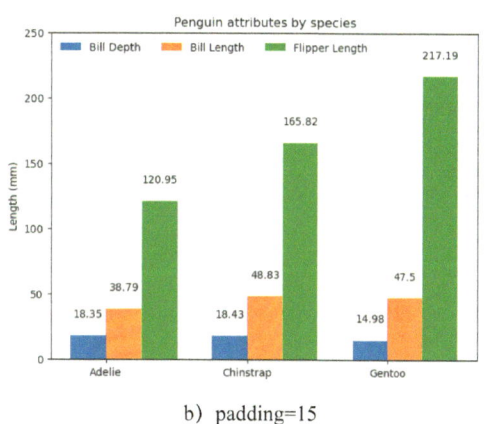

a) padding=−15

b) padding=15

图 3-9　不同 padding 值的分组柱状图

3）自定义 x 轴刻度和图例。

set_xticks( ) 函数设置了 x 轴刻度的位置和标签。参数 x+width 指定了刻度的位置，即每个柱子的中心位置，参数 species 指定了刻度的标签，即每个柱子对应的物种。这样进行设置可以让每个柱子的刻度标签显示在其中心位置。

legend( ) 函数用于添加图例，参数 loc=' upper left 指定了图例的位置在图表的左上角。ncols=3 这个参数指定了图例的列数为 3。当 ncols=2 和 ncols=1 时，运行结果如图 3-10 所示。

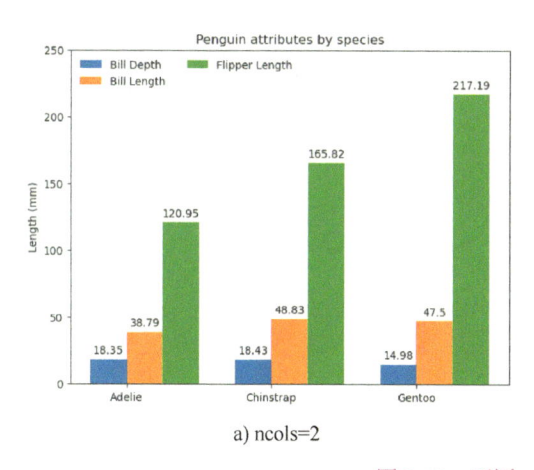

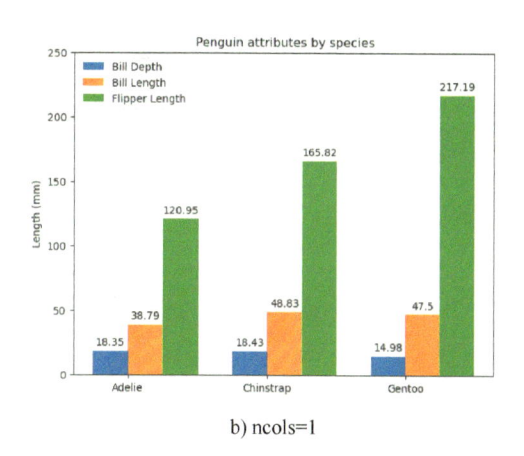

a) ncols=2

b) ncols=1

图 3-10　不同 ncols 值的分组柱状图

Matplotlib 科研绘图：基于 Python

3.2 条形图

条形图的条形长度直观地显示了数据的大小，因此很容易进行不同类别之间的比较。通过条形图，人们可以快速地识别数据的趋势、分布和异常值。

matplotlib.pyplot.barh 函数用于创建水平条形图，其功能类似 bar 函数，但绘制的是水平而不是垂直的条形图，其语法如下。

```
matplotlib.pyplot.barh(y,width,height=0.8,left=None,
                       align='center',**kwargs)
```

部分参数的含义见表 3-3。

表 3-3 函数参数含义

参数	含义
y	标量或数组，条形图的 y 坐标（必须指定）
width	标量或数组，条形图的宽度（必须指定），即每个条形的长度
height	标量或数组，条形图的高度，默认为 0.8
left	标量或数组，条形图的左边缘的 x 坐标，默认为 0
align	条形图对齐方式，默认 center，表示条形图在 y 位置居中，edge 表示条形图从 y 位置开始

3.2.1 简单条形图

本小节主要介绍最基础、最简单的条形图。

【例 3-4】 简单条形图示例。代码如下。

```python
import matplotlib.pyplot as plt
import numpy as np

fig,ax=plt.subplots()
np.random.seed(20240327)                            # 创建随机种子确保可重复性
people=('Tom','Dick','Harry','Slim','Jim')          # 人员名单
y_pos=np.arange(len(people))                        # y轴位置
performance=3+10*np.random.rand(len(people))        # ①,随机生成的数据
hbars=ax.barh(y_pos,performance,align='center')

                                                    # 绘制水平柱状图

ax.set_yticks(y_pos,labels=people)                  # 设置y轴刻度的位置和标签
ax.invert_yaxis()                                   # 反转y轴,使标签从上到下
ax.set_xlabel('Performance')
ax.set_title('How fast do you want to go today? ')
plt.show()
```

运行结果如图 3-11 所示。下面对代码进行讲解。

1) 设置随机数生成器的种子，种子值为 20240327，这意味着，无论何时运行此代码，使用 NumPy 生成的随机数都将以相同的模式生成，因为它们都基于相同的种子值，从而确

保结果的可重复性。

2）定义元组 people，用作条形图中 y 轴的标签。数组 performance 里面有 5 个值，数据范围在 3 到 13 之间，将用于标签数值的整数位。

3）使用 barh() 函数在水平方向上创建条形图。参数 y_pos 表示条形图中每个条形的垂直位置，这些索引将指定每个人名在条形图中的垂直位置。参数 performance 用于确定条形的长度。align='center'表示每个条形都居中对齐。

4）为条形图添加误差条。先注释掉 hbars = ax.barh()行，在①后添加如下代码。

```
error=np.random.rand(len(people))
hbars=ax.barh(y_pos,performance,xerr=error,align='center')
```

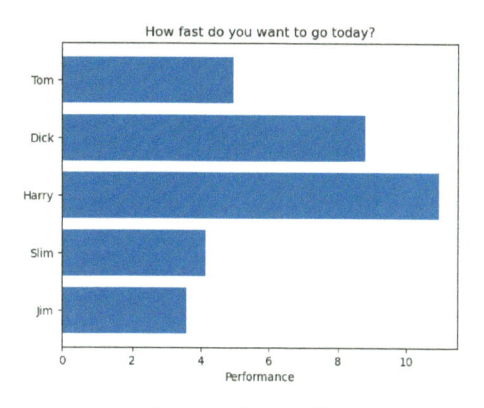

图 3-11 简单条形图

运行结果如图 3-12 所示。

数组 error，每个元素都是从 0 到 1 之间均匀分布的随机数，用于表示 5 个人表现数据的误差范围，这里的 error 有两个用处，一个是确定误差棒的长度，一个是在显示误差的数值。参数 xerr 表示条形图中每个条形的水平误差范围。

5）为误差条添加标签，输入如下代码。

```
ax.bar_label(hbars,fmt='%.2f')     # 为误差条添加标签,保留两位小数
#②
```

运行结果如图 3-13 所示。

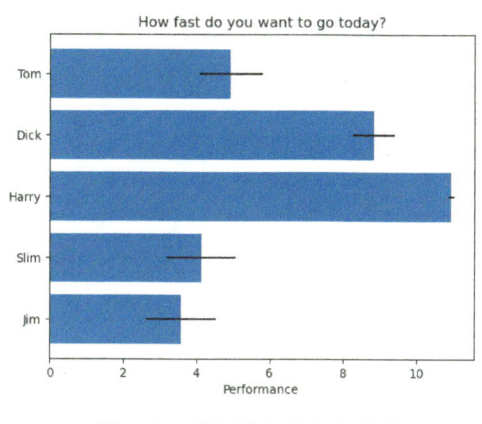

图 3-12 带有误差条的条形图

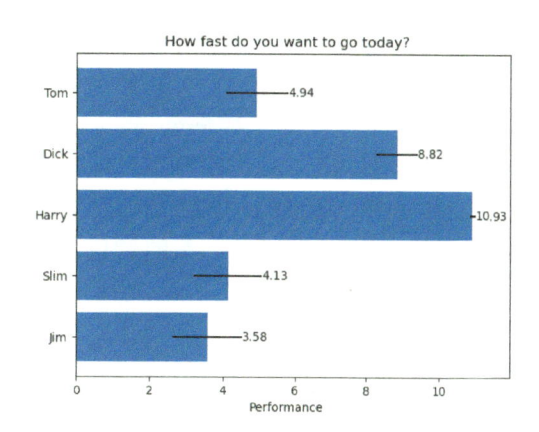

图 3-13 带有误差条标签的条形图

6）此处可以看出标签与右侧的框线重合了，需要调整 x 轴的范围，来避免这种情况，在②后添加如下代码。

```
ax.set_xlim(right=14)
```

运行结果如图 3-14 所示。

7）默认情况下，Matplotlib 中的图表 y 轴从下往上增长，即较小的数值在底部，较大的

数值在顶部。调用 ax.invert_yaxis( )函数会将 y 轴方向进行反转,使得较大的数值出现在底部,较小的数值出现在顶部。

在本案例中,注释掉 ax.invert_yaxis( ),那么 y 轴的标签的最下面将为 Tom。

运行结果如图 3-15 所示。

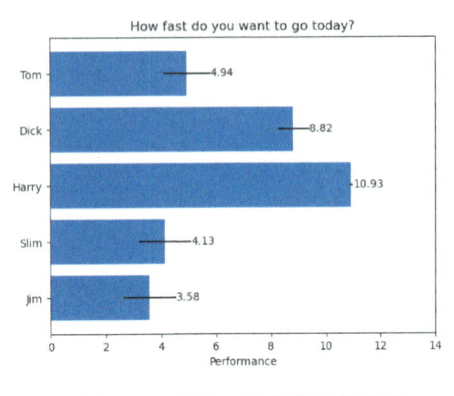

图 3-14　适应 x 轴范围的条形图

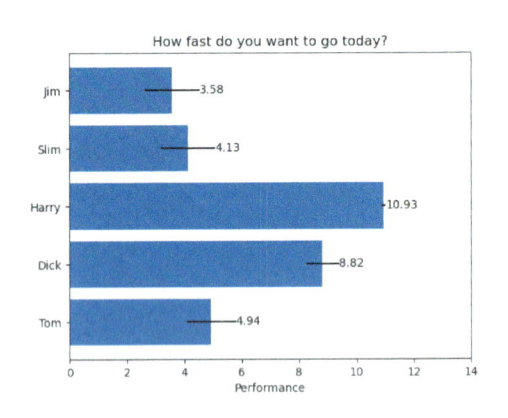

图 3-15　对 y 轴方向反转的条形图

8)使用列表推导式给每个条形图添加标签。代码如下。

```
ax.bar_label(hbars,labels=[f'±{e:.2f}' for e in error],
    padding=8,color='r',fontsize=14)
```

运行结果如图 3-16 所示。

使用 bar_label( )函数将添加数值标签到每个条形上。参数 hbars 是之前创建的水平条形图对象,用于确定在哪些条形上添加标签。

列表推导式,用于生成每个条形图的标签内容。f'±{e:.2f}' 将每个 error 数组中的值 e 格式化为带有两位小数的字符串,并在前面加上±符号。参数 padding 指定了标签与条形之间的间距;color 指定了标签的颜色,b 表示蓝色,r 显示红色;参数 fontsize 指定了标签的字体大小。

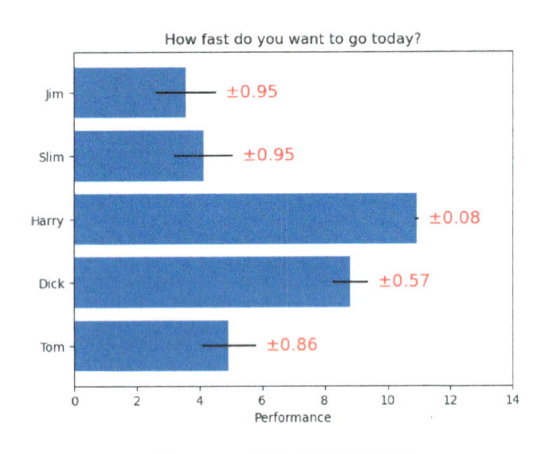

图 3-16　带标签的条形图

3.2.2　离散分布的条形图

在统计学和数据可视化中,离散分布指的是一组具有有限可能取值的数据,而水平条形图则是一种常见的数据可视化方式,其中每个数据类别对应一个水平的条形,条形的长度表示该类别的频率或者概率。

【例 3-5】　绘制离散分布的条形图示例。代码如下。

```
import matplotlib.pyplot as plt
import numpy as np
```

```python
category_names=['Strongly disagree','Disagree',
                'Neither agree nor disagree',
                'Agree','Strongly agree']              # 定义调查问卷的答案类别
results={'Question 1':[10,15,17,32,26],
         'Question 2':[26,22,29,10,13],
         'Question 3':[35,37,7,2,19],
         'Question 4':[32,11,9,15,33],
         'Question 5':[21,29,5,5,40],
         'Question 6':[8,19,5,30,38]}                  # 定义每个问题的调查结果

def survey(results,category_names):
    """
    参数
    ----------
    results:字典。记录每个问题对应的各个答案类别的数量
    假设所有的列表都包含相同数量的条目,并且与 category_names 的长度相匹配。
    category_names:字符串列表。用于标记水平条形图中的每个类别。
    """
    labels=list(results.keys())                         # 获取问题标签
    data=np.array(list(results.values()))               # 将结果转换为数组
    data_cum=data.cumsum(axis=1)                        # 计算累积和
    category_colors=plt.colormaps['RdYlGn'](
        np.linspace(0.15,0.85,data.shape[1]))           # 使用颜色映射生成颜色

    fig,ax=plt.subplots(figsize=(9.2,5))                # 创建图形和轴
    ax.invert_yaxis()                                   # 反转 y 轴
    ax.xaxis.set_visible(False)                         # 隐藏 x 轴
    ax.set_xlim(0,np.sum(data,axis=1).max())            # 设置 x 轴的范围

    for i,(colname,color) in enumerate(zip(category_names,
                                           category_colors)):
        widths=data[:,i]                                # 获取当前类别的宽度
        starts=data_cum[:,i]-widths                     # 计算条形的起始位置
        rects=ax.barh(labels,widths,left=starts,height=0.5,
                      label=colname,color=color)        # 绘制水平条形图

        r,g,b,_=color                                   # 获取颜色的 RGB 值
        text_color='white' if r*g*b < 0.5 else 'darkgrey'
                                                        # 根据颜色设置文本颜色
        ax.bar_label(rects,label_type='center',color=text_color)

    ax.legend(ncols=len(category_names),bbox_to_anchor=(0,1),
              loc='lower left',fontsize='small')        # 设置图例
    return fig,ax

survey(results,category_names)                          # 调用函数绘制图表
plt.show()
```

Matplotlib 科研绘图：基于 Python

运行结果如图 3-17 所示。

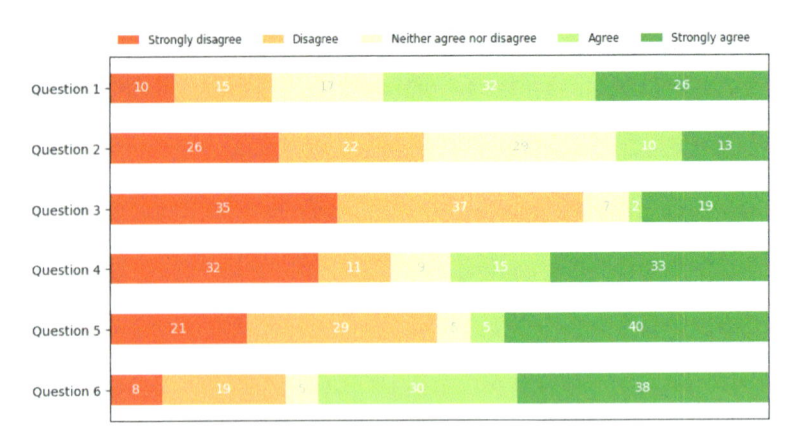

图 3-17　离散分布的条形图

下面对代码进行讲解。

1）category_names 列表，代表调查中可能的答案类别。results 字典的键表示问题，值为一个包含五个整数元素的列表，每个列表表示对应问题中每个答案类别的数量。例如，Question 1 的答案分别是 [10, 15, 17, 32, 26]，意味着对于问题 1，有 10 人选择了 Strongly disagree，15 人选择了 Disagree 等以此类推。

2）在 survey 的函数内部，获取 results 的标签和数据，计算累积数据和设置颜色。

将 results 字典的键提取出来，转换为列表，存储到变量 labels 中，后续作为水平条形图中的标签名。

将 results 字典的值提取出来，转换为 data 数组。每行代表一个问题，每列代表一个答案类别，数组的元素表示对应类别的数量，使用 print（data）来查看 data 的值，运行后输出结果如下。

```
[[10 15 17 32 26]
 [26 22 29 10 13]
 [35 37  7  2 19]
 [32 11  9 15 33]
 [21 29  5  5 40]
 [ 8 19  5 30 38]]
```

用 cumsum（）函数计算二维数组 data 沿指定轴（axis）的累积和，参数 axis = 1 表示沿着第二个维度（每行的方向）进行求和。这将产生一个与 data 相同大小的数组 data_cum，但其中的每个元素是从该行的开头到当前位置的累积和，使用 print（data_cum）来查看 data_cum 的值，运行后输出结果如下。

```
[[ 10  25  42  74 100]
 [ 26  48  77  87 100]
 [ 35  72  79  81 100]
 [ 32  43  52  67 100]
 [ 21  50  55  60 100]
 [  8  27  32  62 100]]
```

生成一组颜色，用于给条形图的不同类别着色。使用 matplotlib 库中的颜色映射（colormap），RdYlGn 是一种颜色映射的名称，表示从红色到黄色再到绿色的渐变色，将 RdYlGn 改为 plasma 会有不一样的效果，关于颜色的使用，将会在后续章节中讲到。

运行结果如图 3-18 所示。

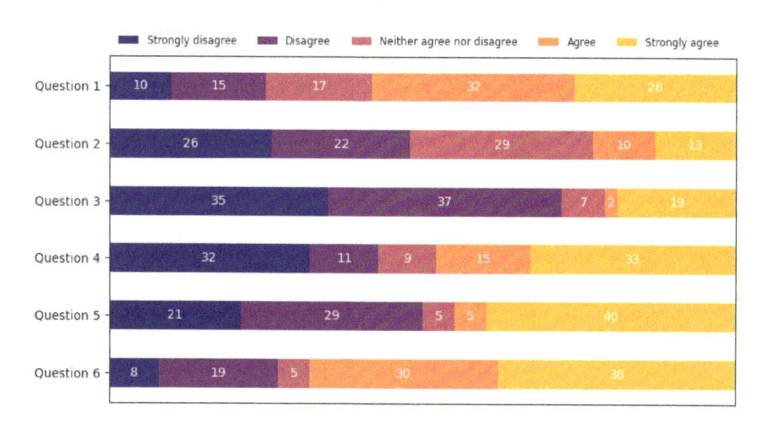

图 3-18　颜色映射为 plasma 的离散分布的条形图

3）xaxis.set_visible（False）函数将 x 轴设置为不可见。因为条形图是水平的，所以不需要显示 x 轴。如果需要显示 x 轴的标签和刻度，将其改为 ax.xaxis.set_visible（True），运行结果如图 3-19 所示。

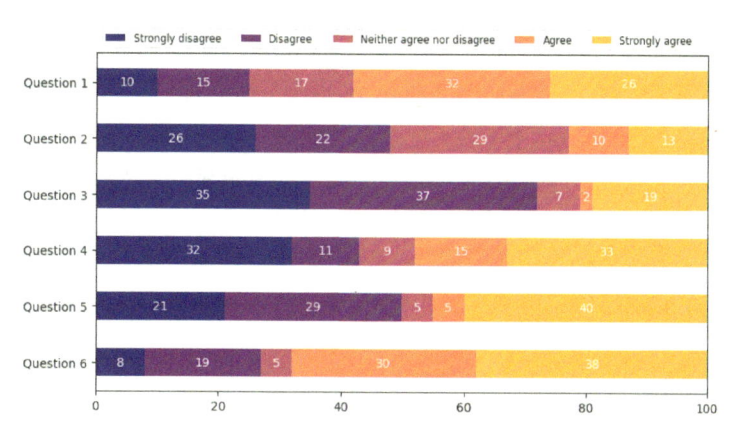

图 3-19　显示 x 轴标签和刻度的离散分布条形图

4）ax.set_xlim(0,np.sum(data,axis=1).max()) 中 np.sum(data,axis=1) 对 data 数组的行数进行求和，使用 max() 方法找到最大值，确保 x 轴的范围能够容纳所有的答案总数。

5）用 for 循环遍历每个答案类别的名称和颜色。enumerate() 函数用于同时遍历 category_names 数组和 category_colors 列表，并返回它们的索引和对应的元素。zip() 函数将他们的元素一一对应组合成元组。colname 是答案类别的名称，color 是对应的颜色。

将颜色 color 分解成红色、绿色、蓝色和透明度 4 个部分。如果条形图的颜色较暗（RGB 乘积小于 0.5），则标签颜色设置为白色，否则为灰色。

6）ax.legend() 函数用来设置图例。

Matplotlib 科研绘图：基于 Python

参数 ncols 设置图例的列数为类别名称列表 category_names 的长度。

参数 bbox_to_anchor 设置图例的位置，(0,1) 表示将图例放置在图的左上角，(0,0) 表示图的左下角，(1,1) 表示图的右上角。

参数 loc 用于指定图例的放置位置，这里设置为 lower left，表示图例位于图的左下角，这个参数可以与 bbox_to_anchor 结合使用来微调图例的精确位置。

参数 fontsize 设置图例中文本用相对较小的字体。

3.3 直方图

在直方图中，数据被分成一系列间隔（称为 bin 或"箱"），每个间隔内的数据数量被绘制成一个条形，条形的高度表示该间隔内数据的频数或频率。直方图通常用于观察数据的分布情况，包括数据的中心位置、分散程度以及可能存在的异常值。

matplotlib.pyplot.hist 是 matplotlib 中用于绘制直方图的方法，其语法格式如下。

```
matplotlib.pyplot.hist(x,bins=None,density=False,weights=None,
        cumulative=False,bottom=None,histtype='bar',align='mid',
        orientation='vertical',rwidth=None,log=False,**kwargs)
```

部分参数的含义见表 3-4。

表 3-4 函数部分参数含义

参 数	含 义
x	输入数据，数组或序列
bins	指定条形（bin）的数量或边界；如果为整数，则表示条形的数量；如果为序列，则表示条形的边界
density	如果为 True，则直方图的总面积为 1（即概率密度），如果为 False，显示频数
weights	每个样本的权重数组，与输入数据 x 的长度相同
cumulative	如果为 True，则返回累计频数（或概率密度）
bottom	条形底部的基线值，可以是一个标量或与 x 长度相同的数组
histtype	直方图的类型。bar：传统条形直方图；barstacked：堆叠条形直方图；step：线条直方图（未填充）；stepfilled：填充的线条直方图
align	条形的对齐方式。left：条形左对齐；mid：条形居中对齐（默认）；right：条形右对齐
orientation	条形的方向。vertical：垂直方向（默认）；horizontal：水平方向
rwidth	条形的相对宽度，0 到 1 之间的值
log	如果为 True，则使用对数刻度

【例 3-6】 绘制直方图示例。代码如下。

```
import matplotlib.pyplot as plt
import numpy as np
np.random.seed(20240412)                    # 设置随机种子
fig,ax=plt.subplots()                       # 创建图像和轴
x=30*np.random.randn(10000)                 # 生成随机数据
```

```
mu=x.mean()
median=np.median(x)
sigma=x.std()
ax.hist(x,bins=50,color='green',alpha=0.7)          #①,绘制直方图
textstr='\n'.join((
    r'$ \mu=%.2f $' % mu,
    r'$ \mathrm{median}=%.2f $' % median,
    r'$ \sigma=%.2f $' % sigma))                    # 标注统计信息
props=dict(boxstyle='round',facecolor='wheat',alpha=0.5)
            # 设置文本框样式
ax.text(0.05,0.95,textstr,transform=ax.transAxes,fontsize=12,
        verticalalignment='top',bbox=props)         # 添加文本框
plt.show()                                          # 显示图形
```

运行结果如图 3-20 所示。下面对代码进行讲解。

1）随机生成一个包含 10000 个随机数的一维数组 x，这些随机数的均值为 0，标准差为 30。使用 mean( ) 函数、median( ) 函数和 std( ) 函数分别计算数组 x 中所有元素的平均值、中位数和标准差。

2）使用 hist( ) 方法来绘制直方图，并将其添加到之前创建的轴对象 ax 中。参数 x 表示要绘制直方图的数据，这里是一个包含 10000 个随机数的一维数组 x；bins = 50 表示将数据分成 50 个间隔（或箱），并绘制对应的直方图条形。将 bins = 50 换成 bins = 20 和 bins = 100。运行结果如图 3-21 所示。

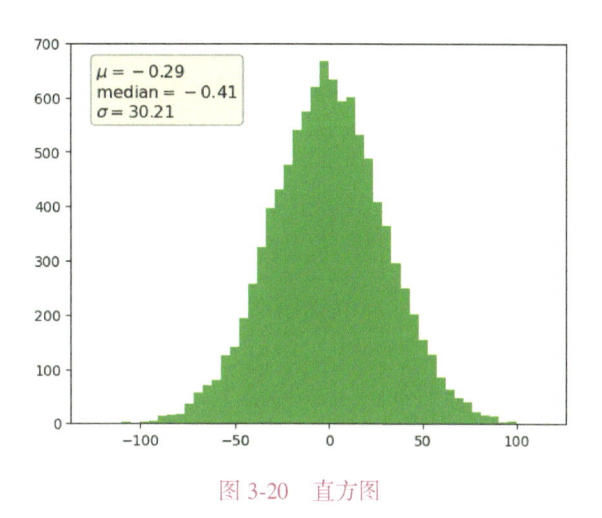

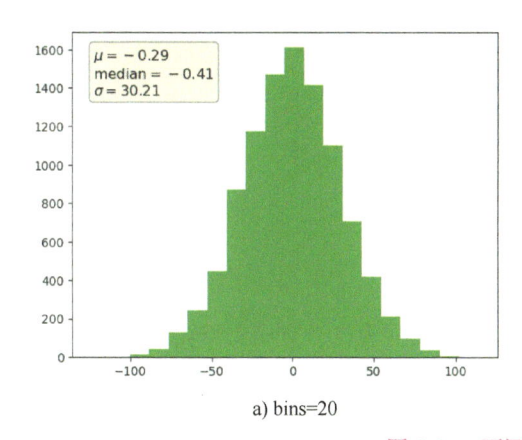

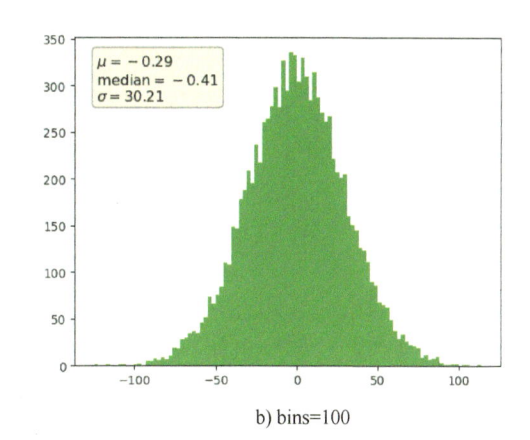

图 3-20　直方图

a) bins=20

b) bins=100

图 3-21　不同 bins 值的直方图

alpha = 0.7 表示设置直方图的透明度为 0.7。透明度的取值范围为 0 到 1，0 表示完全透明，1 表示完全不透明。将 alpha = 0.7 换成 alpha = 0.2 和 alpha = 1。运行结果如图 3-22 所示。

Matplotlib 科研绘图：基于 Python

a) alpha=0.2　　　　　　　　　　　b) alpha=1

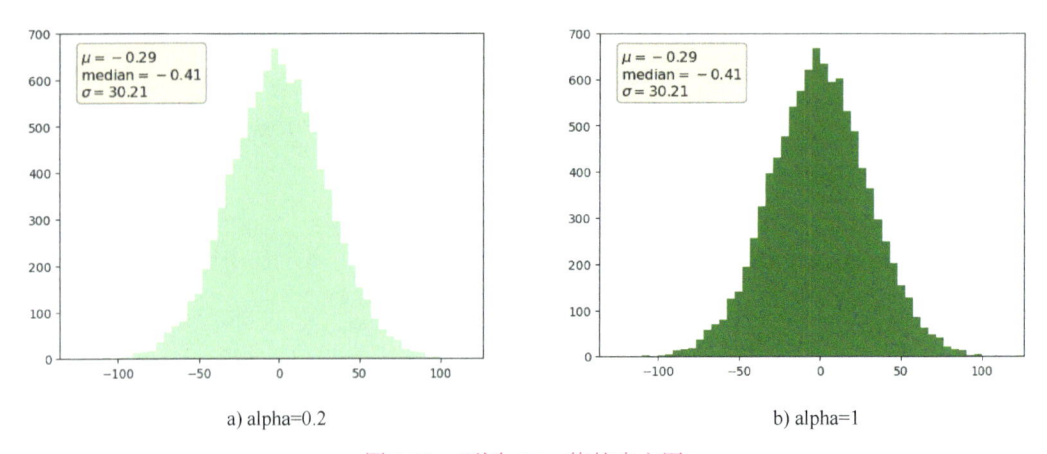

图 3-22　不同 alpha 值的直方图

3）直方图的颜色只有绿色，很单一，可以给柱状图每个柱子填充一种颜色，将①处代码注释掉，并在其后边加入如下代码。

```
# 绘制直方图
n,bins,patches=ax.hist(x,bins=50,alpha=0.7)           #①
# 使用不同颜色填充每个柱子
colors=plt.cm.inferno(np.linspace(0,1,len(patches)))
for patch,color in zip(patches,colors):
    patch.set_facecolor(color)
```

运行结果如图 3-23 所示。

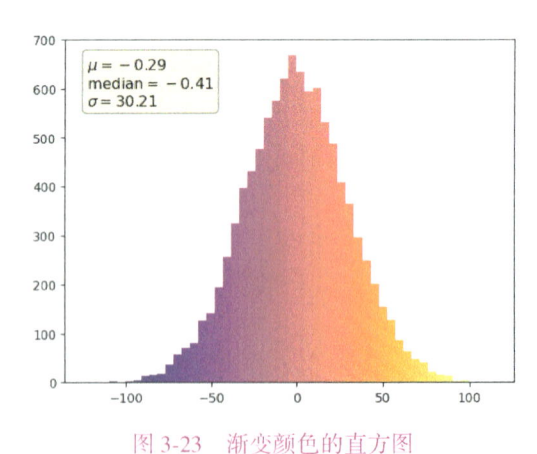

图 3-23　渐变颜色的直方图

4）直方图的类型有 4 种。参数 histtype 默认为 bar。这里，主要介绍 step 和 stepfilled 与 bar 的区别，将语句①注释掉，添加如下代码，分别运行这两行代码。

```
n,bins,patches=ax.hist(x,bins=50,alpha=0.7,histtype='step')
n,bins,patches=ax.hist(x,bins=50,alpha=0.7,histtype='stepfilled')
```

运行结果如图 3-24 所示。

5）设置文本框样式。

a) histtype='step' b) histtype='stepfilled'

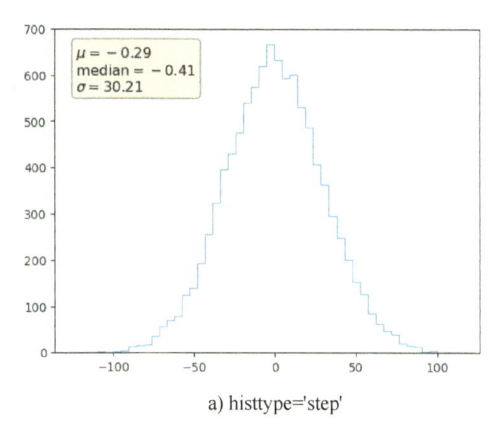

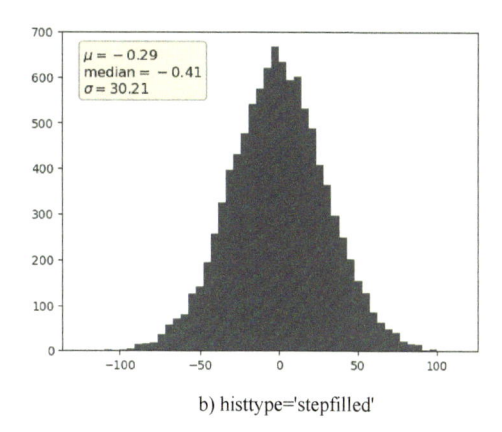

图 3-24　不同 histtype 值的直方图

创建字典 props，设置文本框的样式属性。boxstyle = ' round '这个属性指定了文本框的边角为圆角；facecolor = ' wheat '这个属性指定了文本框的填充颜色为小麦色。

最后，test 函数用于向图形中添加文本标注，设置文本的位置、内容、样式等属性。将 test 函数中的第一个参数改为 0.65，文本框将会放到右上角。

运行结果如图 3-25 所示。

6）条形的方向有两种方向，默认为垂直方向。在 n，bins，patches = ax.hist( )语句中加入参数 orientation = ' horizontal '，将条形变为水平方向。

运行结果如图 3-26 所示。

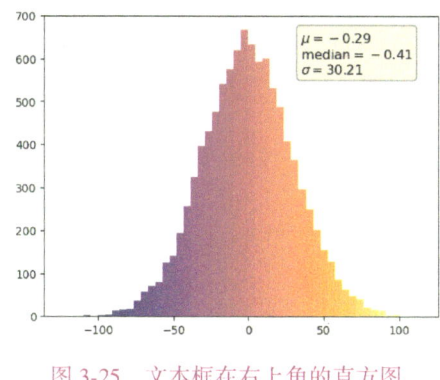

图 3-25　文本框在右上角的直方图　　　图 3-26　水平方向的直方图

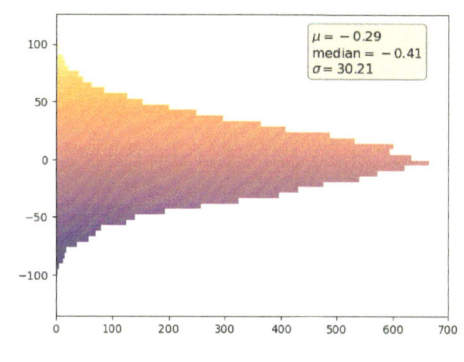

3.4　散点图

在散点图中，每个数据点代表一个观察结果，横坐标表示一个变量，纵坐标表示另一个变量。通过观察数据点的分布情况，可以推断变量之间的关系、趋势和异常值。

matplotlib.pyplot.scatter 函数用于绘制散点图，其基本语法如下。

```
matplotlib.pyplot.scatter(x,y,s=None,c=None,marker=None,cmap=None,
        norm=None,vmin=None,vmax=None,alpha=None,
    linewidths=None,edgecolors=None,
        plotnonfinite=False,*,data=None,**kwargs)
```

Matplotlib 科研绘图：基于 Python

部分参数的含义见表 3-5。

表 3-5 函数参数含义

参　数	含　义
x	x 轴数据，必须存在，通常为数组或列表
y	y 轴数据，必须存在，通常为数组或列表
s	标记大小，形状为 N 的标量或数组
c	标记颜色，可以是单一颜色，也可以是颜色序列、RGBA 数组或颜色映射的序列
marker	标记样式，默认值为 o
cmap	颜色映射，如果 c 是标量或序列，则为 Colormap，默认值为 None
norm	将数据值映到 [0,1] 范围内的 Normalize 实例
vmin、vmax	缩放数据的亮度范围，常与 cmap 一起使用
alpha	透明度
linewidths	边缘宽度，标量或数组，默认值为 None
edgecolors	边缘颜色，默认值为 None
plotnonfinite	如果为 True，则会绘制非有限值（如 NaN 和 inf），默认值为 False
data	传递数据字典

【例 3-7】 绘制散点图示例。代码如下。

```
import matplotlib.pyplot as plt
import numpy as np

# 生成随机数据
np.random.seed(0)
x=np.random.rand(100)
y=np.random.rand(100)
colors=np.random.rand(100)

sizes=50                            # 每个点的大小都为 50
markers='o'                         # 定义不同的标记类型
fig,ax=plt.subplots(dpi=600)
scatter=ax.scatter(x,y,c=colors,s=sizes,cmap='viridis',marker=markers)
                                    # ①，绘制散点图
ax.set_title(f'Scatter plot with Circle marker')
ax.set_xlabel('X-axis')
ax.set_ylabel('Y-axis')
plt.show()
```

运行结果如图 3-27 所示。下面对代码进行讲解。

1）随机生成 x、y 坐标和每个数据点的颜色。

2）使用 scatter( ) 函数绘制散点图，参数 cmap 为颜色映射，用于指定颜色的渐变范围。在这里使用了 viridis 颜色映射，它是一种用于连续数据的颜色映射，颜色从深到浅表示数值从低到高。

3）添加颜色条。在①后添加如下代码。

```
plt.colorbar(scatter,ax=ax)
```

运行结果如图 3-28 所示。

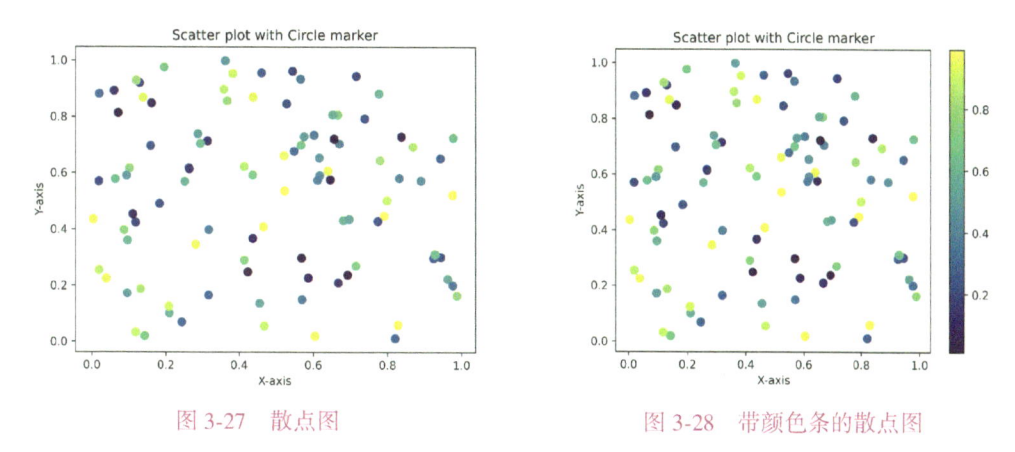

图 3-27　散点图　　　　　　　　　图 3-28　带颜色条的散点图

colorbar( ) 函数在绘制的散点图旁边添加一个颜色条，颜色条显示了散点的颜色对应的数值范围。在本例中，由于颜色是通过 colors 数组表示的，因此颜色条会显示 colors 数组中数值的范围，并以相应的颜色进行渐变。

4）为每个数据点添加不同的标记。将 markers = ' o ' 分别换成 makers = ' s '、markers = ' x '、markers = ' * ' 和 markers = '^'。

运行结果如图 3-29 所示。

a) markers='s'　　　　　　　　　b) markers='x'

c) markers='*'　　　　　　　　　d) markers='^'

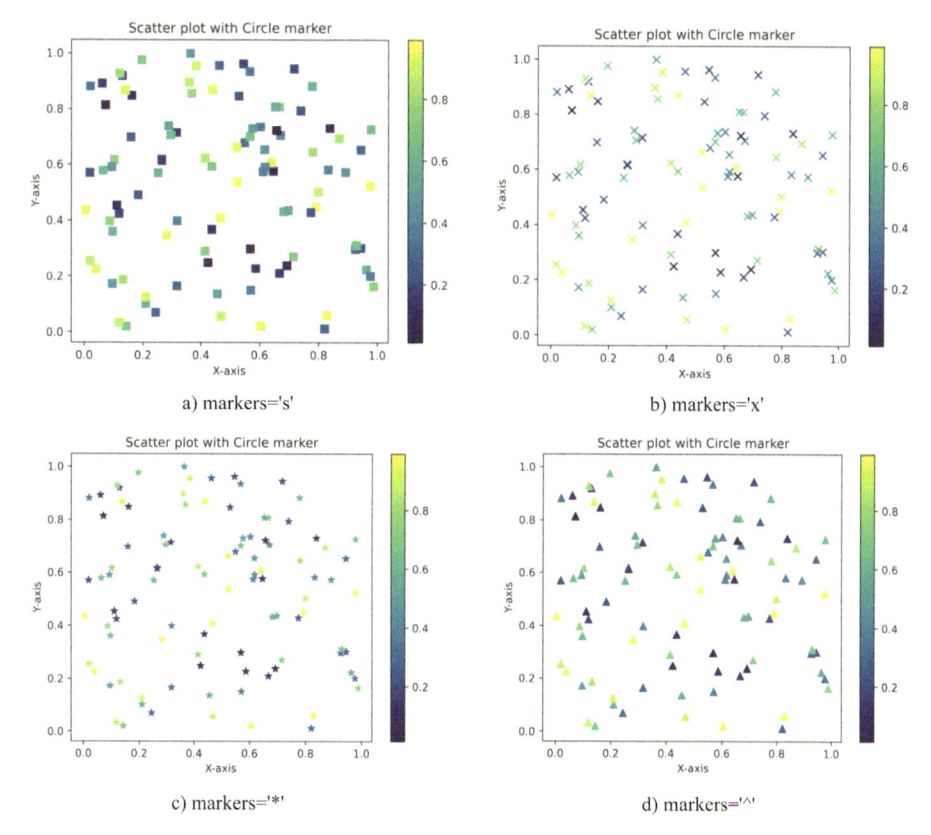

图 3-29　不同 markers 标记样式

5）根据需求，可以调整数据点的大小，将 sizes＝50 换成如下代码即可。

```
sizes=500*np.random.rand(100)
```

运行结果如图 3-30 所示。

6）如果想为数据点的边缘添加颜色，将①处代码换成如下代码即可。

```
scatter=ax.scatter(x,y,c=colors,s=sizes,cmap='viridis',
        marker=markers,edgecolors='red')
```

运行结果如图 3-31 所示。

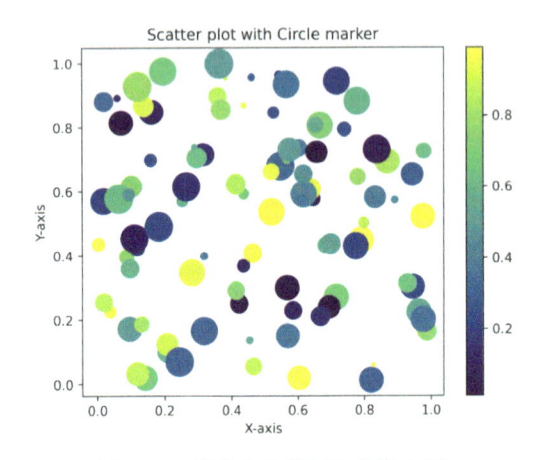

图 3-30　随机大小数据点的散点图 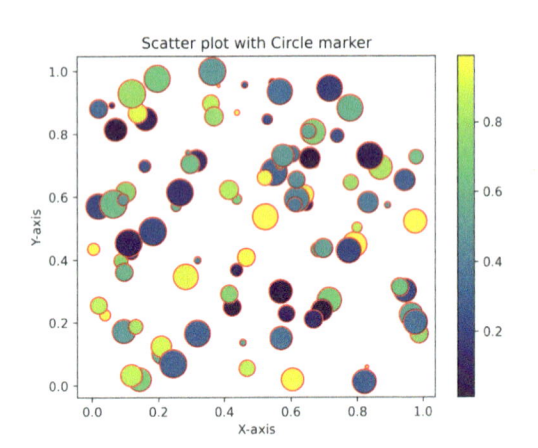　　　　图 3-31　红色边缘数据点的散点图

3.5　折线图

折线图是一种常用的数据可视化方式，通常用于展示随着时间或其他有序变量的变化趋势。在折线图中，数据点通过直线段连接，形成一条或多条折线，反映了变量之间的关系或趋势。matplotlib.pyplot.plot 函数用于绘制折线图，其基本语法如下。

```
matplotlib.pyplot.plot(x,y,*args,**kwargs)
```

部分参数的含义见表 3-6。其中，＊args 为格式字符串（如'ro-'），指定线条的颜色、样式、标记等。

表 3-6　函数参数含义

参　　数	含　　义
x	x 轴上的数据（数组或列表）
y	y 轴上的数据（数组或列表）
color	线条颜色
linestyle	线条样式，如 -（实线）、--（虚线）、-.（点划线）等
marker	标记样式
linewidth 或 lw	线条宽度

(续)

参　　数	含　　义
markersize 或 ms	标记的大小
markeredgecolor 或 mec	标记边缘颜色
markeredgewidth 或 mew	标记边缘宽度
markerfacecolor 或 mfc	标记填充颜色

【例 3-8】 绘制折线图的示例。代码如下。

```
import matplotlib.pyplot as plt
import numpy as np

np.random.seed(20240412)                                  # 设置随机种子
fig,ax=plt.subplots()                                     # 创建图像和轴
data=100*np.random.rand(20)                               # 生成随机数据
ax.plot(data)                                             # ①,绘制折线图
formatter='${x:1.2f}'
ax.yaxis.set_major_formatter(formatter)                   # 设置 y 轴标签格式样式
ax.yaxis.set_tick_params(which='major',labelcolor='green',
            labelleft=False,labelright=True)              # 设置 y 轴样式
plt.title('Dollar ticks')
plt.xlabel('time')
plt.ylabel('dollar')
plt.show()
```

运行结果如图 3-32 所示。下面对代码进行讲解。

1）随机生成一个包含 20 个从 0 到 100 之间均匀分布的随机数的数组，用于绘制成折线图，并将其添加到之前创建的轴对象 ax 中。这会在图形中绘制一个包含 20 个数据点的折线，数据点的 x 坐标是从 0 到 19，y 坐标是对应的随机数，见图 3-32。

2）设置 y 轴标签格式和样式。set_major_formatter( ) 方法用于设置轴的主刻度的格式化器。ax.yaxis.set_tick_params( ) 方法用于设置 y 轴的主刻度的样式。which='major' 表示设置主刻度的样式；labelcolor='green' 将主刻度的标签颜色设置为绿色；labelleft=False 将主刻度的标签隐藏在左侧；labelright=True 将主刻度的标签显示在右侧。这样，我们对 y 轴的刻度进行了自定义的格式化和样式设置，使得图形更具个性化的效果。

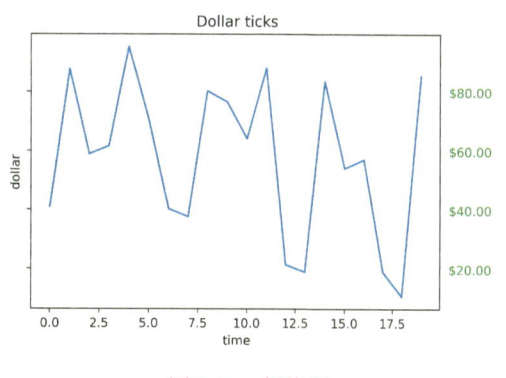

图 3-32　折线图

3）将数据点用红色的圆点标记，线型为红色的实线。将①处语句替换成如下代码。

```
ax.plot(data,'ro-')                    # ro 表示红色圆点
```

Matplotlib 科研绘图：基于 Python

运行结果如图 3-33 所示。

4）将数据点用红色的圆点标记，线型为绿色的虚线。将①处语句替换成如下代码。

```
ax.plot(data,'ro')              # ro 表示红色圆点
ax.plot(data,'g--')             # g-- 表示绿色虚线
```

运行结果如图 3-34 所示。

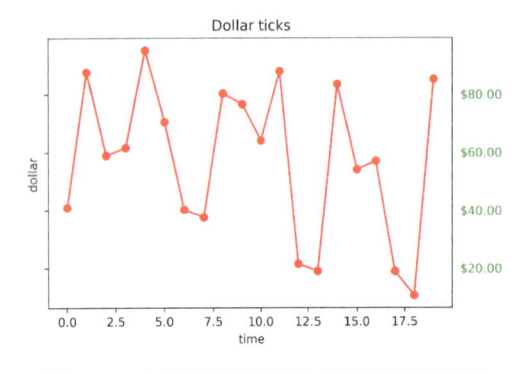

图 3-33　红色圆点标记和红色实线的折线图　　图 3-34　红色圆点标记和绿色虚线的折线图

5）将数据点用红色的方形标记，线型为稍大的绿色虚线。将①处语句替换成如下代码。

```
ax.plot(data,'rs',markersize=10)
ax.plot(data,'g--',linewidth=2)
```

运行结果如图 3-35 所示。

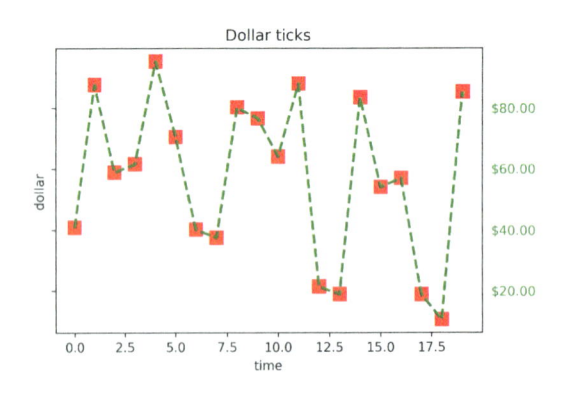

图 3-35　红色方形标记和稍大绿色虚线的折线图

【例 3-9】　极轴上的折线图示例。代码如下。

```
import matplotlib.pyplot as plt
import numpy as np

r=np.arange(0,2,0.01)                       # 创建从 0 到 2 的等差数组
theta=2*np.pi*r                             # 创建角度范围为 0 到 2π 的数组
fig,ax=plt.subplots(subplot_kw={'projection':'polar'})
```

```
ax.plot(theta,r,color='red',linewidth=3)      # 在极坐标图上绘制线条
ax.set_rmax(2)                                 # 设置径向最大值为 2
ax.set_rticks([0.5,1,1.5,2])                   # 减少径向刻度的数量
ax.set_rlabel_position(-22.5)                  # 使径向标签远离绘制的线条
ax.grid(True)
ax.set_title("A line plot on a polar axis",va='bottom')
plt.show()
```

运行结果如图 3-36 所示。此处代码创建了一个带有极坐标投影的子图。在极坐标图上绘制线条，使用 theta 作为角度，r 作为半径，径向最大值为 2，设置径向刻度，使其显示在 0.5、1、1.5 和 2 位置上。调整径向标签的位置，使其远离绘制的线条，防止标签与线条重叠。

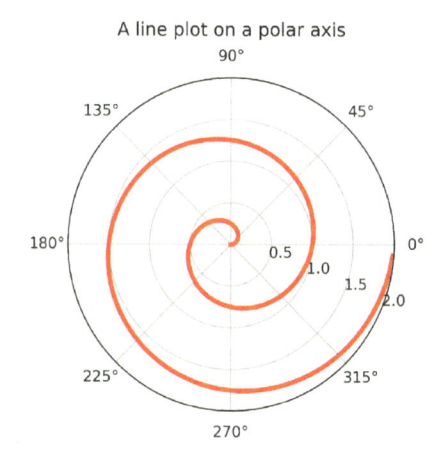

图 3-36 极轴上的折线图

3.6 饼图

饼图是用于展示数据的相对比例或占比关系的一种图。在饼图中，数据被分成多个扇形区域，每个扇形区域的大小表示该数据类别在整体中所占的比例。

3.6.1 常规饼图

饼图主要用于展示各部分在整体中所占的比例。在 matplotlib 中，饼图是通过 pyplot 模块的 pie() 函数来创建的。其基本语法如下。

```
matplotlib.pyplot.pie(x,labels=None,colors=None,autopct=None,
            pctdistance=0.6,shadow=False,startangle=None,explode=None,
            counterclock=True,wedgeprops=None,textprops=None,
            center=(0,0),radius=1.0,frame=False,
            rotatelabels=False,data=None)
```

部分参数的含义见表 3-7。

Matplotlib 科研绘图：基于 Python

表 3-7 函数参数含义

参　　数	含　　义
x	必需参数，表示各部分大小的数组或序列
labels	设置每一块的标签，长度应与 x 相同
colors	设置饼图每一块的颜色
autopct	格式化字符串或函数，用于显示每块的百分比值
pctdistance	控制百分比标签离圆心的距离，默认值是 0.6
shadow	布尔值，是否绘制阴影
startangle	控制饼图的起始角度，默认从 x 轴开始逆时针方向绘制
explode	数组，用于突出显示某些块，数组长度应与 x 相同，对应位置的值表示块偏移圆心的距离
counterclock	布尔值，指示是否逆时针方向绘制，默认值是 True
wedgeprops	字典，用于设置每个楔形块的属性，如边框颜色、宽度等
textprops	字典，用于设置标签文本的属性，如字体大小、颜色等
center	用于设置饼图中心的位置，默认为 (0,0)
radius	用于设置饼图的半径，默认值是 1.0
frame	布尔值，是否绘制饼图的边框
rotatelabels	布尔值，是否旋转标签使其与饼块对齐
data	传递数据

【例 3-10】 绘制饼图示例。代码如下。

```
import matplotlib.pyplot as plt

labels='Frogs','Hogs','Dogs','Logs'      #定义标签
sizes=[15,30,45,10]                       #定义每部分的大小
fig,ax=plt.subplots()                     #创建一个图形和一个子图
explode=(0,0.2,0,0)                       #将 Hogs 从饼图中突出显示
ax.pie(sizes,labels=labels)               #①
plt.show()
```

运行结果如图 3-37 所示。下面对代码进行讲解。

1) 使用 pie() 函数在子图 ax 上绘制饼图。sizes 参数指定了每个部分的大小，labels 参数指定了每个部分的标签。

2) 在之前的基础上，通过添加 autopct 参数来增强饼图，使每个部分显示其对应的百分比，%1.1f%% 表示显示一位小数的百分比。默认情况下，标签值是从切片大小的百分比中获取的，将 ax.pie() 函数改为如下代码。

```
ax.pie(sizes,labels=labels,autopct='%1.1f%%')
```

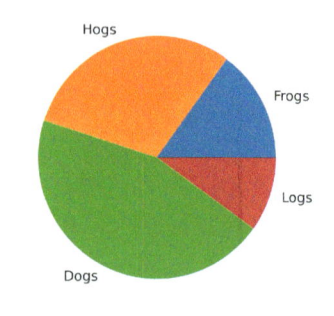

图 3-37 饼图

运行结果如图 3-38 所示。

3）交换数字标签和文本标签的位置。用 pctdistance 和 labeldistance 参数来调整饼图中百分比标签和标签的位置。将 ax.pie( ) 函数改为如下代码。

```
ax.pie(sizes,labels=labels,autopct='%1.1f%%',
       pctdistance=1.25,labeldistance=0.6)
```

运行结果如图 3-39 所示。

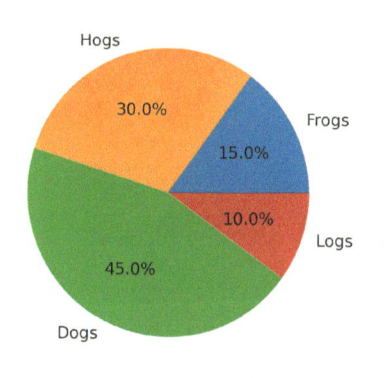

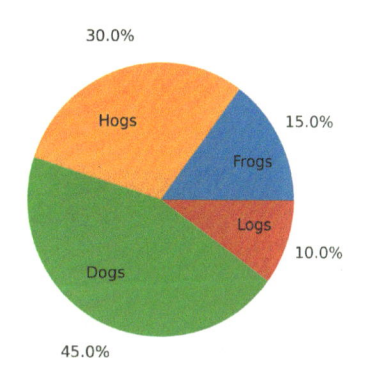

图 3-38　带百分比的饼图　　　　　　图 3-39　数字标签和文本标签位置互换的饼图

4）进行颜色切片。将颜色列表传递给颜色以设置每个切片的颜色。将 ax.pie( ) 函数改为如下代码。运行结果如图 3-40 所示。

```
ax.pie(sizes,labels=labels,autopct='%1.1f%%',
       colors=['gold','yellowgreen','lightcoral','lightskyblue'])
```

5）为饼图的每个部分填充剖面线。在以上代码的基础上，改为如下代码。运行结果如图 3-41 所示。

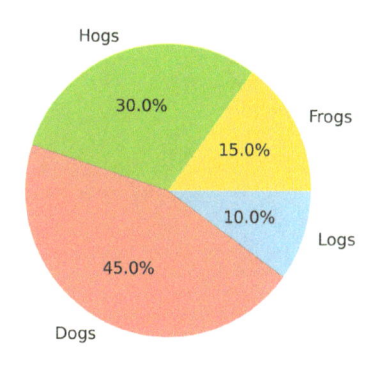

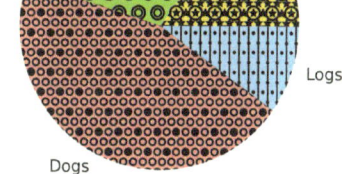

图 3-40　自定义颜色的饼图　　　　　　图 3-41　填充剖面线的饼图

```
ax.pie(sizes,labels=labels,colors=['gold','yellowgreen',
       'lightcoral','lightskyblue'],hatch=['**O','oO','O.O','.||.'])
```

Matplotlib 科研绘图：基于 Python

6）对饼图的每一部分进行排序，分离 Hogs 饼图，定义起始角度。使用 explode 偏移切片，使用 shadow 添加投影，使用 startangle 定义起始角度。将 ax.pie( ) 函数改为如下代码。运行结果如图 3-42 所示。

```
ax.pie(sizes,explode=explode,labels=labels,autopct='%1.1f%%',
       shadow=True,startangle=90)
```

7）缩放饼图。通过更改 radius 参数，更改文本大小以获得外观上更好的视觉效果，将 ax.pie( ) 函数改为如下代码。运行结果如图 3-43 所示。

```
ax.pie(sizes,labels=labels,autopct='%.0f%%',
       textprops={'size':'smaller'},radius=0.8)
```

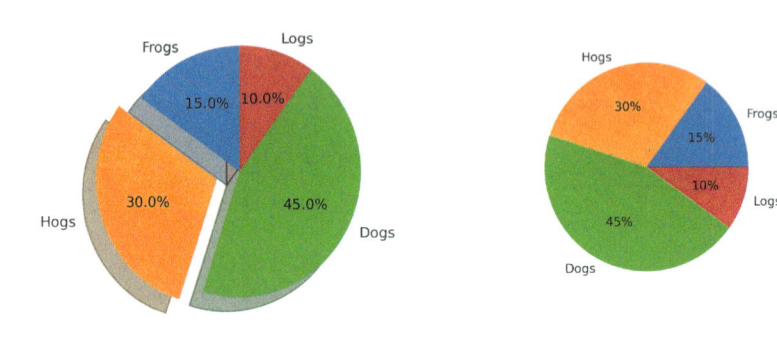

图 3-42　分离某部分的饼图　　　　图 3-43　缩放饼图

【例 3-11】 将食物中的成分用饼状图绘制出来，为饼图添加图例。代码如下。

```python
import matplotlib.pyplot as plt
import numpy as np
fig,ax=plt.subplots(figsize=(6,3),subplot_kw=dict(aspect="equal"))

recipe=["375 g flour",
        "75 g sugar",
        "250 g butter",
        "300 g berries"]                    # 定义食谱和数据
data=[float(x.split()[0]) for x in recipe]
ingredients=[x.split()[-1] for x in recipe]

def func(pct,allvals):
    absolute=int(np.round(pct/100.*np.sum(allvals)))
    return f"{pct:.1f}%\n({absolute:d} g)"

wedges,texts,autotexts=ax.pie(data,autopct=lambda pct: func(pct,data),
           textprops=dict(color="w"))       # 绘制饼图
ax.legend(wedges,ingredients,
          title="Ingredients",
          loc="center left",
          bbox_to_anchor=(1,0,0.5,1))       # 添加图例
```

```
plt.setp(autotexts,size=8,weight="bold")    # 设置自动标签的样式
ax.set_title("Food ingredients")
plt.show()
```

运行结果如图 3-44 所示。下面对代码进行讲解。

1）创建图形和轴，通过参数 subplot_kw 传递了一个字典，其中设置了 aspect="equal"，表示将子图的纵横比设置为 1∶1，保证了饼图的形状是正圆形，而不是默认的椭圆形。

2）使用列表推导式将每个食谱中的用量和成分提取出来，并将其转换为浮点数类型后分别存储在列表 data 和 ingredients 中。具体操作是通过对每个食谱字符串使用 split( ) 方法按空格进行分割，然后取第一个元素或者最后一个元素，例如第一个提取出来为 375 或 flour，注意最后是浮点数的形式。

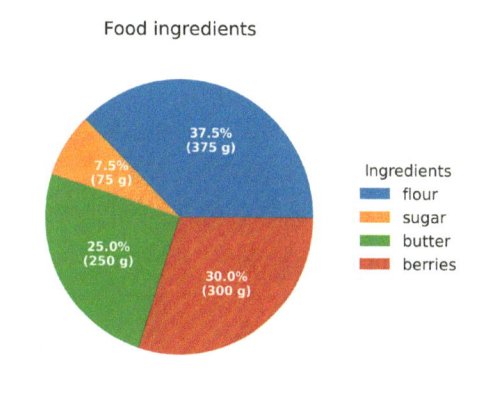

图 3-44　带标签和图例的饼图

3）定义一个函数，用于格式化饼图每个扇形的标签文本，allvals 表示所有扇形的数据总和。计算当前扇形所代表的绝对数值，使用 np.round( ) 方法对计算结果进行四舍五入，并使用 int( ) 方法将其转换为整数类型。

4）设置自动标签的样式，使用 plt.setp( ) 函数设置对象属性。autotexts 是一个列表，包含了饼图中每个扇形的自动标签文本对象。

3.6.2　嵌套饼图

嵌套饼图，通常也称为甜甜圈图，实际效果是通过在 wedgeprops 参数中设置 width 来实现的，这个参数控制了饼图楔形的宽度。

【例 3-12】　嵌套饼图示例。代码如下。

```
import matplotlib.pyplot as plt
import numpy as np

fig,ax=plt.subplots()                                       # 创建图形和轴
size=0.3                                                    # 设置甜甜圈环的宽度
vals=np.array([[60.,32.],[37.,40.],[29.,10.]])              # 定义一个数组数据
inner_colors=['red','blue','green','yellow','orange','purple']
                                                            # 定义内层的颜色
ax.pie(vals.flatten(),radius=1-size,colors=inner_colors,
       wedgeprops=dict(width=size,edgecolor='w'))           # 绘制内环,半径为 0.7
                                                            # ①


ax.set(aspect="equal")                                      # 设置饼图为圆形
plt.show()                                                  # 显示图形
```

运行结果如图 3-45 所示。下面对代码进行讲解。

Matplotlib 科研绘图：基于 Python

1）使用 vals.flatten( ) 展平数据，生成一维数组 [60.,32.,37.,40.,29.,10.]。使用 ax.pie( ) 函数绘制嵌套饼图，参数 wedgeprops 控制嵌套饼图中每个环的宽度为 0.3，即每个环的宽度占总半径的 30%，设置每个楔形的边缘颜色为白色。

使用 ax.set( ) 函数，给定参数 aspect = "equal"，确保饼图是圆形的，而不是椭圆形。

2）在一层嵌套饼图基础上，外部添加第二个圈，在①处添加如下代码。运行结果如图 3-46 所示。

图 3-45　嵌套饼图

```
# 为中间环选择颜色
outer_colors=plt.colormaps['tab20c'](np.linspace(0,1,vals.size))
# 绘制中间环半径为 1
ax.pie(vals.sum(axis=1),radius=1,colors=outer_colors,
       wedgeprops=dict(width=size,edgecolor='w'))
# ②
```

3）在两层嵌套饼图基础上，外部添加第三个圈，在步骤②处加入如下代码。运行结果如图 3-47 所示。

```
# 为外层选择颜色
third_layer_colors=plt.colormaps['magma'](np.linspace(0,1,vals.size))
# 为外层生成数据,将内环的每个子类别进一步细分为两个部分
third_layer_vals=np.concatenate([np.array([v/2,v/2]) for v
                                 in vals.flatten()])
# 绘制外环半径是 1.3
ax.pie(third_layer_vals,radius=1+size,colors=third_layer_colors,
       wedgeprops=dict(width=size,edgecolor='w'))
```

图 3-46　两层嵌套饼图　　　　　图 3-47　三层嵌套饼图

3.7　箱线图

箱线图（Box plot），也称为盒须图、盒式图或箱形图，是一种简洁而有效的可视化工具，用于展示数据的分布和离散程度的统计图表。它展示了一组数据的五个主要统计量：最

小值、第一四分位数（Q1）、中位数（Q2）、第三四分位数（Q3）和最大值。箱线图还可以显示异常值。其基本语法如下。

```
matplotlib.pyplot.boxplot(x,notch=None,vert=None,patch_artist=None,
        widths=None,meanline=None,showmeans=None,showcaps=None,
        showbox=None,showfliers=None,boxprops=None,whiskerprops=None,
        capprops=None,flierprops=None,medianprops=None,meanprops=None,
        manage_ticks=True,autorange=False,zorder=None,data=None,**kwargs)
```

部分参数的含义见表3-8。

表3-8　函数参数含义

参　　数	含　　义
x	必需参数，表示要绘制的箱线图数据，可以是数组或由多个数组组成的列表
notch	布尔值，是否显示箱线图中位数的凹槽（置信区间）
vert	布尔值，是否垂直显示箱线图，如果为False，则水平显示
patch_artist	布尔值，是否填充箱体颜色，使箱线图更具视觉效果
widths	浮点数或数组，设置箱体的宽度
meanline	布尔值，是否用线条表示均值，而不是点
showmeans	布尔值，是否在箱线图中显示均值
showcaps	布尔值，是否显示箱线图顶部和底部的线（代表最小值和最大值）
showbox	布尔值，是否显示箱体
showfliers	布尔值，是否显示离群值
boxprops	字典，设置箱体属性，如颜色、线宽等
whiskerprops	字典，设置须线（箱体外延伸的线条）属性，如颜色、线宽等
capprops	字典，设置顶部和底部"帽子"线的属性，如颜色、线宽等
flierprops	字典，设置离群值标记的属性，如形状、颜色、大小等
medianprops	字典，设置中位数线的属性，如颜色、线宽等
meanprops	字典，设置均值标记的属性，如颜色、形状、边缘颜色等
manage_ticks	布尔值，是否自动管理轴上的刻度
autorange	布尔值，是否自动调整范围以显示所有数据点，特别是离群值
zorder	浮点数，控制绘图元素的叠放顺序（层级）
data	各种数据类型，指定数据源，使x参数作为数据源的列名

3.7.1　简单箱线图

本小节主要介绍最基础、最简单的箱线图。

【例3-13】　简单箱线图示例。代码如下。

```
import matplotlib.pyplot as plt
import numpy as np
np.random.seed(19781112)                    # 固定随机状态以保证可复现性
spread=np.random.rand(50)*100               # 生成50个在0~100之间的随机数
```

Matplotlib 科研绘图：基于 Python

```
center=np.ones(25)*50                          # 生成 25 个值为 50 的数
flier_high=np.random.rand(10)*100+100          # 生成 10 个在 100~200 之间的随机数
flier_low=np.random.rand(10)*-100              # 生成 10 个在 -100~0 之间的随机数
data=np.concatenate((spread,center,flier_high,flier_low))
fig,axs=plt.subplots()
axs.boxplot(data)                              # ①，绘制基本箱线图
axs.set_title('basic plot')                    # ②
plt.show()
```

运行结果如图 3-48 所示。下面对代码进行讲解。

1）使用 axs.boxplot( ) 函数在子图上绘制箱线图，数据为包含 95 个数的一维数组，展示数据的分布情况，包括中位数、四分位数以及异常值。该箱线图没有缺口，且最上方和最下方的小圆圈为异常值。

2）绘制带有缺口的箱线图。将代码中的语句①、②替换成如下代码。

```
axs.boxplot(data,1)
axs.set_title('notched plot')
```

图 3-48　简单箱线图

运行结果如图 3-49 所示。

3）改变异常值的点符号。将代码中的语句①、②替换成如下代码。

```
axs.boxplot(data,0,'gD')
axs.set_title('change outlier\npoint symbols')
```

运行结果如图 3-50 所示。

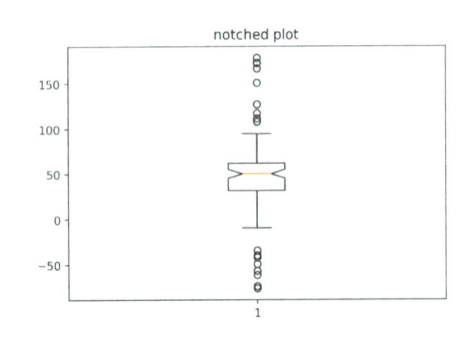

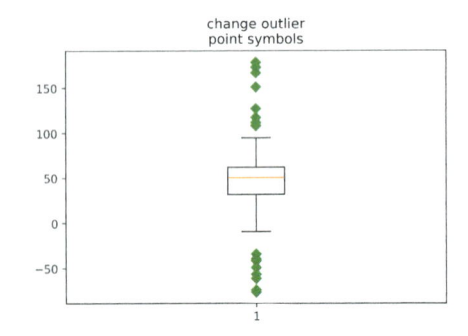

图 3-49　带缺口的箱线图　　　　图 3-50　绿色的菱形异常值的箱线图

4）不显示异常值。将代码中的语句①、②替换成如下代码。

```
axs.boxplot(data,0,'')
axs.set_title("don't show\noutlier points")
```

运行结果如图 3-51 所示。

5）水平箱线图。将代码中的语句①、②替换成如下代码。

```
axs.boxplot(data,0,'rs',0)
axs.set_title('horizontal boxes')
```

运行结果如图 3-52 所示。

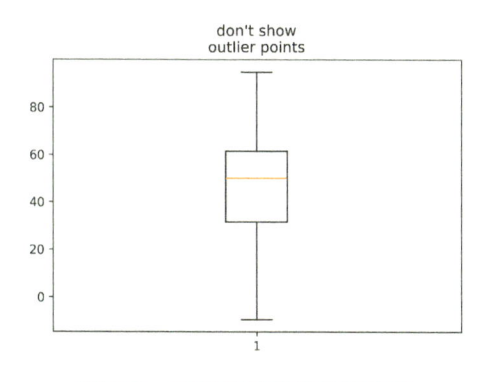

图 3-51　不显示异常值的箱线图　　　　图 3-52　水平箱线图

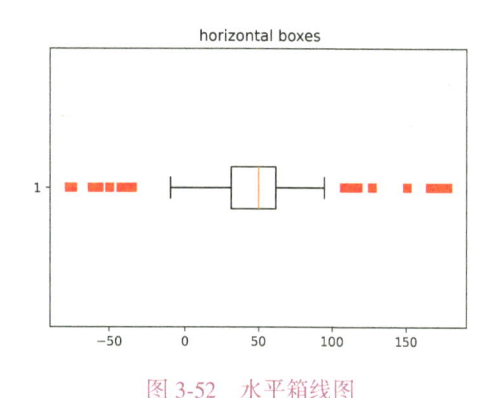

6）改变须（指上四分位数到最大值之间的长度，下四分位数到最小值之间的长度，可以理解为线）的长度。将代码中的语句①、②替换成如下代码。

```
axs.boxplot(data,0,'rs',0,0.75)
axs.set_title('change whisker length')
```

运行结果如图 3-53 所示。

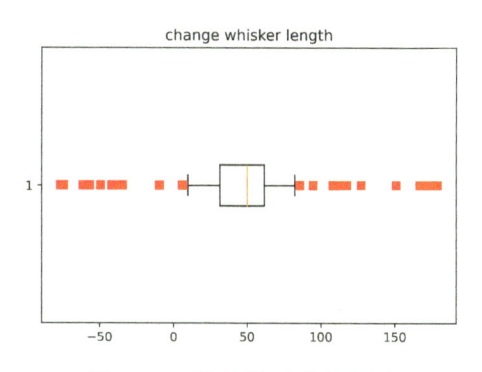

图 3-53　不同须长度的箱线图

7）在一个图中绘制多个箱线图。代码如下。

```
import matplotlib.pyplot as plt
import numpy as np

np.random.seed(19781112)                    # 固定随机状态以保证可复现性
fig,ax=plt.subplots()
spread=np.random.rand(50)*100
center=np.ones(25)*40
flier_high=np.random.rand(10)*100+100
flier_low=np.random.rand(10)*-100
```

Matplotlib 科研绘图：基于 Python

```
d1=np.concatenate((spread,center))
d2=np.concatenate((spread,center,flier_high,flier_low))
data=[d1,d2,d2[::2]]
ax.boxplot(data)
plt.show()
```

运行结果如图 3-54 所示。

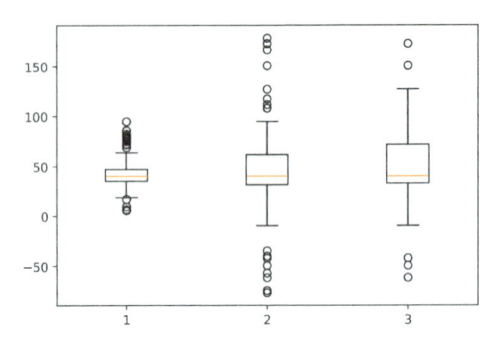

图 3-54 一图中多个箱线图

3.7.2 自定义箱线图

本小节通过实例介绍自定义箱线图的样式，并且将须的范围限制在特定的百分位数。

【例 3-14】 自定义箱线图的示例。代码如下。

```
import matplotlib.pyplot as plt
import numpy as np

np.random.seed(19781112)
fig,axs=plt.subplots()
                                        #生成对数正态分布数据,大小为(37,4),均值为1.5,标准差为1.75
data=np.random.lognormal(size=(37,4),mean=1.5,sigma=1.75)
labels=list('ABCD')                     #标签列表
fs=10                                   #字体大小
boxprops=dict(linestyle='--',linewidth=3,
        color='darkgoldenrod')          #自定义箱线图的样式属性
axs.boxplot(data,boxprops=boxprops)     #①,绘制箱线图并应用自定义样式
axs.set_title('Custom boxprops',fontsize=fs)  #②
axs.set_yscale('log')                   #设置y轴为对数刻度
axs.set_yticklabels([])                 #隐藏y轴标签
plt.show()
```

运行结果如图 3-55 所示。下面对代码进行讲解。

1）自定义箱线图的样式属性，使用变量 boxprops 接收，线条样式为虚线，线宽为 3，颜色为深金色。最后，使用自定义样式属性绘制箱线图。

2）定义异常值的样式属性，设置标记为圆形，颜色为绿色，大小为 12，没有边框颜色。定义中位数的样式属性，设置线条样式为点画线，线宽为 2.5，颜色为火砖红。将代码

中的语句①、②替换成如下代码。

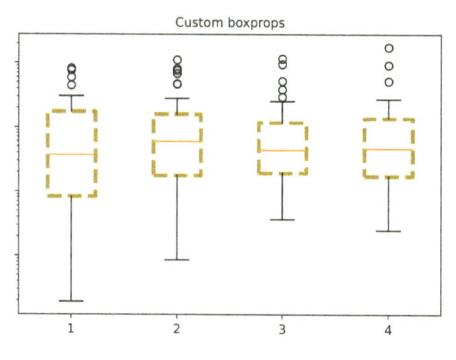

图 3-55　自定义的箱线图

```
flierprops=dict(marker='o',markerfacecolor='green',markersize=12,
                markeredgecolor='none')
medianprops=dict(linestyle='-.',linewidth=2.5,color='firebrick')
axs.boxplot(data,flierprops=flierprops,medianprops=medianprops)
axs.set_title('Custom medianprops \nand flierprops',fontsize=fs)
```

运行结果如图 3-56 所示。

3）自定义均值点的样式属性。设置均值点的形状为菱形，边缘颜色为黑色，填充颜色为火砖红色。将代码中的语句①、②替换成如下代码。

```
meanpointprops=dict(marker='D',markeredgecolor='black',
                    markerfacecolor='firebrick')
axs.boxplot(data,meanprops=meanpointprops,meanline=False,
            showmeans=True)
axs.set_title('Custom mean \nas point',fontsize=fs)
```

运行结果如图 3-57 所示。

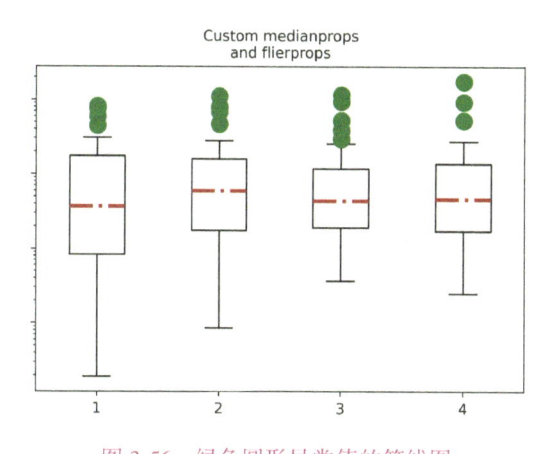

图 3-56　绿色圆形异常值的箱线图

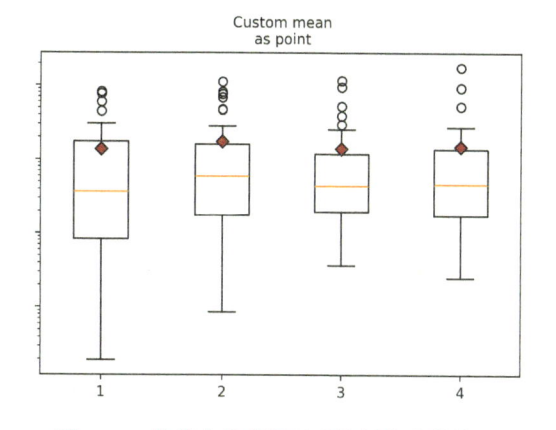

图 3-57　均值点为菱形且边缘黑色的箱线图

4）自定义均值线的样式属性。设置均值线为虚线，线宽为 2.5，颜色为紫色。将代码中的语句①、②替换成如下代码。

```
meanlineprops=dict(linestyle='--',linewidth=2.5,color='purple')
axs.boxplot(data,meanprops=meanlineprops,meanline=True,
            showmeans=True)
axs.set_title('Custom mean \nas line',fontsize=fs)
```

运行结果如图 3-58 所示。

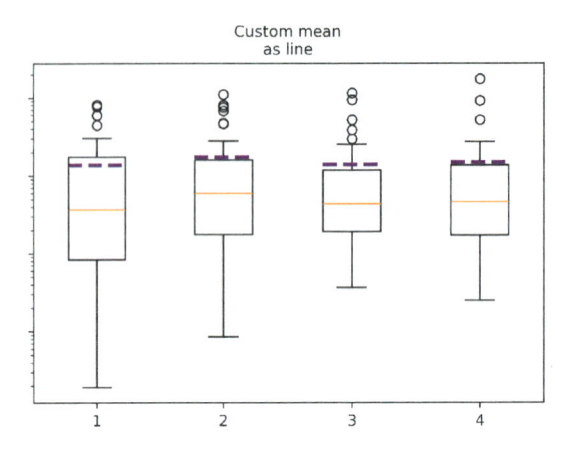

图 3-58 紫色均值线且为虚线的箱线图

5) 设置箱线图中异常值的识别方法。通常，箱线图"须"的范围是 1.5 倍的四分位距，通过 whis 参数可以设置为 [15, 85]，表示低于第 15 百分位和高于第 85 百分位的数据点将被视为异常值。将代码中的语句①、②替换成如下代码。

```
axs.boxplot(data,whis=[15,85])
axs.set_title('whis=[15,85]\n# percentiles',fontsize=fs)
```

再将代码中的语句①、②替换成如下代码，进行对比。

```
axs.boxplot(data,whis=(0,100))
axs.set_title('whis=(0,100)',fontsize=fs)
```

两段代码的运行结果如图 3-59 所示。

a) whis=[15,85]　　　　b) whis=[0,100]

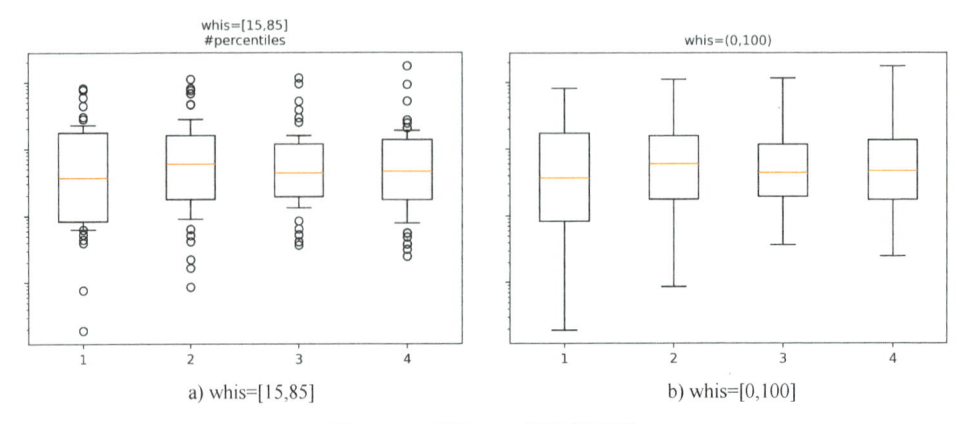

图 3-59 不同 whis 值的箱线图

3.7.3 填充颜色的箱线图

本小节介绍如何为箱线图填充颜色。

【例 3-15】 绘制填充颜色的箱线图的示例。代码如下。

```
import matplotlib.pyplot as plt
import numpy as np

np.random.seed(19781112)
all_data=[np.random.normal(0,std,size=100) for std in range(1,4)]
labels=['x1','x2','x3']
fig,(ax1,ax2)=plt.subplots(nrows=1,ncols=2,figsize=(9,4))

bplot1=ax1.boxplot(all_data,vert=True,
       patch_artist=True,labels=labels)          # 在第 1 个子图上绘制矩形箱线图
ax1.set_title('Rectangular box plot')

bplot2=ax2.boxplot(all_data,notch=True,vert=True,
       patch_artist=True,labels=labels)          # 第 2 个子图上绘制缺口状箱线图
ax2.set_title('Notched box plot')

colors=['pink','lightblue','lightgreen']         # 为每个箱线图的箱体填充颜色
for bplot in (bplot1,bplot2):
    for patch,color in zip(bplot['boxes'],colors):
        patch.set_facecolor(color)
for ax in [ax1,ax2]:                             # 为每个子图添加水平网格线和标签
    ax.yaxis.grid(True)
    ax.set_xlabel('Three separate samples')
    ax.set_ylabel('Observed values')
plt.show()
```

运行结果如图 3-60 所示。下面对代码进行讲解。

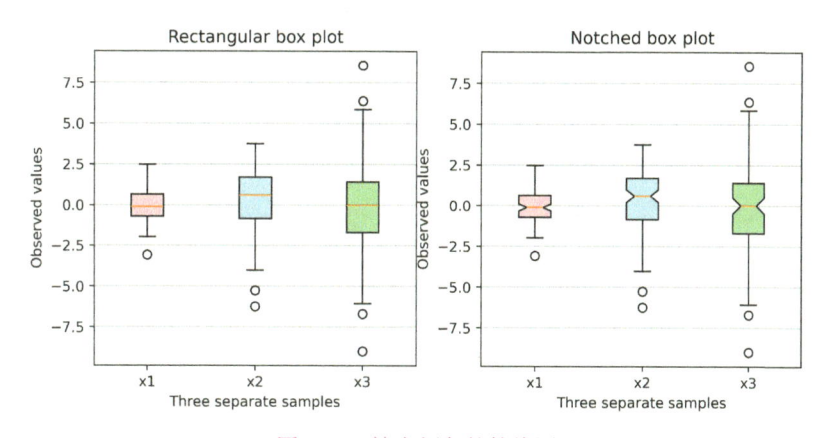

图 3-60 填充颜色的箱线图

1) 使用列表推导式,创建一个包含三个元素的列表 all_data。每个元素都是一个长度为

100 的数组，其中的数据是用 normal() 函数生成均值为 0 和标准差为 1、2、3 的三个不同标准差的正态分布。创建一个包含三个字符串的列表 labels，分别代表生成的三个数据集。

2）调用 boxplot() 函数在 ax1 上绘制矩形状箱线图。其中，参数 all_data 是包含三个数据集的列表，vert=True 表示将箱线图竖直绘制，patch_artist=True 表示要填充箱体颜色，labels=labels 表示使用 labels 列表中的标签作为 x 轴刻度标签。

3）定义一个包含三种颜色的列表 colors，为箱线图的箱体设置颜色。使用一个循环，遍历了两个箱线图对象 bplot1 和 bplot2。使用内置函数 zip()，将两个可迭代对象 bplot['boxes'] 和 colors 中的元素一一对应地打包成元组。

4）通过一个循环遍历了每个箱线图的箱体和对应的颜色。调用箱体对象的 set_facecolor() 方法，将其填充颜色设置为对应的颜色，实现了为每个箱体设置不同颜色的目的。可以根据需求来调整颜色，例如 colors=['peachpuff','orange','tomato']。

运行结果如图 3-61 所示。

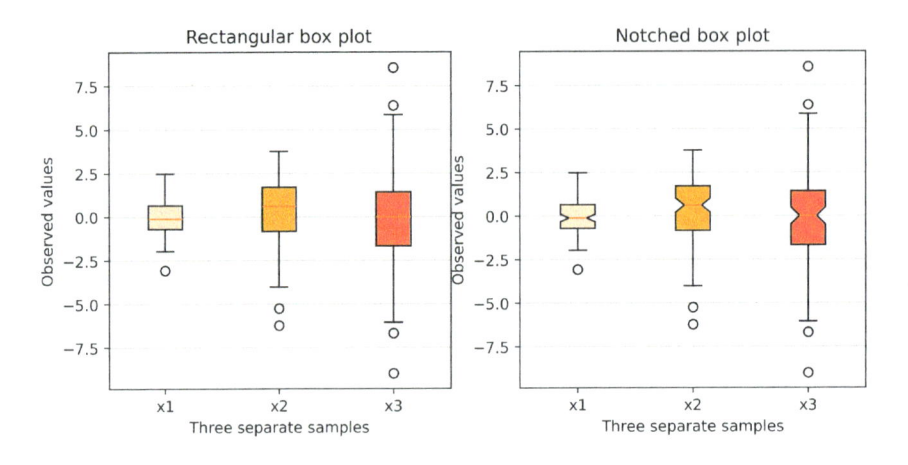

图 3-61　自定义填充颜色的箱线图

3.7.4　箱线图的实际应用

【例 3-16】　计算 5 个统计量：最小值、第一四分位数（Q1）、中位数（Q2）、第三四分位数（Q3）和最大值，绘制箱线图分析学生的考试成绩分布情况。代码如下。

```
import matplotlib.pyplot as plt
import numpy as np
data=[70,75,80,85,90,95,100,105,110,115,120,125,130]          #学生成绩
stats={'Minimum': min(data),
       'Q1': np.percentile(data,25),
       'Median': np.median(data),
       'Q3': np.percentile(data,75),
       'Maximum': max(data)}                                   #计算5个统计量
plt.boxplot(data)                                              #绘制箱线图
plt.title('Boxplot of Exam Scores')
plt.xlabel('Scores')
plt.ylabel('Values')
```

```
for stat,value in stats.items():                          # 循环标注 5 个统计量
    plt.text(1.08,value,f'{stat}: {value}',horizontalalignment='left',
             verticalalignment='bottom',fontsize=8)
plt.show()
```

运行结果如图 3-62 所示。下面对代码进行讲解。

1) 创建一个 data 列表，存储 13 名学生的考试成绩数据，这些数据将被用于绘制箱线图。创建一个名为 stats 的字典，其中包含了 5 个统计量及其对应的数值。

Minimum 是最小值的名称，min（data）返回了数据集 data 中的最小值；Q1 是第一四分位数的名称，使用 percentile 函数，计算数据集 data 的第一四分位数的数值；Median 是中位数的名称，使用 median 函数，计算数据集 data 的中位数的数值；Q3 是第三四分位数的名称，使用 percentile 函数，计算数据集 data 的第三四分位数的数值；Maximum 是最大值的名称，max（data）返回数据集 data 中的最大值，这些统计量将被用于在箱线图中标注相应的数值。

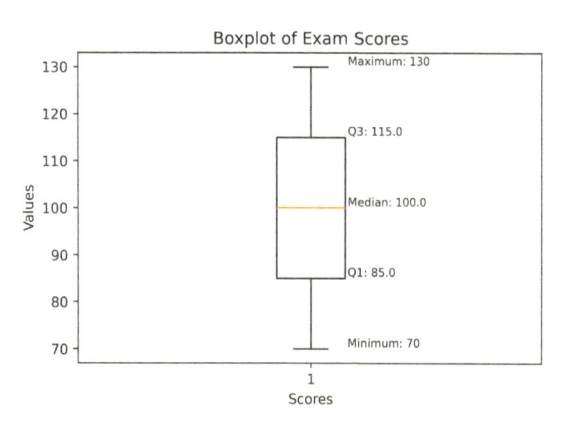

图 3-62　学生成绩的箱线图

2) 使用 for 循环遍历 stats 字典中的每个键值对，并在箱线图中添加文本标注，标注每个统计量的数值。值 1.08 和参数 value 是文本标注的 x 坐标和 y 坐标的位置，f'{stat}: {value}'是要显示的文本内容，其中{stat}表示统计量的名称，{value}表示统计量的数值。参数 horizontalalignment 表示文本的水平对齐方式为左对齐，参数 verticalalignment 表示文本的垂直对齐方式为底部对齐。

3.8　茎图

stem()函数的作用是绘制茎图（杆图、棉棒图、火柴杆图）。茎图根据基线（baseline）上的位置（locs）绘制从基线到杆头（heads）的茎线，并在茎头（heads）处放置标记。其基本语法如下。

```
matplotlib.pyplot.stem(*args,linefmt=None,markerfmt=None,
    basefmt=None,bottom=0,label=None,use_line_collection=True,
    orientation='vertical',data=None)
```

部分参数的含义见表 3-9。

表 3-9　函数参数含义

参　　数	含　　义
*args	tuple，必需的参数，可以是（y,）或（x,y）。如果只提供 y，则 x 默认为 range(len(y))
linefmt	str，默认值为-，设置茎（垂直线）的格式，如 r--、g-.等

Matplotlib 科研绘图：基于 Python

（续）

参　　数	含　　义
markerfmt	str，默认值为 o，设置数据点标记的格式，如 bo、r*等
basefmt	str，默认值为 r-，设置基线（水平线）的格式，如 r-、g--等
bottom	float，默认值为 0，设置茎的起始位置
label	str，默认值为 None，为图例添加标签
use_line_collection	bool，默认值为 True。如果为 True，则使用 LineCollection 绘制茎；否则，使用 Line2D
orientation	str，默认值为 vertical，设置茎图的方向，可以是 vertical 或 horizontal
data	array-like，默认值为 None，可选参数。如果提供，则应为形如（x,y）的元组或 np.array，将从中提取 x 和 y

【例 3-17】 绘制茎图示例。代码如下。

```
import matplotlib.pyplot as plt
import numpy as np

x=np.linspace(0.1,2*np.pi,41)
y=np.exp(np.sin(x))
plt.stem(x,y)                      #①
plt.show()
```

运行结果如图 3-63 所示。下面对代码进行讲解。

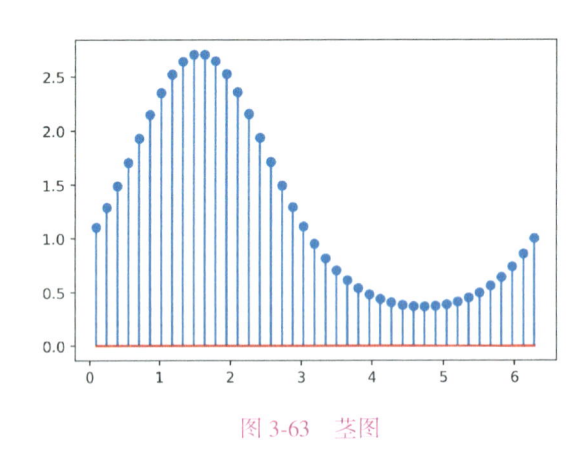

图 3-63　茎图

1）生成从 0.1 到 2π 之间的 41 个均匀分布的点，计算每个 x 对应的 y 值，y 是 sin(x)的指数。使用 stem 函数绘制茎图。茎图显示每个 x 值对应的 y 值，图中每个数据点都有一个垂直的茎线连接到 x 轴，茎线顶端标记数据点。

2）将茎图水平放置，将函数 plt.stem( ) 替换为如下代码。运行结果如图 3-64 所示。

```
plt.stem(x,y,orientation='horizontal')
```

3）不同茎线的茎图，将函数 plt.stem( ) 替换为如下代码。运行结果如图 3-65 所示。

```
plt.stem(x,y,linefmt='r--')
```

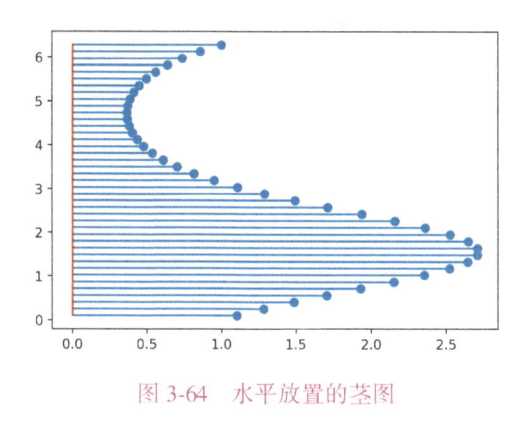

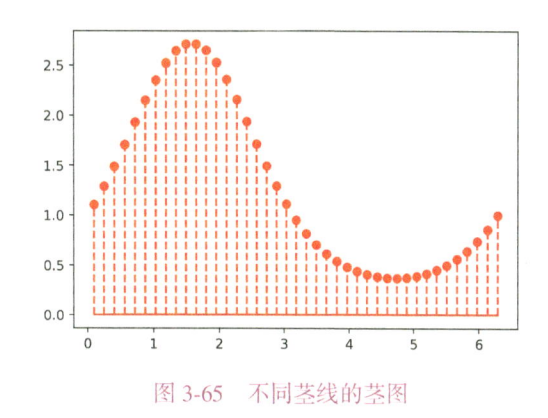

图 3-64　水平放置的茎图　　　　　　　　图 3-65　不同茎线的茎图

4）不同茎头的茎图，将函数 plt.stem( ) 替换为如下代码。运行结果如图 3-66 所示。

```
plt.stem(x,y,linefmt='g--',markerfmt='r*',basefmt='b--')
```

5）设置茎的起始位置的茎图，将函数 plt.stem( ) 替换为如下代码。运行结果如图 3-67 所示。

```
plt.stem(x,y,linefmt='r--',markerfmt='gD',basefmt='b--',bottom=1)
```

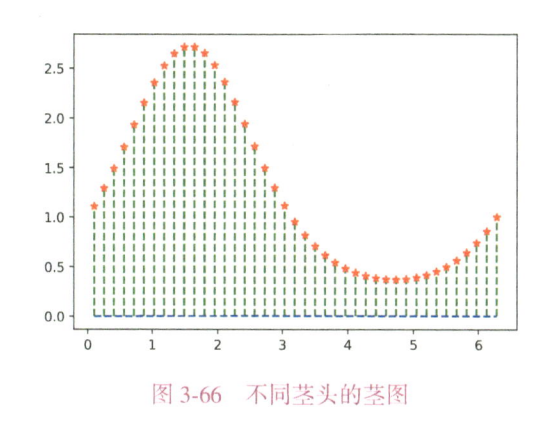

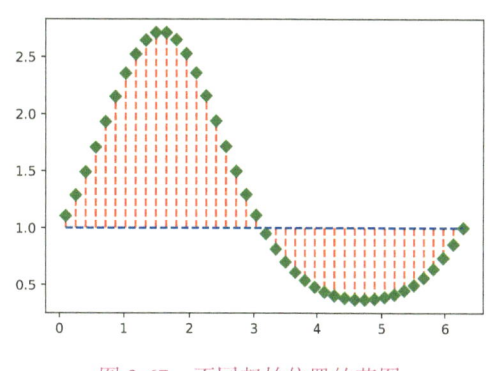

图 3-66　不同茎头的茎图　　　　　　　　图 3-67　不同起始位置的茎图

6）将标记的面颜色设置为空，仅显示边框，将函数 plt.stem( ) 替换为如下代码。运行结果如图 3-68 所示。

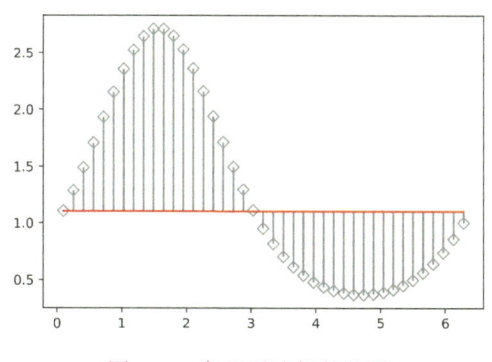

图 3-68　仅显示边框的茎图

Matplotlib 科研绘图：基于 Python

```
markerline,stemlines,baseline=plt.stem(
                    x,y,linefmt='grey',markerfmt='D',bottom=1.1)
markerline.set_markerfacecolor('none')
```

3.9 雷达图

雷达图，又称为极坐标图或蜘蛛图，它以一个固定的中心点为原点，将数据在多个方向上进行展示，并通过不同的轴表示不同的特征或变量。每个变量对应雷达图中的一个轴线，而数据的取值则由该轴上的位置表示。雷达图的每个变量通常被放置在一个等间距的圆周上，形成一个多边形。通过连接这些数据点，我们可以直观地比较不同变量之间的关系和趋势。

【例 3-18】 假设要比较不同手机型号在多个特征上的表现，如屏幕尺寸、电池续航、相机像素等。对于三款手机型号 A、B、C，绘制一个雷达图，通过比较这些多边形的形状、大小和位置，了解不同手机型号在各个特征上的优劣势。代码如下。

```python
import numpy as np
import matplotlib.pyplot as plt

# 配置字体为 SimHei 以支持中文显示
plt.rcParams['font.sans-serif']=['SimHei']
# 手机数据
labels=np.array(['屏幕尺寸','电池续航','相机像素','性能表现','价格'])
stats=np.array([[8,7,9,8,6],
                [7,8,7,7,7],
                [9,6,8,9,8]])

# 数组长度和绘图配置
num_vars=len(labels)
angles=np.linspace(0,2*np.pi,num_vars,endpoint=False).tolist()
# 闭合雷达图
stats=np.concatenate((stats,stats[:,[0]]),axis=1)
angles +=angles[:1]

fig,ax=plt.subplots(figsize=(6,6),subplot_kw=dict(polar=True))
colors=['red','blue','green']
# 绘制雷达图
for i in range(len(stats)):
    ax.fill(angles,stats[i],color=colors[i],alpha=0.25)
    ax.plot(angles,stats[i],color=colors[i],linewidth=2)
# 去掉默认的标签
ax.set_yticklabels([])
ax.set_xticks(angles[:-1])
ax.set_xticklabels([])
# 自定义标签并放置在图外边缘
for angle,label in zip(angles[:-1],labels):
```

```
        angle_rad=angle
        x=np.cos(angle_rad)*10
        y=np.sin(angle_rad)*10
        horizontalalignment='center'
        if angle_rad==0:
            horizontalalignment='left'
        elif angle_rad==np.pi:
            horizontalalignment='right'
        ax.text(angle_rad,10.5,label,horizontalalignment=horizontalalignment,
                size=16,color='black',weight='semibold')
plt.show()
```

运行结果如图 3-69 所示。下面对代码进行讲解。

1）设置字体，['SimHei'] 表示使用宋体作为绘图的字体，这样可以确保图表中的中文字符能够正确显示。

2）创建一个包含雷达图中每个维度的标签的一维数组，创建一个二维数组，存储不同样本的数据。每行代表一个手机型号，每列对应一个维度。例如，第一行 [8，7，9，8，6] 中的第一个数字表示第一个手机的"屏幕尺寸"评分为 8 分，第二个数字表示第一个手机的"电池续航"评分为 7，依此类推。

3）计算维度标签的数量，即雷达图中的顶点数。使用 np.linspace 函数生成了一个等间距的角度

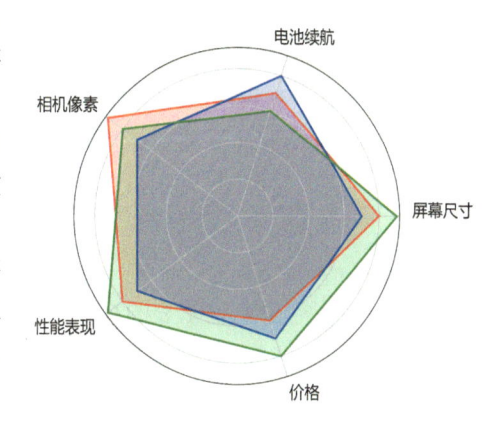

图 3-69　雷达图

数组，从 0 到 2π（360°），并且根据维度标签的数量分割成相应的份数。参数 endpoint = False 表示不包括终点，确保了最后一个角度与第一个角度不重合。

4）将 stats 数组的第一列复制一份，并将其连接到原数组的末尾，将原始的角度数组 angles 的第一个元素复制一份，并将其连接到数组的末尾，这样做是为了确保雷达图闭合。

5）创建画布和颜色列表，参数 subplot_kw 使用了字典，其中 polar = True 指定了这个坐标系使用极坐标系统，即将会生成雷达图。

6）绘制雷达图循环遍历 stats 数组，使用 ax.fill 方法填充雷达图的一个区域。

3.10　本章小结

在本章中系统地介绍了各种常见的统计图形及其绘制方法。这些图形是数据分析和可视化的重要工具，能够帮助我们直观地展示数据的分布、关系和趋势。通过本章的学习，希望读者掌握绘制和定制各种统计图形的技巧，提升数据表达的清晰度和有效性。掌握这些技能后，在数据可视化的工作中可以创造更具洞察力和影响力的图表。

第 4 章
坐标轴应用

在数据可视化中,坐标轴是图表的基石。它们不仅仅是展示数据点的位置,还能通过调整和定制提高数据的可读性和展示效果。本章将介绍如何在绘图时充分利用和自定义坐标轴,以便更好地展示和解读数据。无论是设置坐标轴标签位置、隐藏坐标轴刻度、添加次要坐标轴,还是应用对数轴,都会一步步地讲解各种技术和技巧,使您的图表更加专业和直观。

4.1 设置坐标轴标签位置

有时候,需要调整图表的布局,使其更适合在报告、论文或演示文稿中使用。通过设置标签的位置,可以调整图表的整体布局,使其更符合预期的要求。

【例 4-1】 坐标轴标签在散点图中的放置。代码如下。

```
import matplotlib.pyplot as plt
fig,ax=plt.subplots()
sc=ax.scatter([1,2],[1,2],c=[1,2])
ax.set_ylabel('YLabel')                    #①
ax.set_xlabel('XLabel')                    #②
                                           #①
cbar=fig.colorbar(sc)
cbar.set_label("ZLabel")
plt.show()
```

运行结果如图 4-1 所示。下面对代码进行讲解。

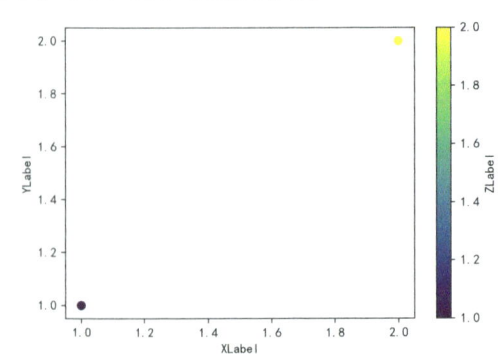

图 4-1 坐标轴标签位置的散点图

1）默认情况下，x 和 y 的标签为居中显示，将语句①改为如下代码。运行结果如图 4-2a 所示。

```
ax.set_ylabel('YLabel',loc='top')
```

2）在此基础上，将语句②改为如下代码。运行结果如图 4-2b 所示。

```
ax.set_xlabel('XLabel',loc='right')
```

此处，代码中主要添加了 set_xlabel() 和 set_ylabel() 函数，它是用于设置标签位置的，set_ylabel 函数常用参数的含义见表 4-1。

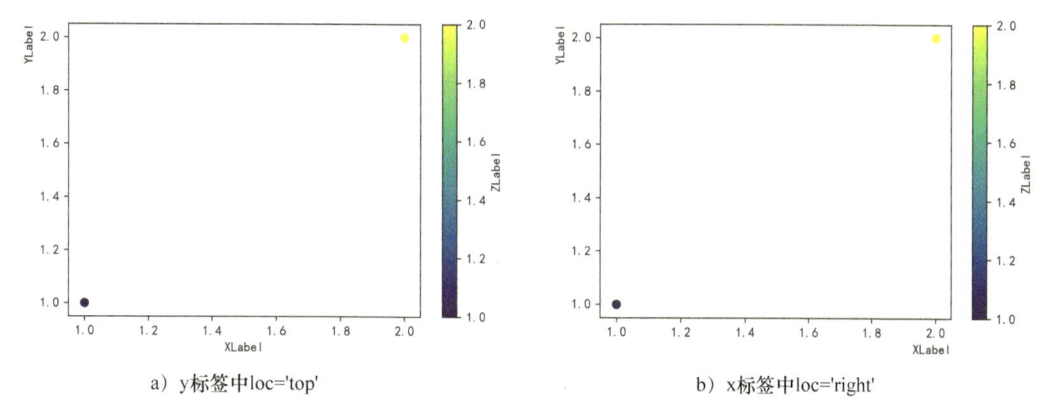

a) y 标签中 loc='top' 　　b) x 标签中 loc='right'

图 4-2　不同 loc 值的散点图

表 4-1　set_ylabel 函数的参数含义

参　　数	含　　义
loc	指定标签的位置。可选值包括 left、center、right，默认为 center
labelpad	设置标签与轴的距离，即标签与轴的边缘之间的距离
label	设置标签的文本内容
fontsize	设置标签的字体大小
style	设置标签的字体样式，如 normal、italic、oblique 等
weight	设置标签的字体粗细，如 normal、bold、light 等

4.2　隐藏坐标轴刻度

通过隐藏坐标轴可以改善图表的可读性、简化图表的视觉复杂度，这里，分析一个如何隐藏坐标轴刻度的典型案例。

【例 4-2】 在例 4-1 的基础上，把坐标轴的刻度进行隐藏。在①处添加代码如下。

```
ax.tick_params(axis='x',which='both',bottom=False,
       top=False,labelbottom=True)         # 隐藏 x 轴刻度线，但保留刻度标签
ax.tick_params(axis='y',which='both',left=False,
       right=False,labelleft=True)         # 隐藏 Y 轴刻度线，但保留刻度标签
```

运行结果如图4-3所示。代码在例4-1的基础上添加了tick_params()函数，它的作用是设置坐标轴刻度线和刻度标签，该函数常用参数的含义见表4-2。

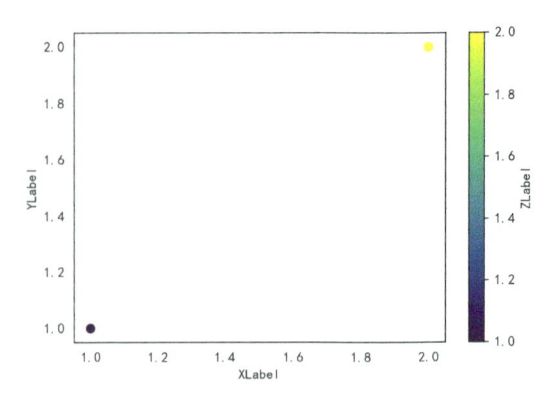

图 4-3　隐藏坐标轴的刻度

表 4-2　tick_params 函数的参数含义

参　　数	含　　义
axis	指定要修改的坐标轴，可选值为 x、y 或 both
which	指定要修改的刻度类型，可选值为 major、minor 或 both
bottom	控制底部刻度线和刻度标签的显示，可选值为 True 和 False
top	控制顶部刻度线和刻度标签的显示，可选值为 True 和 False
labelbottom	控制底部刻度标签的显示，可选值为 True 和 False

4.3　设置同一坐标轴不同刻度

在同一个坐标轴上设置不同的刻度，下面是在左右 y 轴上显示两个刻度的案例。

【例 4-3】　在一个坐标轴上使用华氏度和摄氏度刻度。代码如下。

```
import matplotlib.pyplot as plt
import numpy as np
plt.rcParams['font.sans-serif']=['SimHei']

def fahrenheit2celsius(temp):
    """
    给定华氏度,返回摄氏度
    """
    return (5./9.) * (temp-32)


def make_plot():
# 定义一个函数作为回调函数,用于根据第一个轴更新第二个轴的范围
    def convert_ax_c_to_celsius(ax_f):
        """
        根据第一个轴更新第二个轴
```

```
        """
        y1,y2=ax_f.get_ylim()
# 根据获取的范围,更新第二个轴的范围,并重新绘制图表
        ax_c.set_ylim(fahrenheit2celsius(y1),fahrenheit2celsius(y2))
        ax_c.figure.canvas.draw()

    fig,ax_f=plt.subplots()
    ax_c=ax_f.twinx()

# 将回调函数连接到第 1 个子图的 ylim 改变事件上
    ax_f.callbacks.connect("ylim_changed",convert_ax_c_to_celsius)
    ax_f.plot(np.linspace(20,120,100))
    ax_f.set_xlim(0,100)
    ax_f.set_title('两种规格:华氏度和摄氏度')
    ax_f.set_ylabel('°F')
    ax_c.set_ylabel('°C')
    plt.show()
make_plot()
```

运行结果如图 4-4 所示。下面对代码进行讲解。

1) 自定义函数 fahrenheit2celsius,用于将给定的华氏温度转换为摄氏温度,结果返回相应的摄氏温度。

2) 定义 make_plot 函数创建图表。使用 ax_f.twinx() 创建一个次轴对象 ax_c,以便将两个子图放置在同一图表中。创建一个闭包函数 convert_ax_c_to_celsius,该函数用于回调函数,当主轴的 ylim 改变时,它将根据主轴的范围更新次轴的范围,从而实现华氏温度和摄氏温度的对应关系。

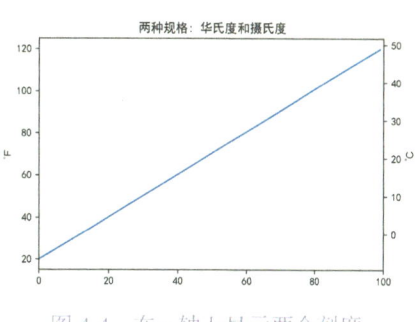

图 4-4 在 y 轴上显示两个刻度

4.4 添加次要坐标轴

图上的次要坐标轴通常用于在同一张图上显示不同的尺度,例如,在数学中,有时需要同时展示一个函数的弧度和角度的范围,但它们的范围通常不同。使用次要坐标轴则可以在同一张图表上同时显示这两个变量,而不会因为它们的范围差异导致其中一个变量的趋势几乎不可见。

【例 4-4】 将 sin 函数的弧度和角度展示到同一张图上。代码如下。

```
import matplotlib.pyplot as plt
import numpy as np

fig,ax=plt.subplots(layout='constrained')
x=np.arange(0,360,1)
y=np.sin(2*x*np.pi/180)
ax.plot(x,y)
```

```python
ax.set_xlabel('angle [degrees]')
ax.set_ylabel('signal')
ax.set_title('Sine wave')

def deg2rad(x):
    return x * np.pi/180

def rad2deg(x):
    return x * 180/np.pi

secax=ax.secondary_xaxis('top',functions=(deg2rad,rad2deg))
secax.set_xlabel('angle [rad]')
plt.show()
```

运行结果如图 4-5 所示。下面对代码进行讲解。

1）自定义函数 deg2rad(x) 和 rad2deg(x)，其作用是分别将角度转换为弧度和将弧度转换为角度。

2）利用 ax.secondary_xaxis() 方法创建一个次要 x 轴。该函数中参数 location 指定次要 x 轴的位置，可选值包括 top、bottom、both。参数 functions 为一个包含两个函数的元组，用于进行坐标变换。**kwargs 包含关键字参数，用于设置次要 x 轴的属性，如标签、刻度线样式等。

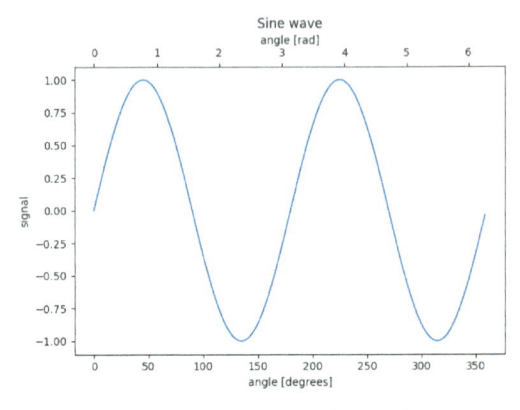

图 4-5　弧度和角度在同一个图上

4.5　隐藏次要坐标轴

有时候次要坐标轴显示的信息可能不是重点，通过隐藏次要坐标轴可以减少视觉杂质，使读者更专注于图表的主要信息，接下来，我们看一个如何隐藏坐标轴的案例。

【例 4-5】　在例 4-4 的基础上，把次要坐标轴的所有信息进行隐藏。代码如下。

```python
# 隐藏次要轴的刻度和标签
secax=ax.secondary_xaxis('top',functions=(deg2rad,rad2deg))
secax.set_ticks([])                                    # 隐藏刻度
secax.tick_params(axis='x',which='both',bottom=False,
        top=False,labelbottom=False)                   # 隐藏标签
secax.spines['top'].set_visible(False)                 # 隐藏次要轴的轴线
ax.spines['top'].set_visible(False)                    # 隐藏上方和右侧的框线
ax.spines['right'].set_visible(False)
```

运行结果如图 4-6 所示。下面对代码进行讲解。

1）通过将一个空的列表传递给 set_ticks 方法，将次要 x 轴上的刻度移除，从而实现了隐藏的效果。

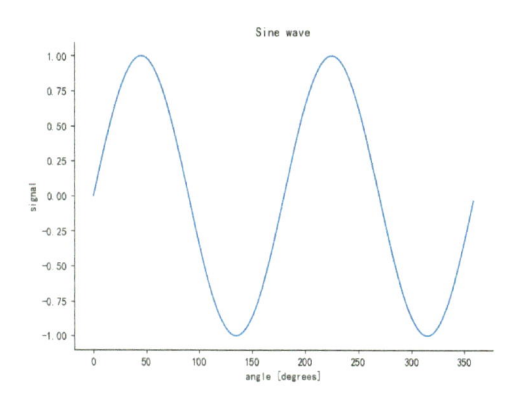

图 4-6　隐藏次要坐标轴

2）spines 是一个字典，它存储轴对象的边框线对象。通过这个字典，可以访问并控制轴的 4 个边框线：top（顶部）、bottom（底部）、left（左侧）和 right（右侧）边框线。每个边框线对象都有一些属性，如颜色、线型、线宽等，可以通过这些属性来自定义边框线的样式。最后，用 set_visible( ) 来设置框线是否可见。

4.6　设置断轴

通常情况下，数据可能在某个特定范围内变化非常显著，而在其他范围内相对平稳或变化不大。这时，使用断轴可以将这个特定范围内的数据变化突出显示，同时将其他范围内的数据变化与之分隔开来，避免干扰，下面通过实例讲解在 Matplotlib 中如何创建断轴。

【例 4-6】创建两个子图，一个用于显示断裂部分之前的数据，另一个用于显示断裂部分之后的数据，在断裂部分的两侧分别隐藏边框，以使视觉上形成断裂效果。代码如下。

```python
import matplotlib.pyplot as plt
import numpy as np

np.random.seed(19781112)
pts=np.random.rand(30)*0.2                    # 生成随机数据点
pts[[3,14]] +=0.8

fig,(ax1,ax2)=plt.subplots(2,1)
fig.subplots_adjust(hspace=0.05)
ax1.plot(pts)
ax2.plot(pts)
ax1.set_ylim(0.78,1.0)
ax2.set_ylim(0.0,0.22)
ax1.spines.bottom.set_visible(False)          # 隐藏第 1 个子图底部的边框

ax2.spines.top.set_visible(False)             # 隐藏第 2 个子图底部的边框
ax1.xaxis.tick_top()                          # 将第 1 个子图的 x 轴刻度放置在顶部
ax2.xaxis.tick_bottom()                       # 将第 2 个子图的 x 轴刻度放置在底部
ax1.tick_params(labeltop=False)               # 禁止第 1 个子图的顶部刻度标签的显示
```

```
d=0.5
kwargs=dict(marker=[(-1,-d),(1,d)],markersize=12,
            linestyle="none",color='k',mec='k',mew=1,clip_on=False)
ax1.plot([0,1],[0,0],transform=ax1.transAxes,**kwargs)
ax2.plot([0,1],[1,1],transform=ax2.transAxes,**kwargs)
#绘制两个子图中的斜线标记,表示数据被截断的位置
plt.show()
```

运行结果如图 4-7 所示。下面对代码进行讲解。

1) 在每个子图中绘制随机数据点的曲线 ax1.plot(pts) 和 ax2.plot(pts),并设置两个子图的 y 轴范围分别为 (0.78,1.0) 和 (0.0,0.22)。隐藏第 1 个子图底部和第 2 个子图顶部的边框。将第 1 个子图的 x 轴刻度放置在顶部,第 2 个子图的 x 轴刻度放置在底部,禁止第 1 个子图顶部的刻度标签的显示。

2) 绘制斜线标记,表示数据被截断的位置。字典 kwargs 中常用参数的含义见表 4-3。

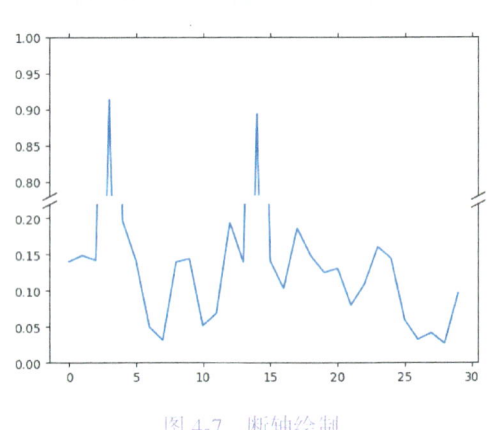

图 4-7 断轴绘制

表 4-3 字典 kwargs 的常用参数含义

参 数	含 义
marker	定义标记的形状,即由两个点组成的线段,这里的 (-1,-d) 和 (1,d) 分别表示线段的起点和终点
markersize	设置标记的大小
linestyle	指定标记的线型
color	设置标记的颜色,这里 k 是 Matplotlib 中表示黑色的缩写
mec	设置标记边缘的颜色,与标记的颜色相同
mew	设置标记边缘的线宽
clip_on	设置标记不受子图的裁剪影响,即可以跨越子图的边界

3) 使用 ax1.plot() 方法在子图 (ax1) 中绘制斜线标记。[0,1] 和 [0,0] 分别表示斜线标记的起点和终点的坐标。由于 transform=ax1.transAxes,这些坐标是相对于子图 ax1 的坐标系的,其中 [0,0] 表示子图的左下角,[1,1] 表示子图的右上角。最后将 kwargs 字典中的所有属性应用于斜线标记的绘制。

4.7 添加共享轴

在绘制多个子图过程中,有时我们希望共享不同子图之间的坐标轴,以便更好地展示数据和精简图形,那么可以使用 subplots() 函数来实现该目的。通过调整 sharex 和 sharey 参数的取值,可以控制不同子图之间的坐标轴共享情况。

4.7.1 共享不同子图区域的坐标轴

具体来说，sharex 和 sharey 参数有四种取值形式，分别为 row、col、all 和 none。下面我们以参数 sharex 为例，介绍 4 种参数取值形式的含义和使用方法。

注意：参数 sharey 和参数 sharex 的使用方法完全相同，因此这里不再赘述。

【例 4-7】 演示共享绘图区域的坐标轴的实现方法。绘制没有使用参数 sharex 和 sharey 的情况。代码如下。

```python
import matplotlib.pyplot as plt
import numpy as np

# 准备数据
x1=np.linspace(0.01,10,100)
y1=np.cos(x1)
x2=np.linspace(0,2*np.pi,80)
y2=np.cos(x2**2)
x3=np.random.rand(50)
y3=np.linspace(0,3,50)
x4=np.linspace(0,2,15)
y4=-30*x4**2+60*x4

fig,ax=plt.subplots(2,2)
ax[0,0].plot(x1,y1,color='blue')
ax[0,1].plot(x2,y2,color='red')
ax[1,0].scatter(x3,y3,color='green')
ax[1,1].scatter(x4,y4,color='purple')
# 在每个子图下方添加标识
for i,label in enumerate(['a','b','c','d']):
    ax[i // 2,i % 2].text(0.5,-0.2,f'图{label}',ha='center',va='center',
                transform=ax[i // 2,i % 2].transAxes,fontsize=12)
plt.tight_layout()
plt.show()
```

运行结果如图 4-8 所示。下面对代码进行讲解。

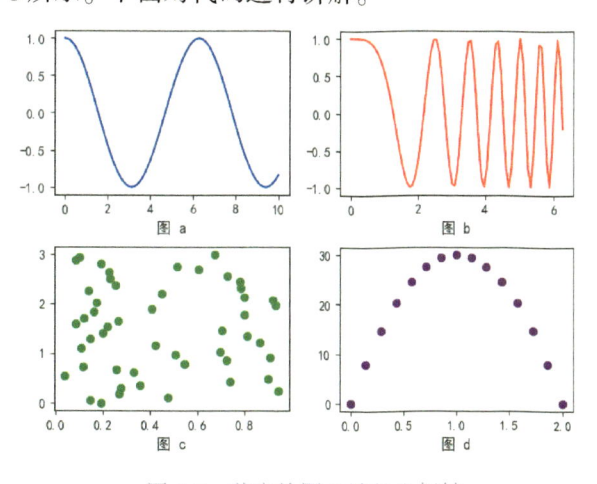

图 4-8 共享绘图区域的坐标轴

Matplotlib 科研绘图：基于 Python

代码通过调用函数 subplots(2,2)，生成一个 2 行 2 列的 4 个子图，并且它们 x 轴的范围和刻度标签都不相同。我们将分 4 种情况讨论参数 sharex 的取值情况以及展示的效果图。

1）加入参数 sharex = "none"。将函数 subplots(2,2) 变为 plt.subplots(2,2,sharex = "none")，其他语句不变。运行结果如图 4-9 所示。可见，函数 subplots() 默认情况下就是不进行共享轴。

2）加入参数 sharex = "all"。将 subplots(2,2) 变为 plt.subplots(2,2,sharex = "all")，其他语句不变，运行结果如图 4-10 所示。

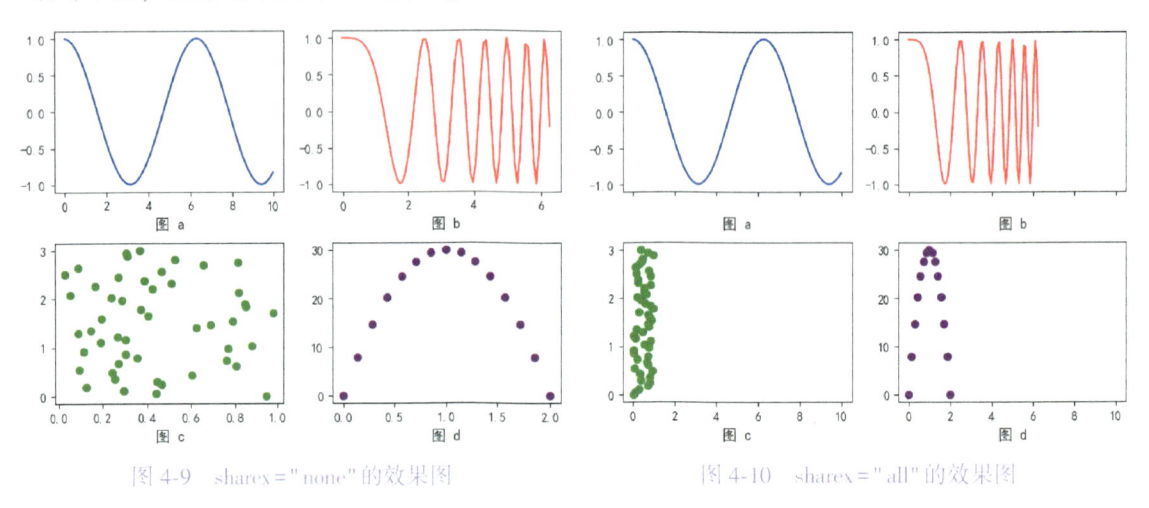

图 4-9　sharex = "none" 的效果图　　　　图 4-10　sharex = "all" 的效果图

从图 4-10 可以看出，4 个子图的 x 轴的取值范围都用了图 a 的范围，也就是共享了最大的 x 轴范围。

3）加入参数 sharex = "col"。当参数 sharex 设为 col 时，即子区中每一列的图形共享相同的 x 轴范围，并选择每一列中的图形的 x 轴范围上限最大的值作为共享范围，运行结果如图 4-11 所示。

4）加入参数 sharex = "row"。当参数 sharex 设为 row 时，即子区中每一行的图形共享相同的 x 轴范围，并选择每一行中的图形的 x 轴范围上限最大的值作为共享范围，运行结果如图 4-12 所示。

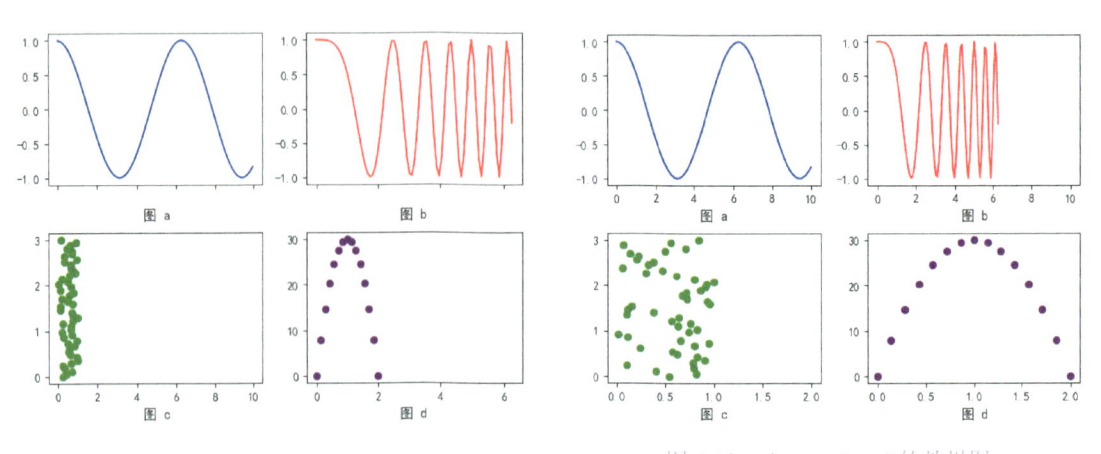

图 4-11　sharex = "col" 的效果图　　　　图 4-12　sharex = "row" 的效果图

4.7.2 共享个别子图区域的坐标轴

虽然已经实现了多个子区坐标轴的共享，但有些情况下子区的图形展示效果可能不尽如人意，因此需要进行更细致的调整以求得更理想和美观的展示效果。通过本节的方法，可以实现针对个别子区的局部调整，使得图形展示更加灵活。具体来说，通过设置参数来控制个别子区之间的坐标轴范围共享。

【例 4-8】 子图 2 共享子图 1 的 x 轴范围，子图 1 共享子图 3 的 y 轴范围。代码如下。

```
import matplotlib.pyplot as plt
import numpy as np
# 准备数据
x1=np.linspace(0.01,10,100)
y1=np.cos(x1)
x2=np.linspace(0,2*np.pi,80)
y2=np.cos(x2**2)
x3=np.random.rand(50)
y3=np.linspace(0,3,50)
x4=np.linspace(0,2,15)
y4=-30*x4**2+60*x4

fig,ax=plt.subplots(2,2)
plt.subplots_adjust(hspace=0.1,wspace=0.1)

ax1=plt.subplot(221,sharey=ax3)
ax1.plot(x1,y1,color='blue')
ax2=plt.subplot(222,sharex=ax1)
ax2.plot(x2,y2,color='red')
ax3=plt.subplot(223)
ax3.scatter(x3,y3,color='green')
ax4=plt.subplot(224)
ax4.scatter(x4,y4,color='purple')

plt.tight_layout()
plt.show()
```

运行结果如图 4-13 所示。代码中，plt.subplot(221,sharey=ax3) 表示子图 1 共享子图 3

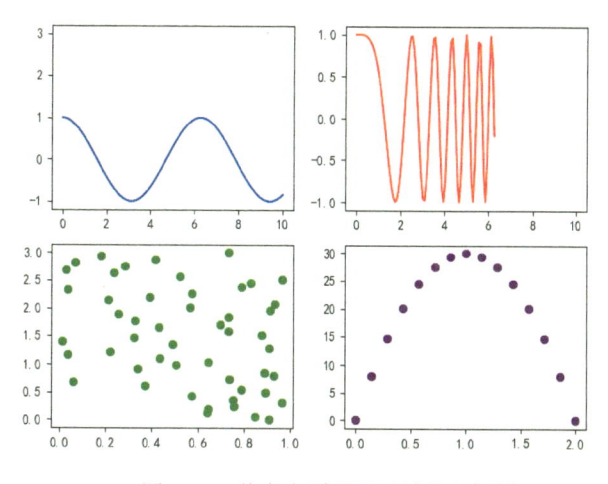

图 4-13　共享个别子图区域的坐标轴

的 y 轴范围，plt.subplot(222,sharex=ax1)表示子图 2 共享子图 1 的 x 轴范围。我们也可以使用相似的方法来共享某个特定子图的 x 或 y 轴范围。

4.8 设置对数轴

如果我们的数据变化范围很大，或者数据分布不均匀，在这种情况下，通常需要绘制对数轴，从而更好地展示数据的变化趋势和细节，尤其是在数据的数量级差异很大时，对数轴可以拉伸数据，使得分布更加平滑，以及更容易观察数据的规律性。

4.8.1 为 x 轴分配对数刻度

【例 4-9】 如果有一些数据，x 轴上的取值范围变化很大，那么对 x 轴分配对数刻度可以帮助你更清晰地展示数据的变化情况，而不至于让较小的数据点淹没在较大的数据点中。代码如下。

```
import matplotlib.pyplot as plt
import numpy as np
plt.rcParams['font.family']='Times New Roman'
fig,ax=plt.subplots()

dt=0.01
t=np.arange(dt,20.0,dt)

ax.semilogx(t,np.exp(-t/5.0))
plt.grid(True,linestyle='--')
plt.show()
```

运行结果如图 4-14 所示。代码里的 semilogx() 函数是 matplotlib 中用于绘制半对数坐标系下的线性图的函数之一。

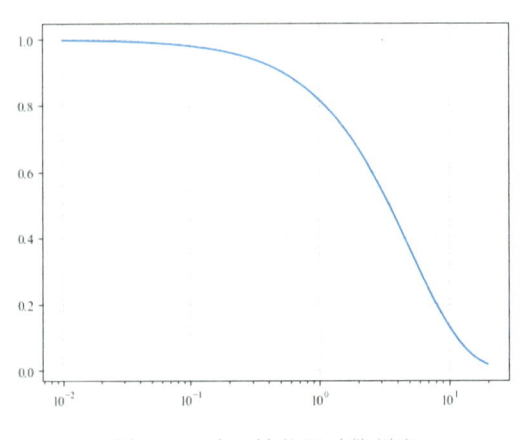

图 4-14 为 x 轴分配对数刻度

plt.semilogx(x,y,**kwargs)方法中参数 x、y 表示数据点的横、纵坐标，可以是列表、数组或其他序列类型。**kwargs：可选的关键字参数，用于控制图形的样式、颜色等属性。

4.8.2 为 y 轴分配对数刻度

【例 4-10】 如果 y 轴上的取值范围变化很大或很小时,就需要对 y 轴分配对数刻度。代码如下。

```
import matplotlib.pyplot as plt
import numpy as np
# 准备数据
x=np.linspace(0.1,10,100)                    # 横坐标范围从 0.1 到 10
y1=np.exp(x)                                 # 第一个数据集,指数增长
y2=np.power(x,2)                             # 第二个数据集,平方增长
y3=np.log(x)                                 # 第三个数据集,对数增长
# 绘制图形
plt.figure()
plt.semilogy(x,y1,label='Exponential Growth')
plt.semilogy(x,y2,label='Squared Growth')
plt.semilogy(x,y3,label='Logarithmic Growth')

plt.xlabel('X')
plt.ylabel('Y')
plt.title('Semilogy Plot')

plt.grid(True,linestyle='--')
plt.legend()
plt.show()
```

运行结果如图 4-15 所示。代码中的 semilogy( ) 函数和 semilogx( ) 函数类似,plt.semilogy (x,y,**kwargs) 方法参数中,x 为数据点的横坐标,y 为数据点纵坐标,**kwargs 为可选的关键字参数。

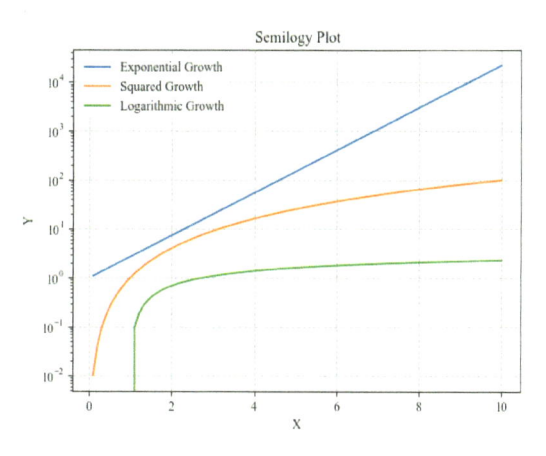

图 4-15　为 y 轴分配对数刻度

4.9　本章小结

本章深入探讨了坐标轴在数据可视化中的应用技巧。这些技巧不仅能提高图表的美观

性，还能增强数据的解读能力。通过设置坐标轴标签位置、隐藏不必要的刻度、灵活应用不同刻度、添加次坐标轴和共享轴等操作，可以更好地呈现复杂的数据结构。此外，对数轴设置能够展示跨越多个数量级的数据，可以更清晰地传达数据的变化趋势。通过本章的学习，希望读者可以学会如下技巧。

- 精确定位坐标轴标签，提升图表的清晰度。
- 隐藏多余的刻度，使图表更简洁。
- 使用不同的刻度刻画同一坐标轴上的数据，满足多样化的展示需求。
- 添加和隐藏次坐标轴，灵活处理多维数据。
- 应用断轴技术，解决数据中断或间隔的问题。
- 共享不同子图区域的坐标轴，提高数据比较的直观性。
- 设置对数刻度，展示具有指数变化的数据。

第 5 章
多图绘制与子图布局

在数据可视化中，常常需要在一个画布上展示多个图表，以便更全面地传达信息和进行比较分析。本章将深度解析如何使用 Matplotlib 创建和布局多个子图。通过掌握 GridSpec 和 subplot_mosaic 等工具，将能够灵活地设计和定制各种子图布局，从简单的均匀分布到复杂的跨行跨列组合均涉及。本章将展示复杂的数据关系，提升图表的表达力和专业性。

5.1 多图绘制与子图创建

需要对多张图进行比较时，就需要将它们放到同一个图形中，同时显示多个子图，每个子图可以展示不同的数据或同一数据的不同部分，从而提供更丰富的信息。因此，需要设置子图的位置、大小和间距等参数，灵活地控制多个子图的布局，以满足不同的需求。下面，将用两种方法来进行多图绘制。

5.1.1 GridSpec 创建多个子图

【例 5-1】 用 GridSpec 来创建一个常见的 3×3 子图布局。代码如下。

```
import matplotlib.pyplot as plt
from matplotlib.gridspec import GridSpec

gs=GridSpec(3,3)                              # 创建一个 3×3 的网格规格对象 GridSpec
fig=plt.figure()                              # 创建一个 Figure 对象
for i in range(3):                            # 在网格中添加子图
    for j in range(3):
        ax=fig.add_subplot(gs[i,j])
        ax.text(0.5,0.5,"ax%d%d" % (i+1,j+1),
                va="center",ha="center",color="red",fontsize=16)
        ax.tick_params(labelbottom=False,labelleft=False)
plt.show()
```

运行结果如图 5-1 所示。代码中使用 GridSpec（）函数创建一个网格规格对象（GridSpec），它决定了子图的布局方式，该函数常用参数的含义见表 5-1，除了行数和列数，其他都为可选参数。

Matplotlib 科研绘图：基于 Python

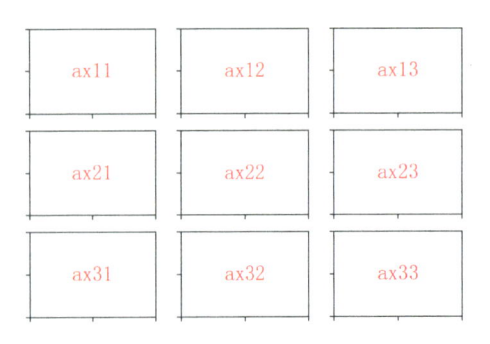

ax11	ax12	ax13
ax21	ax22	ax23
ax31	ax32	ax33

图 5-1　GridSpec 创建的 3×3 子图

表 5-1　GridSpec 函数的常用参数含义

参　　数	含　　义
nrows	网格的行数
ncols	网格的列数
width_ratios	每列的相对宽度，默认为 None，表示所有行的宽度相等
height_ratios	每行的相对宽度，默认为 None，表示所有列的宽度相等
left	网格左边界位置，取值范围 [0,1]，默认为 0
bottom	网格底边界位置，取值范围 [0,1]，默认为 0
right	网格右边界位置，取值范围 [0,1]，默认为 1
top	网格顶边界位置，取值范围 [0,1]，默认为 1
wspace	列之间的宽度间隔，取值范围 [0,1]，默认为 0.02
hspace	行之间的宽度间隔，取值范围 [0,1]，默认为 0.02

5.1.2　Subplots 创建多个子图

【例 5-2】　用 Subplots 来创建一个常见的 3×3 子图布局。代码如下。

```
import matplotlib.pyplot as plt
plt.rcParams['font.family']='simsun'

fig,axs=plt.subplots(3,3)                    # 创建一个 3×3 的子图网格
for i in range(3):                           # 在每个子图中添加文本标签和禁用刻度标签
    for j in range(3):
        axs[i,j].text(0.5,0.5,"ax%d%d" % (i+1,j+1),
            va="center",ha="center",color="purple",fontsize=16)
        axs[i,j].tick_params(labelbottom=False,labelleft=False)
plt.show()
```

运行结果如图 5-2 所示。代码中使用 subplots( ) 函数创建多个子图。该函数常用参数的含义见表 5-2。

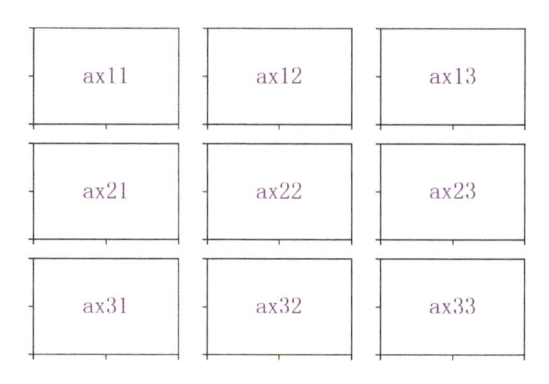

```
     ax11          ax12          ax13

     ax21          ax22          ax23

     ax31          ax32          ax33
```

图 5-2 Subplots 创建的 3×3 子图

表 5-2 subplots 函数的参数含义

参 数	含 义
nrows 和 ncols	指定子图网格的行数和列数
sharex 和 sharey	子图是否共享 x 和 y 轴，默认为 False
squeeze	默认为 True，若设置为 True，并且 nrows 或 ncols 的其中一个为 1，那么将返回一个更简洁的子图数组
subplot_kw	字典类型，指定子图的创建参数，例如设置标题、轴标签等
gridspec_kw	字典类型，指定网格规格的创建参数，例如设置网格的布局方式和间距等
fig_kw	字典类型，指定图形的创建参数，例如设置图形的大小、标题等

subplots()函数返回一个包含图形对象和子图数组的元组（fig，axs），其中 fig 是图形对象，axs 是一个二维数组，包含了创建的子图对象。

通过行列索引可以访问子图，如 axs[0,0]表示第 1 行第 1 列的子图，axs[1,2]表示第 2 行第 3 列的子图，依此类推。

5.2 GridSpec 函数对子图进行布局

虽然创建的 3×3 子图布局很工整，但是在实际的应用中，子图长度和宽度可能不一致，需要对布局进行调整，如在 3×3 子图布局的基础上，将第 2 行第 3 列的子图和第 3 行第 3 列的子图进行合并，即子图 23 和子图 33 进行合并，作为一个子图进行显示。

5.2.1 使用子图和 GridSpec 合并两个子图

【例 5-3】 使用 GridSpec 将 3×3 子图布局的第 2 行第 3 列的子图和第 3 行第 3 列的子图进行合并。代码如下。

```
import matplotlib.pyplot as plt

fig,axs=plt.subplots(ncols=3,nrows=3)
gs=axs[1,2].get_gridspec()          # 获取第 2 行第 3 列子图的网格规格对象
```

Matplotlib 科研绘图：基于 Python

```
for ax in axs[1:,-1]:                       #移除第2行及其以下的最后一列子图
    ax.remove()
axbig=fig.add_subplot(gs[1:,-1])            #在右侧新增一个大图,覆盖了被移除的小图的位置
axbig.annotate('Big Axes \nGridSpec[1:,-1]',(0.1,0.5),
            xycoords='axes fraction',va='center')
fig.tight_layout()
plt.show()
```

运行结果如图 5-3 所示。下面对代码进行讲解。

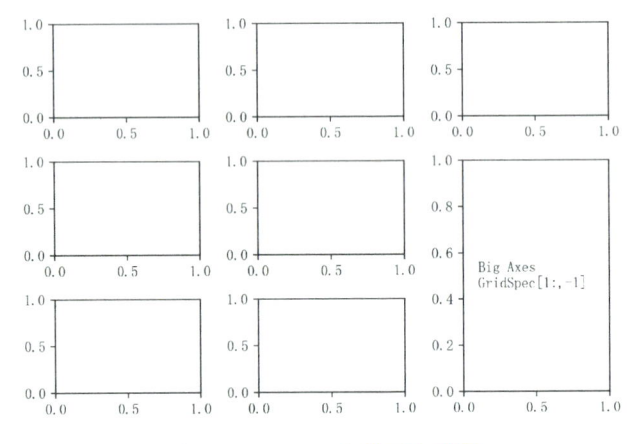

图 5-3 GridSpec 合并两个子图

1）获取第 2 行第 3 列子图的网格对象 gs，在之后的操作中，我们将使用这个网格对象来指定大图的位置。

2）使用循环移除第 2 行第 3 列和第 3 行第 3 列的两个子图，由于我们将在该位置添加一个大图，所以在添加大图之前需要先将这些小图移除，以避免重叠。

3）在右侧新增了一个大图，覆盖移除两个小图的位置，通过使用之前获取的网格规格对象 gs，我们指定了大图的位置为第 2 行第 3 列和第 3 行第 3 列，这样，大图就被放置在了原始子图布局中被移除的部分。

5.2.2 使用 GridSpec 进行多列或多行子图布局

【例 5-4】 在 3×3 子图布局的基础上，将第 1 行的三个子图进行合并，将第 2 行的前两个子图进行合并，将第 2 行第 3 列的子图和第 3 行第 3 列的子图进行合并。代码如下。

```
import matplotlib.pyplot as plt
from matplotlib.gridspec import GridSpec
#定义一个函数,用于设置子图的格式
def format_axes(fig):
    for i,ax in enumerate(fig.axes):
        ax.text(0.5,0.5,"ax%d" % (i+1),va="center",
                ha="center",fontsize=28,color='magenta')
        ax.tick_params(labelbottom=False,labelleft=False)         #禁用刻度标签
fig=plt.figure(layout="constrained")
```

```
# 创建一个3×3的网格对象GridSpec,并将其关联到前面创建的Figure对象上
gs=GridSpec(3,3,figure=fig)

ax1=fig.add_subplot(gs[0,:])                              #①
ax2=fig.add_subplot(gs[1,:-1])
ax3=fig.add_subplot(gs[1:,-1])
ax4=fig.add_subplot(gs[-1,0])
ax5=fig.add_subplot(gs[-1,-2])

format_axes(fig)
plt.show()
```

运行结果如图 5-4 所示。代码中使用 GridSpec 来创建一个自定义的子图布局,然后在这个布局中添加五个子图,为每个子图添加了文本标签并禁用了刻度标签。

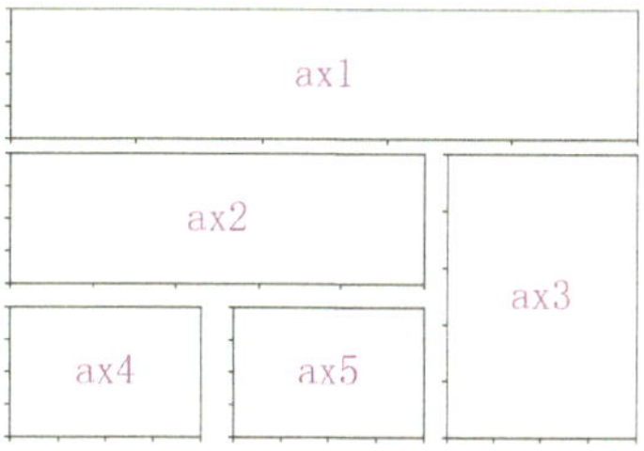

1) 定义了一个函数 format_axes (fig),用于设置子图的格式。在这个函数中,它遍历了所有的子图,并在每个子图的中心添加了一个文本标签,以及禁用了刻度标签。

2) 创建一个 Figure 对象,并设置其布局为 constrained,这意味着子图布局会受到限制,稍后会用到。

图 5-4 进行多列或多行合并子图

3) 创建一个 3×3 的网格对象 GridSpec,并将其关联到前面创建的 Figure 对象 fig 上。

4) add_subplot() 函数接收三个主要参数来指定子图的位置,该函数常用参数的含义见表 5-3。

表 5-3 add_subplot() 函数的参数含义

参数	含义
nrows	子图网格的行数
ncols	子图网格的列数
index	子图在网格中的位置,它是一个整数,从左上角开始逐行逐列依次编号
projection	子图的投影类型,例如 3d 表示三维子图
polar	设置为 True 表示创建一个极坐标子图
sharex	指定是否共享 x 轴
sharey	指定是否共享 y 轴

例如,语句①表示在第一行中创建一个跨越所有列的子图,并将其添加到 Figure 对象中。

5.3 subplot_mosaic 快速创建自定义布局的子图

将图中的坐标轴布置在一个非均匀网格中可能既烦琐又冗长。对于密集的、均匀的网格,有 Figure.subplots 这种方法,但对于更复杂的布局,例如跨越多列/行或留下某些区域空

白的坐标轴，可以使用前面讲到的 gridspec.GridSpec 方法，或者手动放置坐标轴。

Figure.subplot_mosaic 旨在提供一个接口来直观地布置坐标轴（可以是 ASCII 或嵌套列表），以简化以上过程。这个接口自然地支持坐标轴命名。

Figure.subplot_mosaic 返回一个以用于布置图中的标签为键的字典。通过返回带有名称的数据结构，更容易编写与图布局无关的绘图代码。

5.3.1 创建简单均匀的子图

【例 5-5】 通过将坐标轴标签限制为单个字符，可以将想要的坐标轴绘制成"ASCII 艺术字"。代码如下。

```python
import matplotlib.pyplot as plt
import numpy as np

def identify_axes(ax_dict,fontsize=48):
    """
    用于在下面示例中标识坐标轴的辅助函数
    在坐标轴中心以大字体绘制标签
    参数
    ax_dict : dict[str,Axes],标题/标签与坐标轴之间的映射
    fontsize : int,可选,标签的字体大小
    """
    kw=dict(ha="center",va="center",fontsize=fontsize,color="red")
    for k,ax in ax_dict.items():
        ax.text(0.5,0.5,k,transform=ax.transAxes,**kw)
mosaic="""
    ABC
    DEF
    GHI
    """
# mosaic="ABC;DEF;GHI"
fig=plt.figure(layout="constrained")
ax_dict=fig.subplot_mosaic(mosaic)
identify_axes(ax_dict)
```

运行结果如图 5-5 所示。下面对代码进行讲解。

1) 自定义 identify_axes 函数，作用为在每个子图中添加文本，它接收以下两个参数。
- ax_dict：一个字典，将标题/标签与坐标轴对象之间进行了映射。
- fontsize：可选参数，指定标签的字体大小，默认为 48。

函数定义了一个字典 kw，其中包含了绘制文本标签时所需的参数，如水平对齐方式、垂直对齐方式、字体大小和颜色。

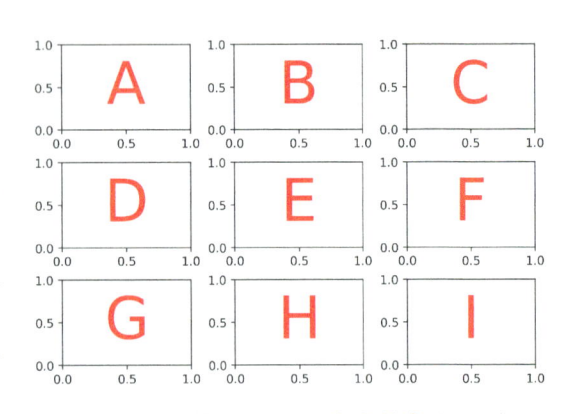

图 5-5 使用 ASCII 艺术字创建子图

函数遍历了输入的字典 ax_dict 中的每一对键值对。对于每一对键值对，函数在相应的坐标轴中心绘制了一个文本标签，标签内容为键值对中的键，绘制位置在坐标轴的中心位置，将字典 kw 中的参数传递给 text() 方法，以便在绘制文本时应用这些参数。

2）使用 subplot_mosaic() 方法创建一个具有自定义布局的图形。定义一个字符串 mosaic，描述了子图的布局。每个字母代表一个子图，布局由行和列组成。这里表示有 3 行 3 列的子图网格，每个子图由一个字母标识。

3）subplot_mosaic() 方法的语法如下。

```
subplot_mosaic(mosaic,grid_spec=None,**kwargs)
```

该函数常用参数的含义见表 5-4。

表 5-4 subplot_mosaic 函数的参数含义

参 数	含 义
mosaic	描述子图布局的字符串。每个字符代表一个子图，布局由行和列组成。例如，"ABC;DEF;GHI" 或 """ABC DEF GHI"""，表示 3 行 3 列
grid_spec	可选参数，指定使用的 GridSpec 对象。若不提供，则会创建一个新的 GridSpec 对象
**kwargs	其他关键字参数，用于传递 GridSpec 对象的构造函数
返回值	一个字典，将布局字符串中的字符映射到相应的子图对象

4）函数 identify_axes() 的目的是帮助可视化子图布局，使得在一个复杂的子图布局中，能够清晰地看出每个子图的位置和标识。如果不调用该函数，那么运行结果如图 5-6 所示。

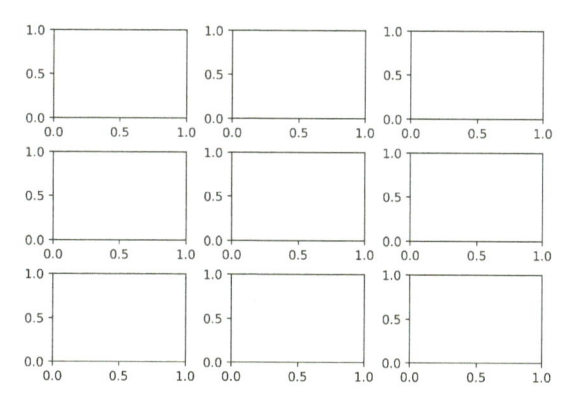

图 5-6 不显示 ASCII 艺术字创建子图

5.3.2 创建跨多行或多列的子图

可以使用 Figure.subplot_mosaic 方法实现指定一个子图应该跨越多行或多列，而无法使用 Figure.subplots 方法来实现。

【例 5-6】重新排列 9 个子图，使其在底部水平跨度，并在右侧垂直跨度。代码如下。

```
import matplotlib.pyplot as plt
import numpy as np
```

```
def identify_axes(ax_dict,fontsize=48):
    kw=dict(ha="center",va="center",fontsize=fontsize,color="green")
    for k,ax in ax_dict.items():
        ax.text(0.5,0.5,k,transform=ax.transAxes,**kw)
axd=plt.figure(layout="constrained").subplot_mosaic(
    """
    ABD
    CCD
    EEF
    """
)
identify_axes(axd)
```

运行结果如图 5-7 所示。代码中"""ABD　CCD　EEF"""表示有 3 行 3 列的子图网格。其中字符 A、B、C、D、E、F 分别代表不同的子图。在这个布局中，第 1 行的 D 子图跨越了两行，第 2 行和第 3 行的 C 和 E 子图跨越了两列。

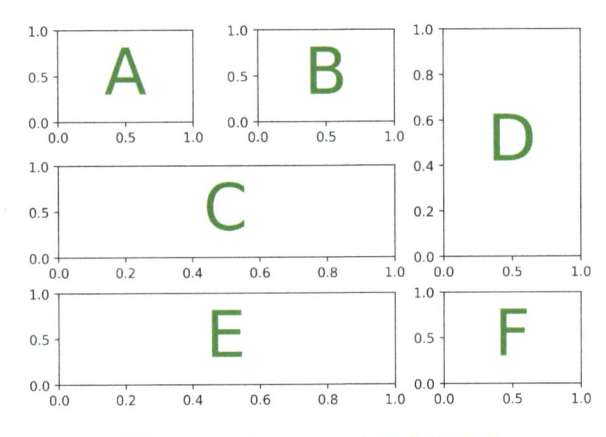

图 5-7　subplot_mosaic 方法合并子图

5.3.3　创建有空白区域的子图

【例 5-7】　如果不想在图中的所有空间都填满子图，可以指定网格中的一些空间为空白。代码如下。

```
import matplotlib.pyplot as plt
import numpy as np

def identify_axes(ax_dict,fontsize=48):
    kw=dict(ha="center",va="center",fontsize=fontsize,color="blue")
    for k,ax in ax_dict.items():
        ax.text(0.5,0.5,k,transform=ax.transAxes,**kw)
axd=plt.figure(layout="constrained").subplot_mosaic(
    """
    .A.
```

```
    BBB
    C.D
    """
)
identify_axes(axd)
```

运行结果如图 5-8 所示。代码中""".A.　BBB　C.D """表示有 3 行 3 列的子图网格。其中字符 A、B、C、D 分别代表不同的子图，而 "." 则表示空白区域。第 1 行的第 1 列和第 3 列是一个空白区域，没有子图。第 3 行的第 2 列是一个空白区域，没有子图。

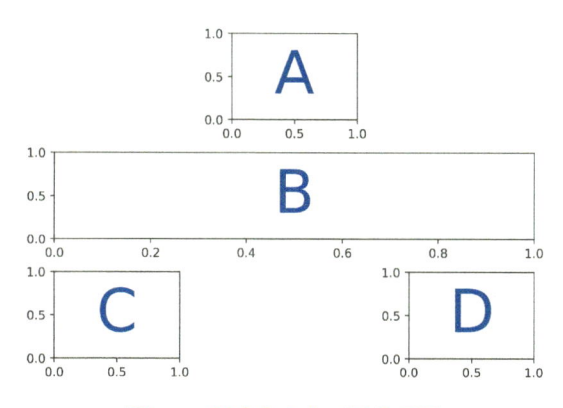

图 5-8　创建有空白区域的子图

【例 5-8】　使用另一个字符（而不是句点）来标记空白区域，可以使用另一种方法来实现。代码如下。

```
import matplotlib.pyplot as plt
import numpy as np

def identify_axes(ax_dict,fontsize=48):
    kw=dict(ha="center",va="center",fontsize=fontsize,color="orange")
    for k,ax in ax_dict.items():
        ax.text(0.5,0.5,k,transform=ax.transAxes,**kw)
axd=plt.figure(layout="constrained").subplot_mosaic(
    """
    AXB
    XCX
    DXE
    """,
    empty_sentinel="X",
)
identify_axes(axd)
```

运行结果如图 5-9 所示。想要使用另一个字符（而不是句点）来标记空白区域，可以使用 empty_sentinel 参数来指定要使用的字符。在这里，将空白区域的标记字符设置为 X。

Matplotlib 科研绘图：基于 Python

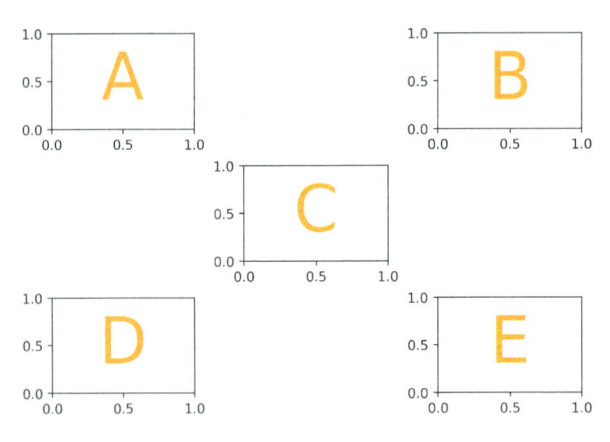

图 5-9　使用字符标记空白空间

5.3.4　基于 GridSpec 控制子图宽度和高度

将关键字参数传递给底层的 gridspec.GridSpec，使用输入来指定排列方式，设置行或列的相对宽度。gridspec.GridSpec 的 height_ratios 和 width_ratios 在 Figure.subplot_mosaic 调用序列中是可用的。

【例 5-9】　对子图的宽度和高度进行设置。代码如下。

```
import matplotlib.pyplot as plt
import numpy as np

def identify_axes(ax_dict,fontsize=48):
    kw=dict(ha="center",va="center",fontsize=fontsize,color="darkred")
    for k,ax in ax_dict.items():
        ax.text(0.5,0.5,k,transform=ax.transAxes,**kw)
axd=plt.figure(layout="constrained").subplot_mosaic(
    """
    .a.
    bAc
    .d.
    """,
    height_ratios=[1,3.5,1],      # 设置行之间的高度比例
    width_ratios=[1,3.5,1],       # 设置列之间的宽度比例
)
identify_axes(axd)
```

运行结果如图 5-10 所示。代码中通过创建 height_ratios 列表来指定每一行的高度比例。列表中的每个元素代表一个行，其数值表示该行高度与其他行高度的比例关系。

例如，[1,3.5,1] 表示第 2 行的高度将是其他行高度的 3.5 倍，而第 1 行和其他行（即第 3 行）的高度相等。width_ratios 列表指定每一行的宽度比例，与列表 height_ratios 类似。

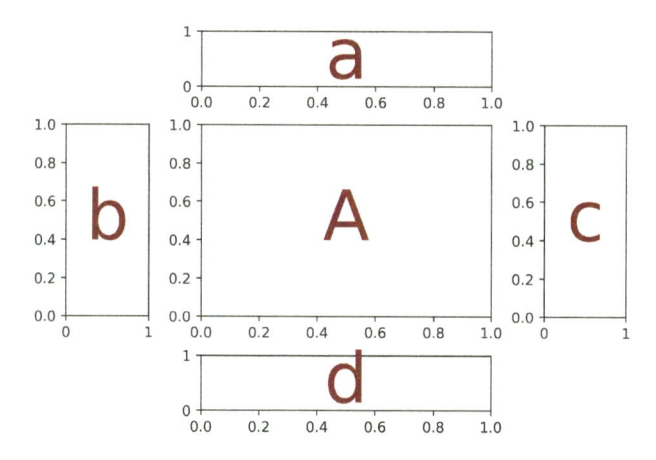

图 5-10　设置子图的宽度和高度

5.3.5　基于 GridSpec 放置多个相同的子图区域

在图中放置多个相同的子图板块，可以使用 gridspec.GridSpec 的其他关键字参数，通过 gridspec_kw 进行参数传递，精准定位整体子图的布局。

【例 5-10】　对 gridspec_kw 字典设置不同的参数，来放置两个相同的子图板块。代码如下。

```
import matplotlib.pyplot as plt
import numpy as np

def identify_axes(ax_dict,fontsize=48):
    kw=dict(ha="center",va="center",fontsize=fontsize,color="red")
    for k,ax in ax_dict.items():
        ax.text(0.5,0.5,k,transform=ax.transAxes,**kw)

def identify_axes1(ax_dict,fontsize=48):
    kw=dict(ha="center",va="center",fontsize=fontsize,color="darkblue")
    for k,ax in ax_dict.items():
        ax.text(0.5,0.5,k,transform=ax.transAxes,**kw)
mosaic="""AA
          BC"""
fig=plt.figure()
axd=fig.subplot_mosaic(mosaic,
    gridspec_kw={"bottom": 0.25,"top": 0.95,"left": 0.1,"right": 0.5,
    "wspace": 0.5,"hspace": 0.5,},)
identify_axes(axd)

axd=fig.subplot_mosaic(mosaic,
    gridspec_kw={"bottom": 0.05,"top": 0.75,"left": 0.6,"right": 0.95,
    "wspace": 0.5,"hspace": 0.5,},)
identify_axes1(axd)
```

Matplotlib 科研绘图：基于 Python

运行结果如图 5-11 所示。代码中创建了一个 gridspec_kw 字典，将其传递给 gridspec.GridSpec 中的关键字参数，来控制整个图布局的位置和间距，相关参数的含义见表 5-5。

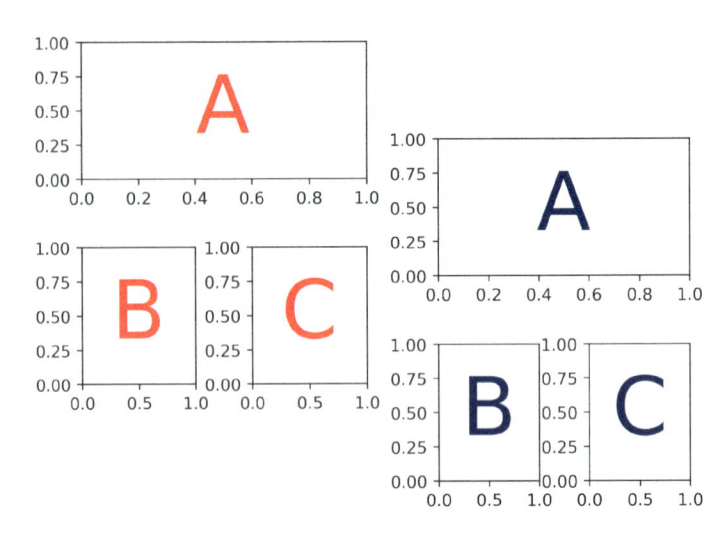

图 5-11　放置两个相同的子图

表 5-5　gridspec_kw 字典的参数含义

参　数	含　　义
bottom	控制整个图的底部的位置，在这里，表示距离图形底部的距离占图形高度的比例为 0.25
top	控制整个图的顶部的位置，在这里，表示距离图形顶部的距离占图形高度的比例为 0.95
left	控制整个图的左侧位置，距离图形左侧的距离占图形宽度的比例为 0.1
right	控制整个图的右侧位置，距离图形右侧的距离占图形宽度的比例为 0.5
wspace	控制子图之间的水平间距，单位是子图宽度的倍数，这里设置为子图宽度的一半
hspace	控制子图之间的垂直间距，单位是子图高度的倍数，这里设置为子图高度的一半

【例 5-11】　使用 add_subfigure 方法在图形中添加一个子图，并使用子图对象的 subplot_mosaic 方法创建子图的布局。该方法允许在单个图形中管理多个子图布局时具有更大的灵活性。代码如下。

```
import matplotlib.pyplot as plt
import numpy as np

def identify_axes(ax_dict,fontsize=60):
    kw=dict(ha="center",va="center",
            fontsize=fontsize,color="cyan",fontname="Arial")
    for k,ax in ax_dict.items():
        ax.text(0.5,0.5,k,transform=ax.transAxes,**kw)
mosaic="""AA
          BC"""
fig=plt.figure(layout="constrained")
left,right=fig.subfigures(nrows=1,ncols=2)
```

```
axd=left.subplot_mosaic(mosaic)
identify_axes(axd)

axd=right.subplot_mosaic(mosaic)
identify_axes(axd)
```

运行结果如图 5-12 所示。下面对代码进行讲解。

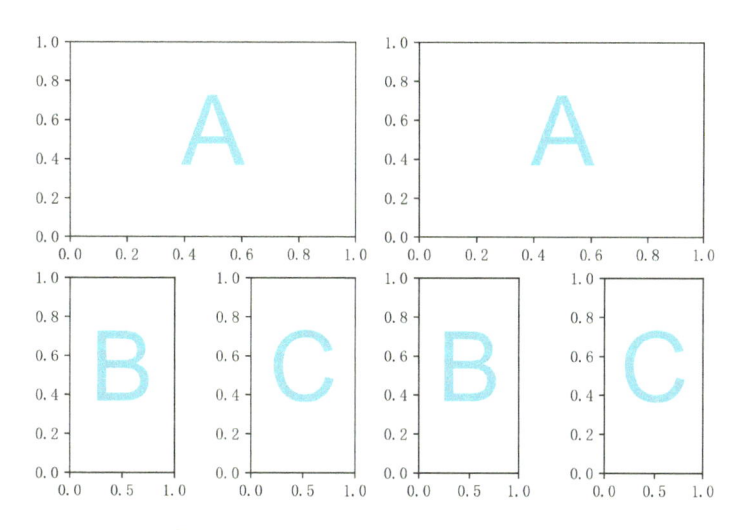

图 5-12　使用 add_subfigure 和 subplot_mosaic 方法创建子图

1）创建一个带有约束布局的新图形对象 fig。使用 subfigures 方法创建一个包含两个子图的子图网格，其中 nrows=1，ncols=2 表示子图网格包含一行两列。

2）通过 left 和 right 变量访问左侧和右侧的子图对象，使用 subplot_mosaic 方法创建一个子图布局，其中布局字符串 mosaic 描述了子图的布局。

3）axd 变量接收 subplot_mosaic 方法返回的字典，其中包含子图的名称与相应的子图对象的映射关系。

5.3.6　使用嵌套列表布局子图

前面介绍了使用字符串简写来创建子图，布局子图的位置除了使用字符串外，也可以传入列表来完成。

【例 5-12】　将字符串简写转换为嵌套列表来创建和布局子图。代码如下。

```
import matplotlib.pyplot as plt
import numpy as np

def identify_axes(ax_dict,fontsize=80):
    kw=dict(ha="center",va="center",
            fontsize=fontsize,color="gold",fontname="Arial")
    for k,ax in ax_dict.items():
        ax.text(0.5,0.5,k,transform=ax.transAxes,**kw)
axd=plt.figure(layout="constrained").subplot_mosaic(
```

Matplotlib 科研绘图：基于 Python

```
[
    ["A","C"],
    ["A","B"],
],
empty_sentinel="C",
width_ratios=[2,1],
)
identify_axes(axd)
```

运行结果如图 5-13 所示。下面对代码进行讲解。

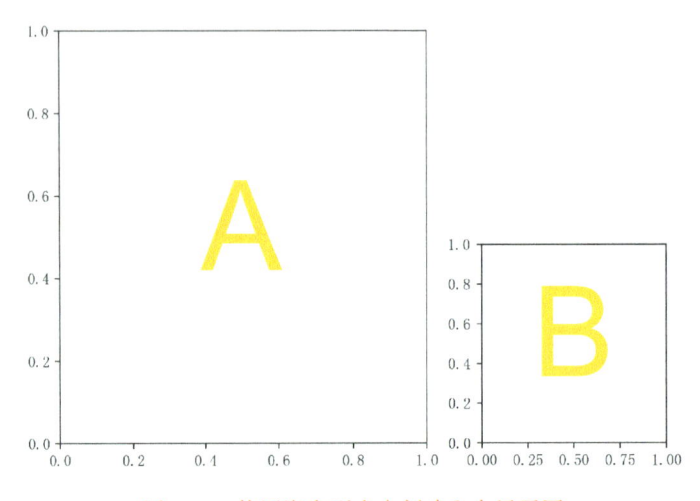

图 5-13　使用嵌套列表来创建和布局子图

创建一个具有约束布局的新图形对象，并使用 subplot_mosaic 方法创建一个子图布局，由一个嵌套列表来描述子图，这里包含两行两列，参数 width_ratios＝[2,1]指定列的宽度比例，这里表示第一列的宽度为第二列的两倍。

【例 5-13】　使用列表输入时，可以指定嵌套的子图布局，内部列表的任何元素都可以是另一组嵌套列表。代码如下。

```
import matplotlib.pyplot as plt
import numpy as np

def identify_axes(ax_dict,fontsize=60):
    kw=dict(ha="center",va="center",
            fontsize=fontsize,color="magenta",fontname="Arial")
    for k,ax in ax_dict.items():
        ax.text(0.5,0.5,k,transform=ax.transAxes,**kw)
inner=[
    ["inner A"],
    ["inner B"],
]

outer_nested_mosaic=[
```

```
    ["main",inner],
    ["bottom","bottom"],
]
axd=plt.figure(layout="constrained").subplot_mosaic(
    outer_nested_mosaic,empty_sentinel=None
)
identify_axes(axd,fontsize=36)
```

运行结果如图 5-14 所示。列表 outer_nested_mosaic 包含了两个元素，分别为 main 和 inner 变量，代表了一个主要子图和一个嵌套的子图布局。inner 变量是一个嵌套的列表，其中包含两个元素，分别为 inner A 和 inner B，代表嵌套布局中的两个子图。

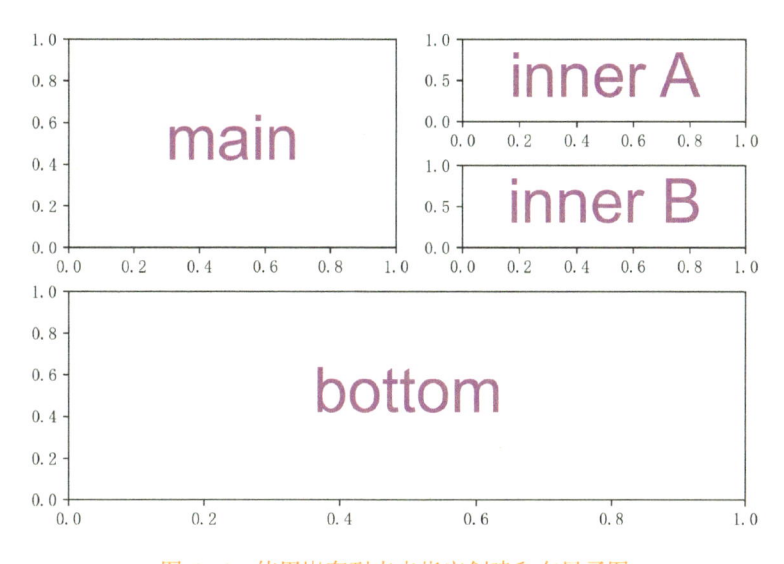

图 5-14　使用嵌套列表来指定创建和布局子图

5.3.7　使用 NumPy 数组布局子图

使用 NumPy 数组布局子图可以更灵活地指定子图的位置和大小，其中不同的数值代表不同的子图，然后使用 subplot_mosaic 方法根据这个 NumPy 数组来创建子图布局。

【例 5-14】　用 NumPy 数组来布局子图的位置和大小。代码如下。

```
import matplotlib.pyplot as plt
import numpy as np

def identify_axes(ax_dict,fontsize=50):
    kw=dict(ha="center",va="center",
            fontsize=fontsize,color="salmon",fontname="Arial")
    for k,ax in ax_dict.items():
        ax.text(0.5,0.5,k,transform=ax.transAxes,**kw)
mosaic=np.zeros((4,4),dtype=int)
for j in range(4):
    mosaic[j,j]=j+1
```

Matplotlib 科研绘图：基于 Python

```
axd=plt.figure(layout="constrained").subplot_mosaic(
    mosaic,
    empty_sentinel=0,
)
identify_axes(axd)
```

运行结果如图 5-15 所示。代码使用 subplot_mosaic 方法创建一个子图布局，布局是一个 4×4 的 NumPy 数组，其中不同的整数代表不同的子图，0 表示空白区域。

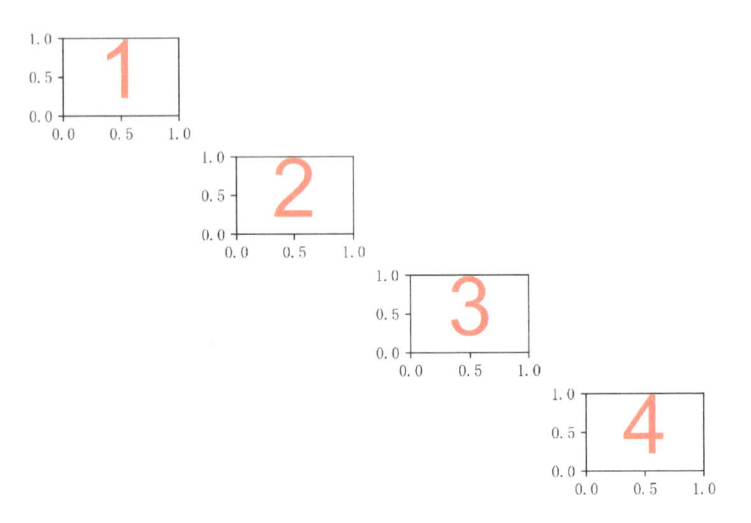

图 5-15　使用 NumPy 数组布局子图

代码首先创建一个全零的 4×4 的 NumPy 数组 mosaic，然后通过循环遍历每一行和列，为对角线位置赋值从 1 到 4 的整数值，这样就创建了一个沿着对角线递增的子图布局。

通过 empty_sentinel=0 参数指定了空白区域的标记整数为 0，这样可以确保对角线以外的区域为空白。

5.4　绘制统计图形案例展示

本节将展示绘制统计图形时子图布局实际案例，通过该案例，读者可以将前面学到的方法加以巩固，优化图形展示效果，在实际分析中应用这些方法。

【例 5-15】 用 subplot_mosaic 方法与列表嵌套来进行子图绘制与布局。代码如下。

```
import matplotlib.pyplot as plt
import numpy as np
# 示例数据
x=np.linspace(0,10,60)
y1=np.sin(x)
y2=np.cos(x)
data3=np.random.normal(size=1000)
data4=np.random.rand(10,5)
layout=[
```

```python
        ["line plot","scatter plot","scatter plot"],
        ["line plot","box plot","histogram"],
        ["line plot","box plot","histogram"]
]
fig=plt.figure(figsize=(8,5))                          # 定义复杂、不规则的子图布局
axs=fig.subplot_mosaic(layout)                         # 创建图形对象
                                                       # 创建子图布局

# 第 1 个子图:折线图
axs['line plot'].plot(x,y1,color='blue')
axs['line plot'].set_title('Sin(x) Line Plot')

# 第 2 个子图:散点图
axs['scatter plot'].scatter(x,y2,color='green')
axs['scatter plot'].set_title('Cos(x) Scatter Plot')

# 第 3 个子图:箱线图
axs['box plot'].boxplot(data4)
axs['box plot'].set_title('Box Plot')

# 第 4 个子图:直方图
axs['histogram'].hist(data3,bins=20,color='red')
axs['histogram'].set_title('Histogram')

plt.tight_layout()
plt.show()
```

运行结果如图 5-16 所示。代码中使用 subplot_mosaic 方法创建了一个复杂、不规则的子图布局，其中包含了折线图、散点图、箱线图和直方图，该布局由一个 3 行 3 列的列表描述，其中每个元素代表一个子图，位置由对应的字符串名称表示，最后调用 plt.tight_layout( ) 方法来调整子图布局，确保呈现图形的美观。

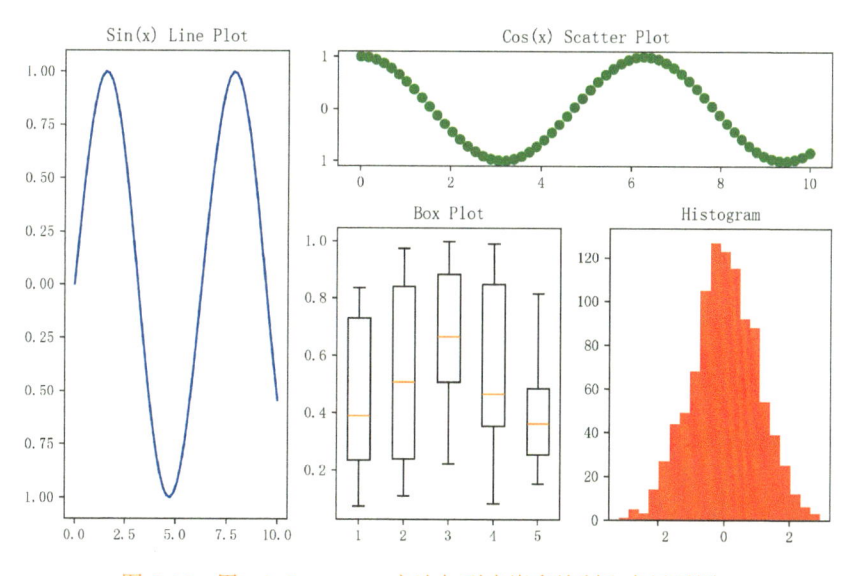

图 5-16　用 subplot_mosaic 方法与列表嵌套绘制和布局子图

5.5 本章小结

本章深入探讨了如何使用 Matplotlib 创建和布局多个子图，通过 GridSpec 和 subplot_mosaic 等工具实现多图绘制。无论是均匀分布、跨行跨列，还是带空白区域的子图布局，本章都提供了详细的步骤和案例。掌握这些技巧，将大幅提升读者在一张画布上展示复杂数据关系的能力，增强数据可视化的表达效果。

第 6 章 颜色的使用

颜色不仅可以增强图形的美观性，还可以帮助读者更好地理解和解读数据。通过合理地使用颜色，可以区分不同的数据类别、突出重点信息以及展示数据的分布情况。本章将详细介绍如何在几何图形中填充颜色，如何根据 y 值为图形填充颜色，常用的颜色参数和如何创建和修改颜色映射表，以及如何从颜色映射表中选择单个颜色和设置颜色的 alpha 值。

6.1 向几何图形中填充颜色

向几何图形中填充颜色就是将封闭区域用指定颜色进行覆盖，以展示不同几何图形的彩色效果。下面，将通过具体案例来讲解向几何图形中填充颜色的方法，以方便读者根据实际项目和任务需求合理使用这些方法。

6.1.1 规则多边形的颜色填充

对于规则多边形（如矩形、菱形、圆形和五边形等），可以通过有序数对创建封闭的几何路径，从而实现颜色填充。使用 Polygon() 函数可以创建一个多边形对象，语法如下。

```
Polygon(xy,closed=True,edgecolor=None,facecolor=None,
        linewidth=None,linestyle=None,alpha=None,**kwargs)
```

常用参数的含义见表 6-1。

表 6-1 Polygon 函数的参数含义

参　　数	含　　义
xy	一个二维数组或列表，表示多边形的顶点坐标
closed	一个布尔值，表示多边形是否封闭
edgecolor	多边形的边缘颜色
facecolor	多边形的填充颜色
linewidth	多边形的边缘线宽度
linestyle	多边形的边缘线样式
alpha	多边形的透明度

【例 6-1】 使用 Polygon 函数和 patches 方法绘制五边形，并且向图形中填充颜色。代码如下。

Matplotlib 科研绘图：基于 Python

```python
import matplotlib.pyplot as plt
from matplotlib.patches import Polygon
# 定义五边形的顶点坐标
vertices=[(1,1),(1,5),(2.5,8),(4,5),(4,1)]
fig,ax=plt.subplots()
# 创建五边形对象并添加到子图中
polygon=Polygon(vertices,closed=True,facecolor='orange',
                edgecolor='black')
ax.add_patch(polygon)

ax.set_xlim(0,5)
ax.set_ylim(0,10)
plt.show()
```

运行结果如图 6-1 所示。下面对代码进行讲解。

1) matplotlib.patches.Polygon 是 Matplotlib 库中用于绘制多边形的图形对象之一。它允许用户创建和绘制由一系列顶点组成的多边形，可以指定填充颜色、边缘颜色、线型、透明度等属性。通常，可以将 Polygon 对象添加到 Matplotlib 的图形中，从而在图形中显示多边形形状。

2) 创建一个包含五个元组的列表 vertices，每个元组包含了顶点的 x 和 y 坐标。

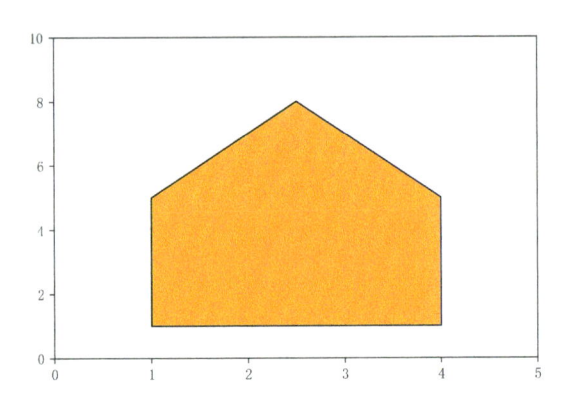

图 6-1　Polygon 函数和 patches 方法绘制五边形

3) 使用 Polygon 函数，绘制一个封闭的五边形，填充颜色为橙色，边缘颜色为黑色。

4) 通过 add_patch 方法，在子图中添加各种形状的图形对象，这里，添加的为五边形。fill( ) 函数是一个用于填充闭合区域的函数，常用参数的含义见表 6-2。

表 6-2　fill 函数的参数含义

参　　数	含　　义
x 和 y	一个数组或序列，表示闭合区域的顶点的 x 和 y 坐标
color	填充的颜色，可以是颜色名称或 RGB 元组
alpha	填充颜色的透明度，取值范围为 0 到 1，
linewidth	边界线的宽度
edgecolor	边界线的颜色
linestyle	边界线的样式，如 dashed、solid 等

【例 6-2】　使用 fill 函数绘制和填充五边形。代码如下。

```python
import matplotlib.pyplot as plt
import numpy as np
# 定义五边形的顶点坐标
vertices=np.array([[1,1],[1,5],[2.5,8],[4,5],[4,1]])
```

```
fig,ax=plt.subplots()
#绘制五边形
ax.fill(vertices[:,0],vertices[:,1],color='orange',alpha=0.5)

ax.set_xlim(0,5)
ax.set_ylim(0,10)
plt.show()
```

运行结果如图 6-2 所示。代码中中定义五个顶点的坐标，创建一个 Matplotlib 的图形对象和一个子图对象，使用 fill( ) 函数来绘制五边形，这里，vertices 数组作为顶点的 x 和 y 坐标，并指定填充颜色为橙色，透明度为 0.5。

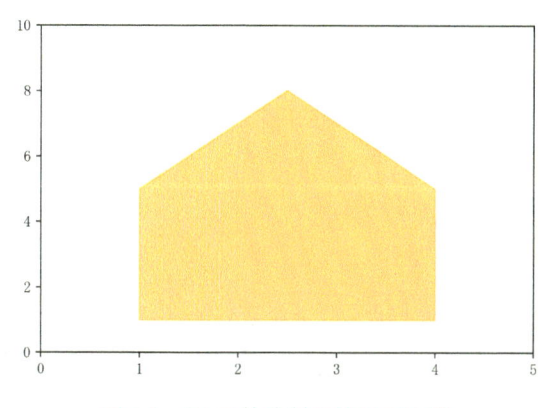

图 6-2 fill 函数绘制和填充五边形

【例 6-3】 使用 fill 函数绘制和填充雪花。代码如下。

```
import matplotlib.pyplot as plt
import numpy as np

def koch_snowflake(order,scale=10):
    """
    返回两个列表 x 和 y,代表雪花的点坐标
    参数如下
    order : int 递归深度
    scale : float 雪花的尺度(底边三角形的边长)
    """
    def _koch_snowflake_complex(order):
        if order==0:
            angles=np.array([0,120,240])+90
            return scale/np.sqrt(3)*np.exp(np.deg2rad(angles)*1j)
        else:
            ZR=0.5-0.5j*np.sqrt(3)/3
            p1=_koch_snowflake_complex(order-1)
            p2=np.roll(p1,shift=-1)
            dp=p2-p1
            new_points=np.empty(len(p1)*4,dtype=np.complex128)
```

Matplotlib 科研绘图：基于 Python

```
            new_points[::4]=p1
            new_points[1::4]=p1+dp/3
            new_points[2::4]=p1+dp*ZR
            new_points[3::4]=p1+dp/3*2
            return new_points
    # 生成雪花的点
    points=_koch_snowflake_complex(order)
    x,y=points.real,points.imag
    return x,y
# ①
# 生成递归深度为 5 的雪花
x,y=koch_snowflake(order=5)
# 绘制雪花
plt.figure(figsize=(6,5))
plt.axis('equal')
plt.fill(x,y)
plt.show()
```

运行结果如图 6-3 所示。下面对代码进行讲解。

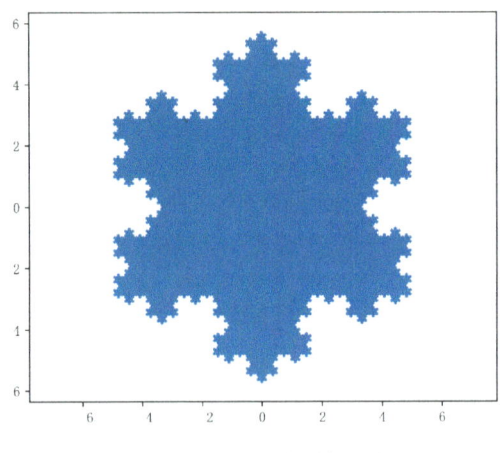

图 6-3　fill 函数绘制和填充雪花

1）定义 koch_snowflake 函数来绘制雪花，定义 koch_snowflake_complex 内部递归函数，生成雪花的复数点，如果递归深度为 0，生成初始三角形，否则，生成雪花的下一层次的点。

2）生成雪花的点，points 为复数形式的雪花点，将复数点的实部和虚部分别作为 x 和 y 坐标，调用 koch_snowflake 函数，生成递归深度为 5 的雪花的点，使用 plt.fill 函数填充雪花的区域。

3）使用关键字参数 facecolor 和 edgecolor 修改多边形的颜色。可以通过设置颜色和线宽，将①后的代码替换为如下代码。

```
x,y=koch_snowflake(order=2)
fig,(ax1,ax2,ax3)=plt.subplots(1,3,figsize=(9,3),
                    subplot_kw={'aspect':'equal'})
```

```
ax1.fill(x,y)
ax2.fill(x,y,facecolor='lightsalmon',edgecolor='orangered',linewidth=3)
ax3.fill(x,y,facecolor='none',edgecolor='purple',linewidth=3)
plt.show()
```

运行结果如图 6-4 所示。

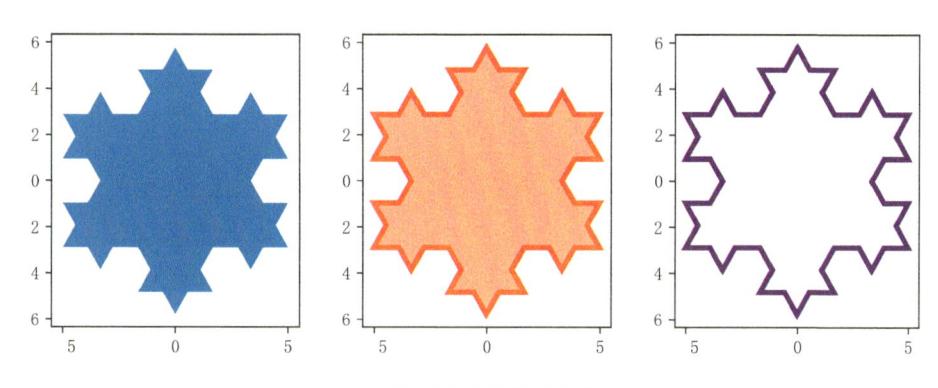

图 6-4 设置雪花的颜色和线宽

6.1.2 不规则图形的颜色填充

前面讲解了规则图形的颜色填充，主要用到 Polygon 函数和 fill( ) 函数进行绘制多边形并且填充颜色，对于本节的不规则图形的颜色填充，需要使用 fill_between 函数来进行实现。

【例 6-4】 使用 fill_between 函数利用逻辑掩码来定义特定的区域并对其进行着色。代码如下。

```
import matplotlib.pyplot as plt
import numpy as np

t=np.arange(0.0,2,0.01)
s=np.sin(2*np.pi*t)

fig,ax=plt.subplots()
ax.plot(t,s,color='black')
ax.axhline(0,color='black')
ax.fill_between(t,1,where=s > 0,facecolor='green',alpha=.5)     #①
ax.fill_between(t,-1,where=s < 0,facecolor='red',alpha=.5)      #②
plt.show()
```

运行结果如图 6-5 所示。下面对代码进行讲解。

1）创建一个包含正弦波形的图表，并使用 fill_between 函数根据正弦波的正负来填充不同颜色的区域。

2）ax.axhline 函数用于在图表中添加水平线，该函数常用参数的含义见表 6-3。

Matplotlib 科研绘图：基于 Python

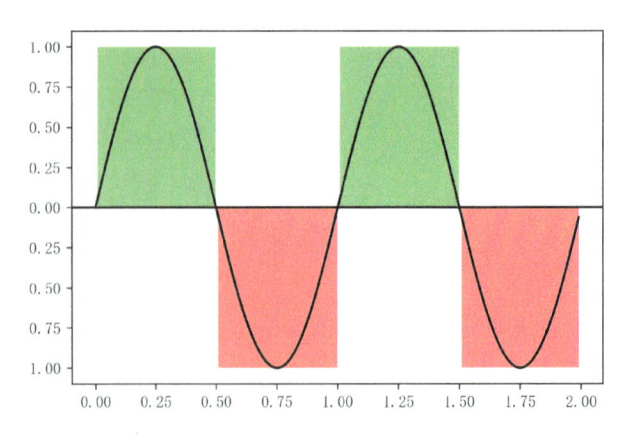

图 6-5 fill_between 函数填充特定的区域

表 6-3 axhline 函数的参数含义

参数	含义
y	水平线的 y 坐标值
xmin	水平线的起始 x 坐标值，默认为 0 到 1，即整个图表的宽度
xmax	水平线的结束 x 坐标值，默认为 0 到 1，即整个图表的宽度
color	水平线的颜色
linestyle	水平线的线型，如实线（默认）、虚线、点线等
linewidth	水平线的线宽，默认为 1
label	水平线的标签，用于图例

在本例中，添加了一条位于 y 轴 0 处的水平线，颜色为黑色。

3）ax.fill_between 函数用于在两条曲线之间填充颜色。该函数常用参数的含义见表 6-4。

表 6-4 fill_between 函数的参数含义

参数	含义
x	用于指定填充区域的 x 坐标
y1	用于指定填充区域的上边界，可以是一个常数或与 x 相同长度的数组
y2	用于指定填充区域的下边界，可以是一个常数或与 x 相同长度的数组
where	用于指定哪些区域要填充，可以是一个布尔数组或布尔表达式
interpolate	如果为 True，则在非垂直线段上插值以找到交点
step	如果为 {'pre', 'post'}，则在填充之前或之后进行阶梯插值

在本例中，表示根据正弦波大于 0 的部分填充绿色，小于 0 的部分填充红色，透明度为 0.5。

4）在本例中，对正弦曲线进行了矩形填充，如果想对正弦曲线与 x 轴围成的封闭图形进行填色，只需要将语句①、②改为如下代码即可。

```
ax.fill_between(t,s,where=s > 0,facecolor='green',alpha=.5)
ax.fill_between(t,s,where=s < 0,facecolor='red',alpha=.5)
```

运行结果如图 6-6 所示。

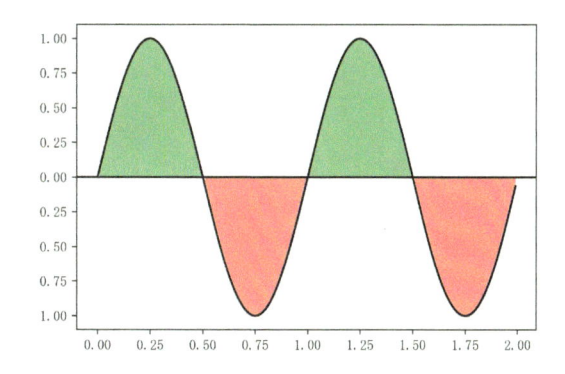

图 6-6　对正弦曲线与 x 轴围成的封闭区域进行填色

【例 6-5】　使用 fill_betweenx 在两条曲线之间的水平方向上填充同一种颜色。代码如下。

```
import matplotlib.pyplot as plt
import numpy as np

y=np.arange(0.0,2,0.01)
x1=np.sin(2*np.pi*y)
x2=1.2*np.sin(4*np.pi*y)
fig,[ax1,ax2,ax3]=plt.subplots(1,3,sharey=True,figsize=(8,4))

ax1.fill_betweenx(y,x1,0)
ax1.set_title('between (x1,0)')
ax2.fill_betweenx(y,x1,1)
ax2.set_title('between (x1,1)')
ax2.set_xlabel('x')
ax3.fill_betweenx(y,x1,x2)
ax3.set_title('between (x1,x2)')
```

运行结果如图 6-7 所示。下面对代码进行讲解。

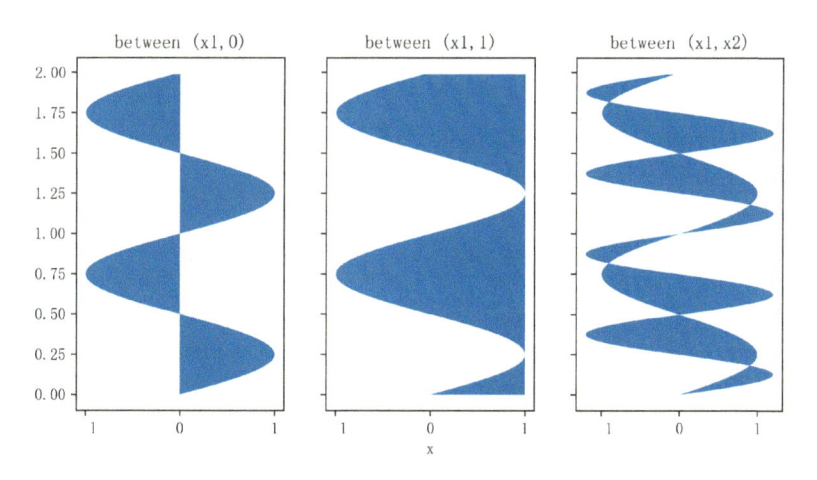

图 6-7　使用 fill_betweenx 在两条曲线间填充同一种颜色

Matplotlib 科研绘图：基于 Python

1）创建一个包含 3 个子图的图形，每个子图都使用 fill_betweenx 函数在水平方向上对给定的区域进行填色。该函数常用参数的含义见表 6-5。

表 6-5 fill_betweenx 函数的参数含义

参　数	含　　义
y	y 轴上的数据数组，表示要填充区域的纵向范围
x1	表示填充区域的左侧边界
x2	表示填充区域的右侧边界
where	布尔型数组，表示应该填充的区域，如果没有提供，将默认填充整个区域
interpolate	布尔型，默认为 False，表示是否对填充区域进行插值
color	填充区域的颜色
alpha	填充区域的透明度

2）通过对 fill_betweenx 函数赋值不同的参数，第 1 个子图填充了 y 轴与 sin 函数曲线之间的区域，第 2 个子图填充了 sin 函数曲线和 x = 1 之间的区域，第 3 个子图填充了两个 sin 函数曲线之间的区域。

【例 6-6】 使用 fill_betweenx 在两条曲线之间的水平方向上进行填充不同的颜色。代码如下。

```
import matplotlib.pyplot as plt
import numpy as np

y=np.arange(0.0,2,0.01)
x1=np.sin(3*np.pi*y)
x2=1.2*np.sin(4*np.pi*y)

fig,[ax,ax1]=plt.subplots(1,2,sharey=True,figsize=(6,4))
ax.plot(x1,y,x2,y,color='black')
ax.fill_betweenx(y,x1,x2,where=x2>=x1,facecolor='green',alpha=.5)
ax.fill_betweenx(y,x1,x2,where=x2<=x1,facecolor='red',alpha=.5)
ax.set_title('fill_betweenx where')
# 测试对掩码数组的支持
x2=np.ma.masked_greater(x2,1.0)
ax1.plot(x1,y,x2,y,color='black')
ax1.fill_betweenx(y,x1,x2,where=x2>=x1,facecolor='green')
ax1.fill_betweenx(y,x1,x2,where=x2<=x1,facecolor='red')
ax1.set_title('regions with x2 > 1 are masked')
```

运行结果如图 6-8 所示。下面对代码进行讲解。

1）第 1 个子图中，使用 fill_betweenx 函数根据 x1 和 x2 的值以及给定的条件填充两种不同的颜色。当 x2 大于等于 x1 时填充绿色，当 x2 小于等于 x1 时填充红色。

2）第 2 个子图利用掩码数组来忽略一些数值，其中使用 np.ma.masked_greater 对 x2 进行掩码，使得大于 1 的部分不会被填充，见图 6-8。该函数的语法如下。

```
np.ma.masked_greater(arr,value,copy=True)
```

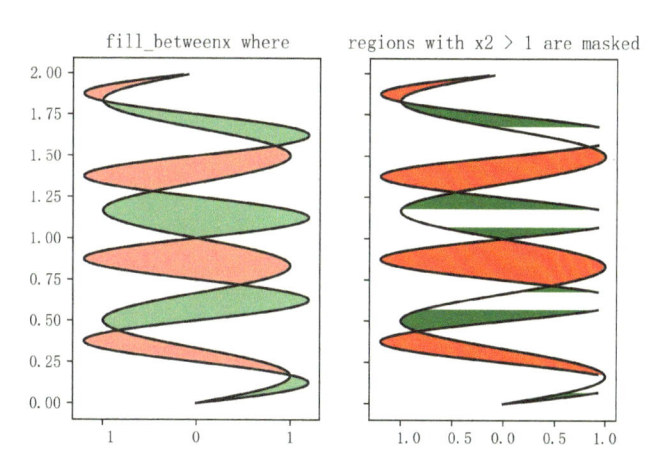

图 6-8　使用 fill_betweenx 在两条曲线间填充不同的颜色

函数中参数 arr 表示输入的数组；value 指定阈值，大于该值的元素将被掩码处理；copy 控制是否对输入数组进行拷贝，默认为 True。

6.2　按 y 值为图形填充颜色

在很多情况下，需要根据 y 值的不同，来给图形填充不同的颜色，就可以轻松地对比不同 y 值范围内的数据，以便更容易被读者理解和接受。

【例 6-7】 绘制正弦曲线时，对大于 0.77 和小于 -0.77 的 y 值进行填充颜色。代码如下。

```
import matplotlib.pyplot as plt
import numpy as np

t=np.arange(0.0,2.0,0.01)
s=np.sin(2*np.pi*t)

upper=0.77
lower=-0.77

supper=np.ma.masked_where(s < upper,s)
slower=np.ma.masked_where(s > lower,s)
smiddle=np.ma.masked_where((s < lower) | (s > upper),s)

fig,ax=plt.subplots()
ax.plot(t,smiddle,t,slower,t,supper)                    #①
plt.show()
```

运行结果如图 6-9 所示。下面对代码进行讲解。

1）绘制一个正弦曲线，变量 t 和 s 分别为正弦曲线的 x 值和 y 值，利用 np.ma.masked_where 方法在曲线的特定区域之上和之下添加了不同的遮罩。

2）np.ma.masked_where 方法用于根据指定条件创建一个掩码数组，其基本语法如下。

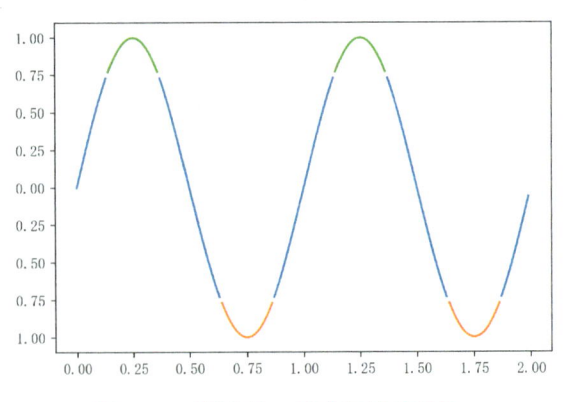

Matplotlib 科研绘图：基于 Python

图 6-9 对指定的 y 值进行填充颜色

```
np.ma.masked_where(condition,a)
```

参数介绍如下。
- condition：指定的条件，用于创建掩码数组。如果条件为真，则对应位置的元素被遮蔽（掩码），不参与后续计算或操作。
- a：待处理的数组，根据条件生成掩码数组。

例如 np.ma.masked_where(s < upper,s) 表示创建一个遮罩，其中 s 的值中小于 upper 的部分被屏蔽（遮罩处理）。

3）通过 ax.plot( ) 绘制了 smiddle、slower 和 supper 三条曲线，它们分别代表了整个曲线、下方被遮罩的部分和上方被遮罩的部分，但是这里出现了一个问题，原本应该连续的曲线不连续，导致这种问题的原因是数据点太少，进而出现曲线不连续，我们可以通过以下两种方法来解决该问题。

方法一：将曲线的数据点增多，只改变以下代码即可。

```
t=np.arange(0.0,2.0,0.001)
```

运行结果如图 6-10 所示。

方法二：先创建一个子图作为底色，再进行掩码操作，这样就可以使得曲线连续，即在绘制掩码的曲线语句①前，加上如下代码。

```
ax.plot(t,s,color='black')
```

运行结果如图 6-11 所示。

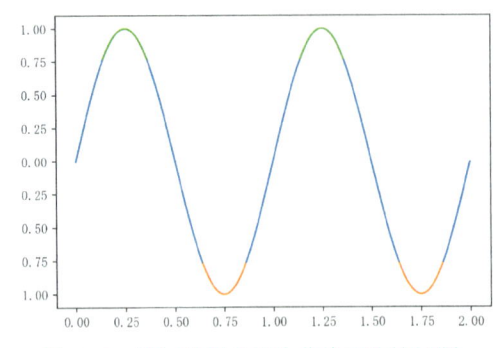

图 6-10 增加数据点解决曲线不连续问题 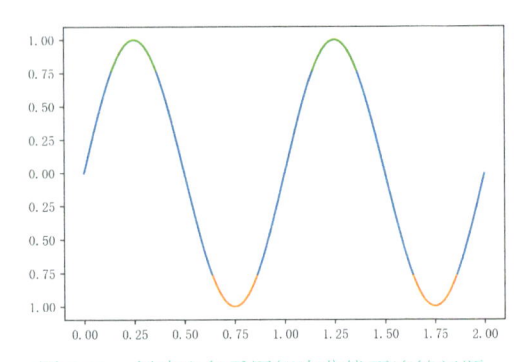   图 6-11 创建底色子图解决曲线不连续问题

通过以上两种方法都可以使得图形连续，但是方法二对空缺的部分进行填充了黑色，这可能对图形造成一定的误差，因此，建议选择第一种方法。

6.3 常用的颜色参数

在很多的函数和方法中，需要使用颜色参数，例如函数 plt( )、title( )、scatter( ) 和 bar( ) 等，颜色参数有多种模式，可以用来指定颜色。

【例 6-8】 定义一个函数来创建一个颜色表，查看常用的颜色。代码如下。

```python
import math
import matplotlib.pyplot as plt
import matplotlib.colors as mcolors
from matplotlib.patches import Rectangle

# 定义一个函数,用于绘制颜色表
def plot_colortable(colors,*,ncols=4,sort_colors=True):
# 定义单元格宽度、高度、样本宽度和边距
    cell_width=212
    cell_height=22
    swatch_width=48
    margin=12
# 根据色调、饱和度、值和名称对颜色进行排序
    if sort_colors is True:
        names=sorted(
      colors,key=lambda c: tuple(mcolors.rgb_to_hsv(mcolors.to_rgb(c))))
    else:
        names=list(colors)
    n=len(names)                                         # 颜色数量
    nrows=math.ceil(n/ncols)                             # 计算行数
# 计算图表的宽度和高度,以及 DPI
    width=cell_width*ncols+2*margin
    height=cell_height*nrows+2*margin
    dpi=72
    fig,ax=plt.subplots(figsize=(width/dpi,height/dpi),dpi=dpi)
    fig.subplots_adjust(margin/width,margin/height,
                    (width-margin)/width,(height-margin)/height)
    ax.set_xlim(0,cell_width*ncols)
    ax.set_ylim(cell_height*(nrows-0.5),-cell_height/2.)
    ax.yaxis.set_visible(False)                          # 隐藏 y 轴
    ax.xaxis.set_visible(False)                          # 隐藏 x 轴
    ax.set_axis_off()                                    # 关闭坐标轴
# 在颜色表中绘制每种颜色的样本和名称
    for i,name in enumerate(names):
        row=i % nrows
        col=i // nrows
        y=row*cell_height
        swatch_start_x=cell_width*col
```

```
            text_pos_x=cell_width*col+swatch_width+7
#绘制颜色名称
        ax.text(text_pos_x,y,name,fontsize=14,horizontalalignment='left',
                verticalalignment='center')
#绘制颜色样本
        ax.add_patch(Rectangle(xy=(swatch_start_x,y-9),width=swatch_width,
                    height=18,facecolor=colors[name],edgecolor='0.7'))
    return fig #返回图表对象
#①
plt.show()
```

6.3.1 单字符颜色代码

使用单字符颜色代码表示常见颜色，见表6-6。

表6-6 单字符颜色代码的含义

字 符	含 义	字 符	含 义	字 符	含 义
b	蓝色（blue）	c	青色（cyan）	k	黑色（black）
g	绿色（green）	m	洋红色（magenta）	w	白色（white）
r	红色（red）	y	黄色（yellow）		

查看单字符常见的颜色，在①处添加如下代码。

```
plot_colortable(mcolors.BASE_COLORS,ncols=3,sort_colors=False)
```

运行结果如图6-12所示。

图6-12 单字符颜色图

6.3.2 Tableau 调色板

Tableau 调色板提供多种颜色方案，查看 Tableau 调色板，在①处添加如下代码。

```
plot_colortable(mcolors.TABLEAU_COLORS,ncols=2,sort_colors=False)
```

运行结果如图6-13所示。

图6-13 Tableau 调色板

6.3.3 CSS 颜色名称

使用常见的颜色名称（字符串），如 red、blue、green 等。Matplotlib 支持所有标准的 CSS 颜色名称，在①处添加如下代码。

```
plot_colortable(mcolors.CSS4_COLORS)
```

运行结果如图 6-14 所示。

图 6-14　CSS 颜色图

6.3.4 RGB 或 RGBA 元组

使用 RGB 或 RGBA 元组指定颜色，其中 RGB 是红、绿、蓝三原色，取值范围是 0 到 1，RGBA 则包含透明度（alpha）通道，使用方法如下。

```
plt.plot([1,2,3],color=(0.1,0.2,0.5))         # RGB
plt.plot([1,2,3],color=(0.1,0.2,0.5,0.3))     # RGBA
```

6.3.5 十六进制字符串

使用十六进制字符串指定颜色，格式为# RRGGBB 或# RRGGBBAA，使用方法如下。

```
plt.plot([1,2,3],color='#1f77b4')            # RGB
plt.plot([1,2,3],color='#1f77b480')          # RGBA
```

6.3.6 灰度字符串

使用灰度字符串指定颜色，取值为 0 到 1 之间的字符串，0.0 表示黑色，1.0 表示白色，使用方法如下。

```
plt.plot([1,2,3],color='0.75')               # 灰色
```

6.3.7 X11/CSS4 颜色名称

使用 X11/CSS4 标准的颜色名称，这些颜色名称是 HTML/CSS 颜色名称的扩展，使用方法如下。

```
plt.plot([1,2,3],color='navy')               # 海军蓝
```

6.3.8 数字颜色索引（对于循环色）

Matplotlib 中的颜色循环可以通过数字索引来指定颜色，使用方法如下。

```
colors=plt.rcParams['axes.prop_cycle'].by_key()['color']
plt.plot([1,2,3],color=colors[0])            # 使用第1个循环颜色
```

6.4 创建和修改颜色映射表

Matplotlib 提供了许多内置的颜色映射表，可以通过 matplotlib.colormaps 访问。还有一些外部库（如 palettable）提供了许多额外的颜色映射表。然而，想要创建自己的色图可以使用 ListedColormap 或 LinearSegmentedColormap 类来完成。这两个色图类都将值从 0 到 1 映射颜色。然而，它们之间存在一些差异，如下所述。

在手动创建或操纵色图之前，先看看有哪些常见的颜色映射，如何从现有的色图类中获取颜色映射表和它们的颜色，最后创建属于自己的颜色映射表。

6.4.1 常用的颜色映射

mpl.colormaps 是 Matplotlib 库中的一个属性，用于访问和管理颜色映射（colormaps），是一种将数值数据映射到颜色的方法。颜色映射在数据可视化中非常重要，决定了数据在图表中的颜色表示方式，其应用范围很广，包括但不限于热图和散点图等。

【例 6-9】 查看 matplotlib 常用的颜色映射。代码如下。

```
import matplotlib.pyplot as plt
print(plt.colormaps())                       # 打印所有可用的颜色映射
```

运行后输出结果如下。

```
['magma','inferno','plasma','viridis','cividis','twilight',
   'twilight_shifted','turbo','Blues','BrBG','BuGn','BuPu','CMRmap',
   'GnBu','Greens','Greys','OrRd','Oranges','PRGn','PiYG','PuBu',
                ......                    # 中间略
   'Paired_r','Pastel1_r','Pastel2_r','Set1_r','Set2_r','Set3_r',
   'tab10_r','tab20_r','tab20b_r','tab20c_r']
```

下面对代码进行讲解。

1) 常用的颜色映射如下所述。
- viridis：默认颜色映射，适合视力障碍者。
- plasma：高对比度颜色映射。
- inferno：适合视力障碍者。
- magma：适合视力障碍者（与 inferno 是不一样的颜色映射）。
- cividis：为色盲人士优化。

为了更好地理解这些颜色映射，对其进行可视化，进行更好的展示。代码如下。

```
import matplotlib.pyplot as plt
import numpy as np

# 创建渐变色数组
gradient=np.linspace(0,1,256)
gradient=np.vstack((gradient,gradient))

def plot_color_gradients(cmap_category,cmap_list):
# 创建图像并根据色图数量调整图像高度
    nrows=len(cmap_list)
    figh=0.35+0.15+(nrows+(nrows-1)*0.1)*0.22
    fig,axs=plt.subplots(nrows=nrows,figsize=(6.4,figh))
    fig.subplots_adjust(top=1-.35/figh,bottom=.15/figh,
                        left=0.2,right=0.99)
    axs[0].set_title(f"{cmap_category} colormaps",fontsize=14)
# 对每个色图进行绘制
    for ax,cmap_name in zip(axs,cmap_list):
        ax.imshow(gradient,aspect='auto',cmap=cmap_name)
        ax.text(-.01,.5,cmap_name,va='center',ha='right',
                fontsize=10,transform=ax.transAxes)
# 关闭所有的刻度和边框
    for ax in axs:
        ax.set_axis_off()
# ①
# 绘制 Perceptually Uniform Sequential 类别的颜色映射图
plot_color_gradients('Perceptually Uniform Sequential',
                ['viridis','plasma','inferno','magma','cividis'])
plt.show()
```

运行结果如图 6-15 所示。

2) 使用 Sequential（1）类型的颜色映射绘制颜色渐变图，将①后的代码替换成如下代码。

Matplotlib 科研绘图：基于 Python

```
                Perceptually Uniform Sequential colormaps
   viridis
   plasma
   inferno
    magma
   cividis
```

图 6-15　常用的颜色映射

```
lot_color_gradients('Sequential',
            ['Greys','Purples','Blues','Greens','Oranges','Reds',
             'YlOrBr','YlOrRd','OrRd','PuRd','RdPu','BuPu',
             'GnBu','PuBu','YlGnBu','PuBuGn','BuGn','YlGn'])
plt.show()
```

运行结果如图 6-16 所示。

3）使用 Sequential（2）类型的颜色映射绘制颜色渐变图，将①后的代码替换成如下代码。

```
plot_color_gradients('Sequential (2)',
            ['binary','gist_yarg','gist_gray','gray','bone','pink',
             'spring','summer','autumn','winter','cool','Wistia',
             'hot','afmhot','gist_heat','copper'])
plt.show()
```

运行结果如图 6-17 所示。

图 6-16　Sequential（1）类型的颜色映射　　图 6-17　Sequential（2）类型的颜色映射

4）使用 Diverging 类型的颜色映射绘制颜色渐变图，将①后的代码替换成如下代码。

```
plot_color_gradients('Diverging',
            ['PiYG','PRGn','BrBG','PuOr','RdGy','RdBu',
             'RdYlBu','RdYlGn','Spectral','coolwarm','bwr','seismic'])
plt.show()
```

运行结果如图 6-18 所示。

5）使用 Cyclic 类型的颜色映射绘制颜色渐变图，将①后的代码替换成如下代码。

颜色的使用 第6章

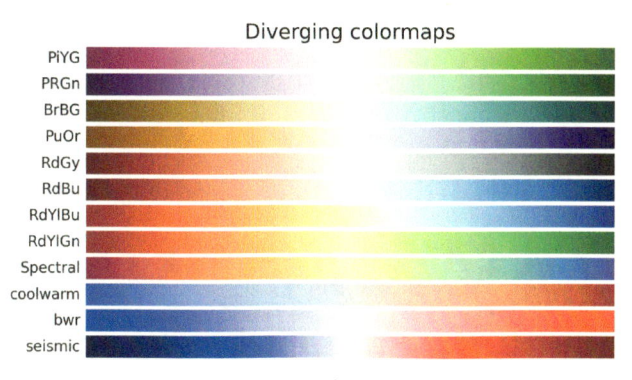

图 6-18 Diverging 类型的颜色映射

```
plot_color_gradients('Cyclic',['twilight','twilight_shifted','hsv'])
plt.show()
```

运行结果如图 6-19 所示。

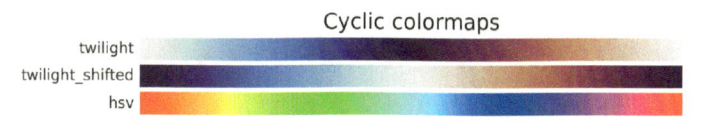

图 6-19 Cyclic 类型的颜色映射

6）使用 Qualitative 类型的颜色映射绘制颜色渐变图，将①后的代码替换成如下代码。

```
plot_color_gradients('Qualitative',
            ['Pastel1','Pastel2','Paired','Accent',
             'Dark2','Set1','Set2','Set3',
             'tab10','tab20','tab20b','tab20c'])
plt.show()
```

运行结果如图 6-20 所示。

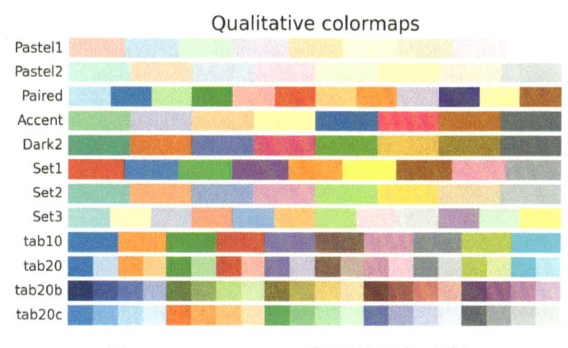

图 6-20 Qualitative 类型的颜色映射

7）使用 Miscellaneous 类型的颜色映射绘制颜色渐变图，将①后的代码替换成如下代码。

```
plot_color_gradients('Miscellaneous',
      ['flag','prism','ocean','gist_earth','terrain','gist_stern',
```

125

```
            'gnuplot','gnuplot2','CMRmap','cubehelix','brg',
            'gist_rainbow','rainbow','jet','turbo','nipy_spectral',
            'gist_ncar'])
plt.show()
```

运行结果如图 6-21 所示。

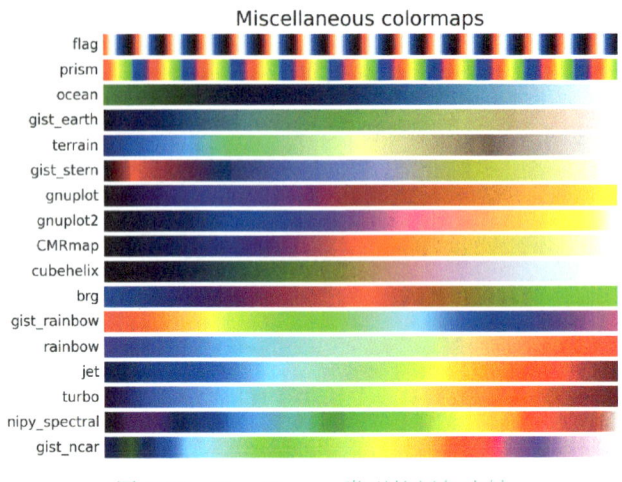

图 6-21　Miscellaneous 类型的颜色映射

6.4.2　获取颜色映射表并访问其值

使用 matplotlib.colormaps 获取一个已经命名的色谱图，该函数返回一个色谱图对象，通过 Colormap.resampled 调整内部用于定义色谱的颜色列表长度。

【例 6-10】　使用 matplotlib 中的 viridis 颜色映射（colormap），并对其进行重新采样。代码如下。

```
import matplotlib.pyplot as plt
import numpy as np
import matplotlib as mpl
from matplotlib.colors import LinearSegmentedColormap,ListedColormap

viridis=mpl.colormaps['viridis'].resampled(8)
print(viridis(0.56))
print('viridis.colors',viridis.colors)
print('viridis(range(8))',viridis(range(8)))
print('viridis(np.linspace(0,1,8))',viridis(np.linspace(0,1,8)))
print('viridis(np.linspace(0,1,12))',viridis(np.linspace(0,1,12)))
```

运行后输出结果如下。

```
(0.122312,0.633153,0.530398,1.0)
viridis.colors [[0.267004 0.004874 0.329415 1.       ]
 [0.275191 0.194905 0.496005 1.       ]
 [0.212395 0.359683 0.55171  1.       ]
```

```
         ......                     # 中间数据略
 [0.993248 0.906157 0.143936 1.      ]
 [0.993248 0.906157 0.143936 1.     ]]
```

下面对代码进行讲解。

1）viridis 对象是一个可调用对象，当传递一个介于 0 和 1 之间的浮点数时，它将从颜色映射表中返回一个 RGBA 值。mpl.colormaps ['viridis'] 获取 viridis 颜色映射，这是一个预定义的颜色渐变，还有一种获取颜色的方法：mlp.get_cmap ('viridis') 函数来访问。最后，通过使用 resampled（8）方法将原始的 viridis 颜色映射重新采样为仅包含 8 种颜色的新颜色映射。

2）viridis（0.56）返回重新采样后的 viridis 颜色映射在位置 0.56 处对应的颜色。

3）viridis.colors 是重新采样后的 viridis 颜色映射包含的所有颜色列表。

4）viridis(range(8)) 是颜色映射中位置为 0 到 7 的颜色。此输出与 viridis.colors 是相同的。

5）viridis(np.linspace(0,1,12))返回颜色映射中均匀分布的 12 个位置（从 0 到 1）对应的颜色，颜色会重复使用最近的颜色，因为重新采样后的颜色映射只有 8 种颜色。

【例6-11】 使用 LinearSegmentedColormap 来访问颜色，使用整数数组或介于 0 和 1 之间的浮点数组来调用颜色列表。使用 copper 颜色映射（colormap），并对其进行重新采样。代码如下。

```
import matplotlib.pyplot as plt
import numpy as np
import matplotlib as mpl
from matplotlib.colors import LinearSegmentedColormap,ListedColormap

copper=mpl.colormaps['copper'].resampled(8)
print('copper(range(8))',copper(range(8)))
print('copper(np.linspace(0,1,8))',copper(np.linspace(0,1,8)))
```

运行后输出结果如下。

```
copper(range(8)) [[0.         0.         0.         1.        ]
 [0.17647055 0.1116     0.07107143 1.        ]
 [0.35294109 0.2232     0.14214286 1.        ]
 [0.52941164 0.3348     0.21321429 1.        ]
 [0.70588219 0.4464     0.28428571 1.        ]
 [0.88235273 0.558      0.35535714 1.        ]
 [1.         0.6696     0.42642857 1.        ]
 [1.         0.7812     0.4975     1.       ]]
copper(np.linspace(0,1,8)) [[0.         0.         0.         1.        ]
 [0.17647055 0.1116     0.07107143 1.        ]
 [0.35294109 0.2232     0.14214286 1.        ]
 [0.52941164 0.3348     0.21321429 1.        ]
 [0.70588219 0.4464     0.28428571 1.        ]
 [0.88235273 0.558      0.35535714 1.        ]
 [1.         0.6696     0.42642857 1.        ]
 [1.         0.7812     0.4975     1.       ]]
```

下面对代码进行讲解。

1）mpl.colormaps['copper']获取 copper 颜色映射，也是一个预定义的颜色渐变，和前面讲的 viridis 颜色映射类似。

2）copper(range(8))和 copper(np.linspace(0,1,8))的输出在重新采样后的 copper 颜色映射中给出的 8 个颜色值。这些值对应 copper 颜色映射在指定位置的颜色。

6.4.3 创建颜色映射表

创建颜色映射基本上是上述操作的反向操作，我们向 ListedColormap 提供一个颜色规格列表或数组，以创建一个新的颜色映射。

【例 6-12】 输入一个颜色名称列表，从中创建一个颜色映射。代码如下。

```
import matplotlib.pyplot as plt
import numpy as np
import matplotlib as mpl
from matplotlib.colors import LinearSegmentedColormap,ListedColormap

def plot_examples(colormaps):
    """
    Helper function to plot data with associated colormap.
    """
    np.random.seed(19781112)
    data=np.random.randn(30,30)
    n=len(colormaps)
    fig,axs=plt.subplots(1,n,figsize=(n*2+2,3),
                         layout='constrained',squeeze=False)
    for [ax,cmap] in zip(axs.flat,colormaps):
        psm=ax.pcolormesh(data,cmap=cmap,rasterized=True,vmin=-4,vmax=4)
        fig.colorbar(psm,ax=ax)
    plt.show()

cmap=ListedColormap(["darkorange","gold","lawngreen","lightseagreen"])
plot_examples([cmap])
```

运行结果如图 6-22 所示。

下面对代码进行讲解。

1）定义一个辅助函数 plot_examples()，接收一个颜色映射列表 colormaps 作为参数，创建一些随机数据，然后将颜色映射表应用到该数据集的图像中。

2）使用 ListedColormap 方法创建一个包含指定颜色的自定义的颜色映射表，并用 cmap 变量接收，最后传入函数 plot_examples()中。

ListedColormap 构造函数可以接收两个参数：其中，colors 为一颜色列表或数组；name 为 colormap 的名称（可选）。

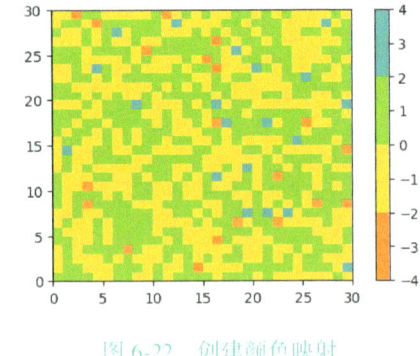

图 6-22 创建颜色映射

3）该案例使用 ListedColormap 创建和应用自定义颜色映射，并生成一个带有颜色条的热图。这个方法可以用于可视化不同的数据集，尤其在数据的范围和颜色映射之间的关系有非常重要关联关系的情况下。

6.4.4 创建线性分段颜色映射表

创建一个自定义的线性分段颜色映射（LinearSegmentedColormap），并使用该颜色映射生成一个图表。

【例 6-13】 自定义一个线性分段颜色映射表，应用该颜色映射表并且展示其 RGB 三个通道随索引变化的曲线。代码如下。

```
import matplotlib.pyplot as plt
import numpy as np
import matplotlib as mpl
from matplotlib.colors import LinearSegmentedColormap,ListedColormap

cdict={'red':  [[0.0,0.0,0.0],
                [0.5,1.0,1.0],
                [1.0,1.0,1.0]],
       'green':[[0.0,0.0,0.0],
                [0.25,0.0,0.0],
                [0.75,1.0,1.0],
                [1.0,1.0,1.0]],
       'blue': [[0.0,0.0,0.0],
                [0.5,0.0,0.0],
                [1.0,1.0,1.0]]}

def plot_linearmap(cdict):
    newcmp=LinearSegmentedColormap('testCmap',segmentdata=cdict,N=256)
    rgba=newcmp(np.linspace(0,1,256))
    fig,ax=plt.subplots(figsize=(4,3),layout='constrained')
    col=['r','g','b']
    for xx in [0.25,0.5,0.75]:
        ax.axvline(xx,color='0.7',linestyle='--')
    for i in range(3):
        ax.plot(np.arange(256)/256,rgba[:,i],color=col[i])
    ax.set_xlabel('index')
    ax.set_ylabel('RGB')
    plt.show()

plot_linearmap(cdict)
```

运行结果如图 6-23 所示。下面对代码进行讲解。

1）定义颜色字典 cdict，表示每个颜色通道（红色、绿色、蓝色）在不同位置的值。每个通道的值由一个三元组列表定义：第 1 个值是位置（从 0 到 1），表示在 colormap 中的位置；第 2 个值是位置之前的颜色值；第 3 个值是位置之后的颜色值。例如，red 通道定义：

Matplotlib 科研绘图：基于 Python

在位置 0.0 处，红色值为 0.0；在位置 0.5 处，红色值为 1.0；在位置 1.0 处，红色值为 1.0。

2）定义并调用 plot_linearmap 函数，将会生成一个图表，显示自定义的线性分段颜色映射的红、绿、蓝 3 个通道随索引（从 0 到 1）变化的曲线。这有助于理解和验证自定义颜色映射的颜色过渡效果。

3）LinearSegmentedColormap 是 matplotlib 中的一个类，用于创建自定义的线性分段颜色映射，通过指定颜色在不同位置的变化来定义颜色渐变，下面是语法解释。

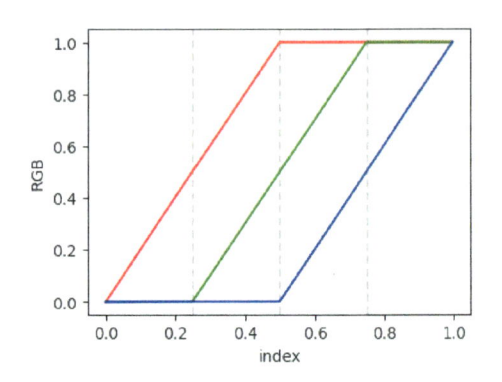

图 6-23　自定义线性分段的颜色映射表

```
matplotlib.colors.LinearSegmentedColormap(name,segmentdata,
        N=256,gamma=1.0)
```

常用参数的含义如下。
- name：颜色映射的名称。
- segmentdata：包含颜色映射信息的字典。字典的键可以是 red、green、blue，值是一个列表。列表中的每个元素是［位置，颜色值，颜色值］。位置的值从 0 到 1，表示在 colormap 中的位置。颜色值是在该位置之前和之后的颜色值。
- N：生成的颜色映射中颜色的数量，默认为 256。
- gamma：颜色通道值的 gamma 修正因子，默认为 1.0。

6.4.5　修改颜色映射表

前面介绍了创建和使用自定义的颜色映射，并将其应用于热图。下面讲解如何从已有的颜色映射中提取颜色值并且修改这些颜色值。

【例 6-14】让 256 长的 viridis 色标图的前 25 个条目变成粉红色。代码如下。

```python
import matplotlib.pyplot as plt
import numpy as np
import matplotlib as mpl
from matplotlib.colors import LinearSegmentedColormap,ListedColormap

def plot_examples(colormaps):
    """
    Helper function to plot data with associated colormap.
    """
    np.random.seed(20240521)
    data=np.random.randn(30,30)
    n=len(colormaps)
    fig,axs=plt.subplots(1,n,figsize=(n*2+2,3),
                        layout='constrained',squeeze=False)
    for [ax,cmap] in zip(axs.flat,colormaps):
        psm=ax.pcolormesh(data,cmap=cmap,rasterized=True,vmin=-4,vmax=4)
```

```
        fig.colorbar(psm,ax=ax)
    plt.show()

viridis=mpl.colormaps['viridis'].resampled(256)
newcolors=viridis(np.linspace(0,1,256))
pink=np.array([248/256,24/256,148/256,1])
newcolors[:25,:]=pink
newcmp=ListedColormap(newcolors)

plot_examples([viridis,newcmp])
```

运行结果如图 6-24 所示。下面对代码进行讲解。

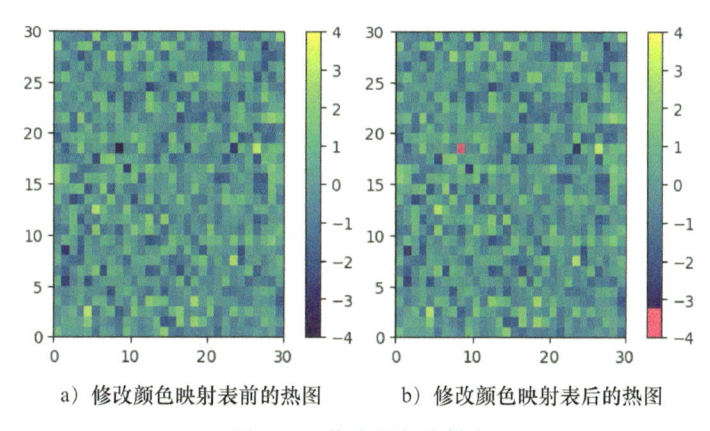

a) 修改颜色映射表前的热图　　b) 修改颜色映射表后的热图

图 6-24　修改颜色映射表

1）从现有颜色映射创建新颜色映射。重新采样 viridis 颜色映射，使其包含 256 种颜色。从 viridis 颜色映射中提取 256 个等间隔的颜色，并将其给了变量 newcolors。

2）修改颜色映射。定义一个新的粉色数组 pink，其中包含 RGBA 值。用新的 pink 数组替换颜色映射的前 25 个颜色 newcolors[:25,:]=pink。

3）创建新的颜色映射。使用 ListedColormap（newcolors）创建一个包含新颜色的颜色映射 newcmp。

4）调用 plot_examples() 函数，绘制原始颜色映射和新创建的颜色映射的热图，展示两者之间的区别。

【例 6-15】　把颜色图的范围减小，基于例 6-12 中的基本库和自定义的函数 plot_examples()，选择颜色图的中间半部分。代码如下。

```
viridis_big=mpl.colormaps['viridis']
newcmp=ListedColormap(viridis_big(np.linspace(0.25,0.75,128)))
plot_examples([viridis,newcmp])
```

运行结果如图 6-25 所示。下面对代码进行讲解。

1）定义和提取颜色范围。先获取完整的 viridis 颜色映射，然后生成 128 个等间隔的数值，这些数值在 0.25 到 0.75 之间。获取 viridis 颜色映射在这些位置上的颜色，从而生成一个新的颜色数组。

Matplotlib 科研绘图：基于 Python

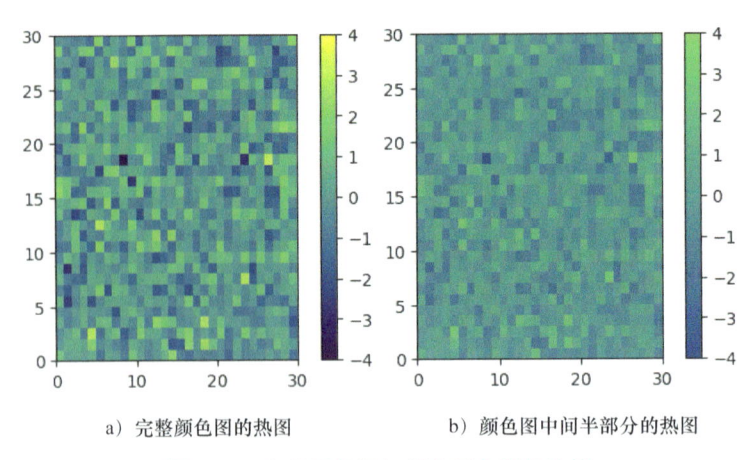

a) 完整颜色图的热图　　　　b) 颜色图中间半部分的热图

图 6-25　完整颜色图与部分颜色图的比较

2) 生成新颜色映射。ListedColormap（newcolors）使用提取的颜色数组创建一个新的颜色映射 newcmp。

3) 绘制热图。调用 plot_examples() 函数绘制两个热图，一个使用原始的 viridis 颜色映射，另一个使用新的颜色映射 newcmp，并显示色条以进行对比，可以看出颜色条为原始颜色条的中间半部分。

【例 6-16】从两个颜色映射表中取一些数据，基于例 614 中的基本库和自定义的函数 plot_examples()，将两个颜色映射表进行连接，形成新的颜色映射表。代码如下。

```
top=mpl.colormaps['Oranges_r'].resampled(128)
bottom=mpl.colormaps['Blues'].resampled(128)

newcolors=np.vstack((top(np.linspace(0,1,128)),
                     bottom(np.linspace(0,1,128))))
newcmp=ListedColormap(newcolors,name='OrangeBlue')
plot_examples([viridis,newcmp])
```

运行结果如图 6-26 所示。下面对代码进行讲解。

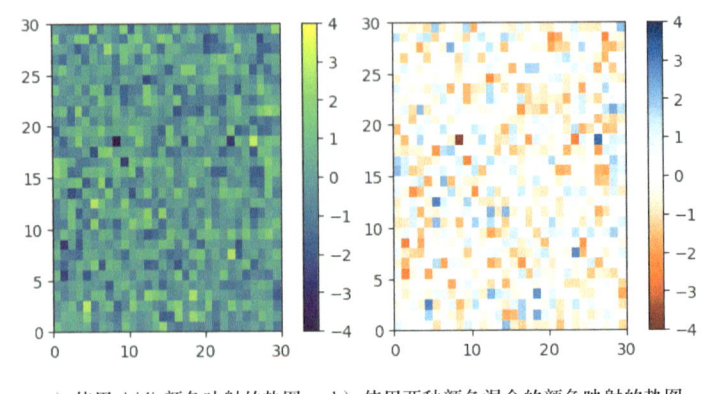

a) 使用 viridis 颜色映射的热图　　b) 使用两种颜色混合的颜色映射的热图

图 6-26　比较 viridis 颜色映射和颜色混合映射

1）分别从颜色映射 Oranges_r 和 Blues 中重新取样得到的颜色数组，各包含 128 种颜色。使用 np.vstack 将这两个数组垂直拼接在一起，形成一个新的颜色数组 newcolors，包含 256 种颜色（128 种从 Oranges_r 获得，128 种从 Blues 获得）。

2）使用 newcolors 数组创建一个新的颜色映射 newcmp，并命名为 OrangeBlue。

3）绘制热图。调用 plot_examples()函数，比较使用原始的 viridis 颜色映射和新创建的 newcmp 颜色映射绘制的热图。

【例 6-17】 不需要从命名的颜色映射开始，只需要创建要传递的（N，4）数组，基于例 6-14 中的基本库和自定义的函数 plot_examples()，创建一个颜色映射表，从棕色（RGB：90,40,40）变为白色（RGB：255,255,255）。代码如下。

```
viridis=mpl.colormaps['viridis'].resampled(256)
N=256
vals=np.ones((N,4))
vals[:,0]=np.linspace(90/256,1,N)
vals[:,1]=np.linspace(40/256,1,N)
vals[:,2]=np.linspace(40/256,1,N)
newcmp=ListedColormap(vals)
plot_examples([viridis,newcmp])
```

运行结果如图 6-27 所示。下面对代码进行讲解。

a）使用 viridis 颜色映射的热图　　b）不使用命名的颜色映射绘制热图

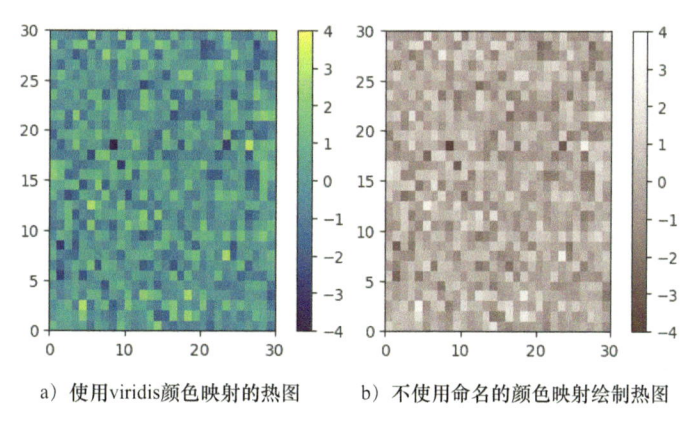

图 6-27　是否使用命名的颜色映射绘制热图

1）定义颜色数组。N 为颜色映射中包含的颜色数。创建一个大小为 N×4 的数组，其中每个元素初始值为 1，这个数组将包含颜色映射中的 RGBA 值。

2）设置颜色渐变。vals[:,0]=np.linspace(90/256,1,N)为红色通道定义一个从 90/256 到 1 的线性渐变。同理为绿色和蓝色通道定义一个从 40/256 到 1 的线性渐变。

3）创建新的颜色映射并绘制热图。

6.5　从颜色映射表中选择单个颜色

有时我们并不需要整个颜色映射表，而只需要从中提取单个颜色来突出特定的数据点或区域。本节将介绍如何从连续和离散的颜色映射表中选择和应用单个颜色，使数据展示得更加精准和有意义。

6.5.1 从连续映射表中提取颜色

使用更多的颜色或一组与默认颜色循环不同的颜色，从提供的颜色图中选择单个颜色是一种方便的方法。连续颜色映射（colormap）通过插值生成从起始颜色到结束颜色的平滑过渡，可以生成任意数量的颜色值。

【例 6-18】 生成一张包含 21 条线条的图，线条的长度依次递增，每条线条的颜色依次从 plasma 颜色映射中等间距提取。代码如下。

```
import matplotlib.pyplot as plt
import numpy as np
import matplotlib as mpl
n_lines=21
cmap=mpl.colormaps['plasma']
colors=cmap(np.linspace(0,1,n_lines))
fig,ax=plt.subplots(layout='constrained')

for i,color in enumerate(colors):
    ax.plot([0,i],color=color)
plt.show()
```

运行结果如图 6-28 所示。下面对代码进行讲解。

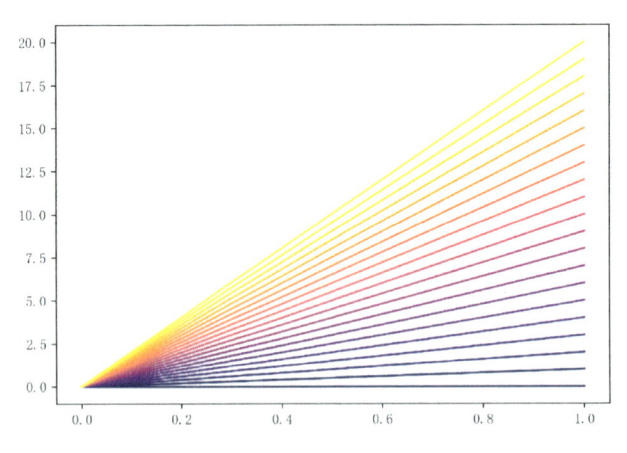

图 6-28 plasma 颜色映射的应用

1）定义参数。设置要绘制的线条数量为 21 条，并选择 plasma 颜色映射。
2）提取颜色。从 plasma 颜色映射中等间距提取颜色。
3）使用约束布局创建图形和轴对象，遍历提取的颜色，绘制相应的线条，每条线条的颜色不同，长度从 0 到当前索引值。

6.5.2 从离散映射表中提取颜色

在上一小节中，已经学习了从连续的映射表中提取颜色，除了连续颜色映射还有离散的颜色映射，离散颜色映射包含一组固定数量的颜色，这些颜色被预定义并存储在颜色映射中。与连续颜色映射不同的是，离散颜色映射不会在不同颜色之间进行插值。常见的离散颜色映射包括 Set1、Dark2 和 Paired 等。

【例 6-19】 从离散映射表 Dark2 中提取颜色并使用这些颜色绘制线条。代码如下。

```
import matplotlib.pyplot as plt
import numpy as np
import matplotlib as mpl

colors=mpl.colormaps['Dark2'].colors
fig,ax=plt.subplots(layout='constrained')
for i,color in enumerate(colors):
    ax.plot([0,i],color=color)

plt.show()
```

运行结果如图 6-29 所示。代码中获取离散颜色映射 Dark2 中的颜色，它包含一组固定的颜色，并使用这些颜色绘制 8 条水平线。每条线条的颜色不同，颜色顺序按照离散颜色映射中预定义的顺序。

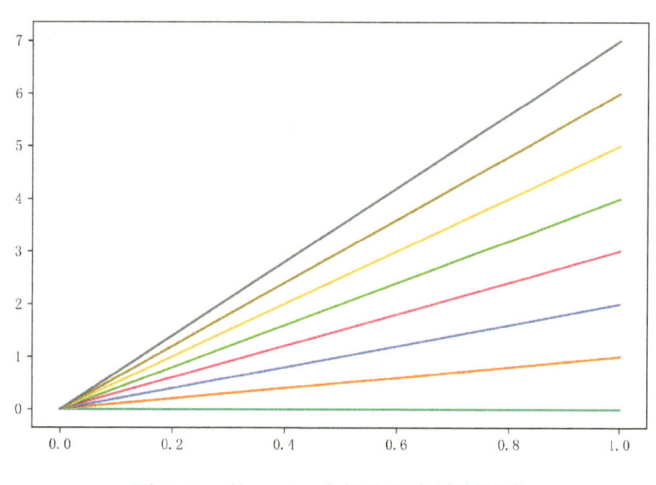

图 6-29　从 Dark2 中提取颜色绘制线条

6.6　添加透明度

通常，alpha 关键字是为颜色添加透明度所需的唯一工具。在某些情况下，颜色格式（matplotlib_color，alpha）提供了微调图形外观的简便方法。

【例 6-20】 绘制两个条形图，第 1 个条形图的所有条形的透明度是固定的，独立于数据值。第 2 个条形图的每个条形的透明度根据其 y 值动态调整，条形越高（y 值绝对值越大），透明度越高，边缘透明度越低。代码如下。

```
import matplotlib.pyplot as plt
import numpy as np
```

Matplotlib 科研绘图：基于 Python

```
np.random.seed(20240521)
fig,(ax1,ax2)=plt.subplots(ncols=2,figsize=(8,4))
x_values=[n for n in range(20)]
y_values=np.random.randn(20)
facecolors=['green' if y > 0 else 'red' for y in y_values]
edgecolors=facecolors                              #边缘颜色与填充颜色相同
ax1.bar(x_values,y_values,color=facecolors,
        edgecolor=edgecolors,alpha=0.5)            #第1个子图:所有柱状图的透明度相同
abs_y=[abs(y) for y in y_values]
face_alphas=[n/max(abs_y) for n in abs_y]          #填充透明度与绝对值成正比
edge_alphas=[1-alpha for alpha in face_alphas]     #边缘和填充透明度相反
for i in range(len(x_values)):                     #第2个子图:每个柱状图有不同的透明度
    ax2.bar(x_values[i],y_values[i],color=facecolors[i],
            edgecolor=edgecolors[i],alpha=face_alphas[i])
    bar=ax2.patches[i]
    bar.set_edgecolor(edgecolors[i])               #设置边缘颜色
    bar.set_linewidth(1.0)                         #设置边缘线宽
    bar.set_alpha(edge_alphas[i])                  #设置边缘透明度
plt.show()
```

运行结果如图 6-30 所示。下面对代码进行讲解。

a) 固定的透明度 b) 随y值动态调整透明度

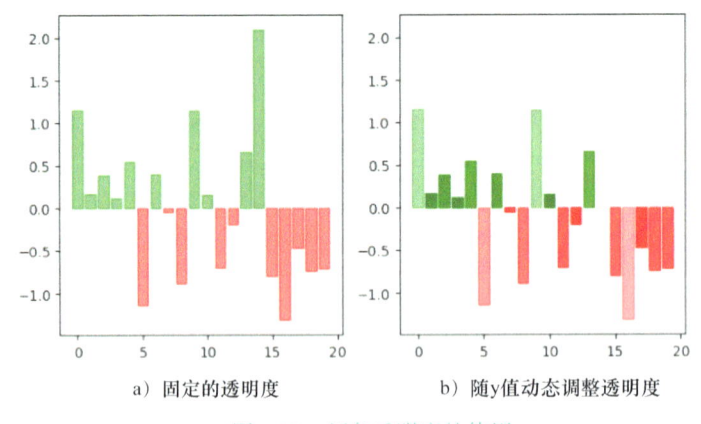

图 6-30　颜色透明度的使用

1) 定义面颜色和边缘颜色。根据 y_values 的正负值定义面颜色（正值为绿色，负值为红色）。将 facecolors 赋值给 edgecolors，即面颜色和边缘颜色相同。

2) 第 1 个子图所有条形和边缘的透明度均为 0.5。计算 y_values 的绝对值并存储在 abs_y 中。将 abs_y 归一化为 0 到 1 之间的值，并存储在 face_alphas 中，作为面颜色的透明度。计算边缘颜色的透明度，存储在 edge_alphas 中，计算方法是 1-face_alpha。

3) 第 2 个子图使用循环逐个条形绘制，每个条形具有不同的面颜色透明度和边缘透明度。ax2.patches 获取当前子图中的所有条形对象。使用 set_edgecolor 和 set_alpha 方法单独设置每个条形对象的边缘颜色和透明度。

6.7 本章小结

本章介绍了如何在几何图形中填充颜色以及如何根据 y 值为图形填充颜色,讲解了常用的颜色参数以及创建和修改颜色映射表的方法。最后,讲解如何从颜色映射表中选择单个颜色以及设置颜色的 alpha 值。掌握这些技巧,可以帮助我们更好地使用颜色来展示和解读数据,从而提升数据可视化的效果和表达力。

第 7 章
文本内容样式和布局

文本是传达信息的重要工具。无论是在图表、注释还是数据标签中,文本的样式和布局都直接影响数据的可读性和图表的美观性。本章将详细介绍如何在 Matplotlib 中设置文本的对齐方式、旋转模式、自动换行、数学文本、文本框样式及其对齐方式,以及添加水印和连接不同属性的文本对象等内容。

Matplotlib 中的 text 函数用于在图形中添加文本注释。text 函数的语法如下。

```
matplotlib.pyplot.text(x,y,s,fontdict=None,**kwargs)
```

常用参数的含义见表 7-1。

表 7-1 text 函数的参数含义

参　数	说　明
x	浮点数,文本的 x 坐标
y	浮点数,文本的 y 坐标
s	字符串,显示的文本内容
fontdict	字典,字体属性字典,可选
fontsize/size	整数或字符串,字体大小,如 xx-small、x-small、small、medium、large、x-large、xx-large
color	字符串或元组,字体颜色,如 red、#FF0000、(1,0,0)
fontstyle	字符串,字体样式,如 normal、italic、oblique
fontweight	字符串或整数,字体粗细,如 normal、bold、heavy、light、ultrabold、ultralight 或 100-900
fontfamily	字符串或列表,字体家族,如 serif、sans-serif、cursive、fantasy、monospace 或 ['serif','sans-serif']
rotation	浮点数或字符串,旋转角度,以度为单位或 vertical、horizontal
horizontalalignment/ha	字符串,水平对齐方式,如 left、center、right
verticalalignment/va	字符串,垂直对齐方式,如 top、center、bottom、baseline
backgroundcolor	字符串或元组,背景颜色
bbox	字典,边界框属性,如 {'facecolor':'red','alpha':0.5,'pad':10}
alpha	浮点数,透明度,范围 [0,1]
clip_on	布尔值,是否剪裁文本,默认值为 True
wrap	布尔值,指定文本是否自动换行。该参数默认不直接起作用,需要手动处理换行(例如使用 textwrap 模块)

7.1 文本对齐方式

在图形绘制时，文本对齐方式是一个至关重要的方面。在 Matplotlib 库中，文本对齐主要通过 horizontalalignment 和 verticalalignment 两个属性来控制。这些属性决定了文本相对于其锚点的位置，从而可以灵活地在图形中摆放文本，如图 7-1 所示。

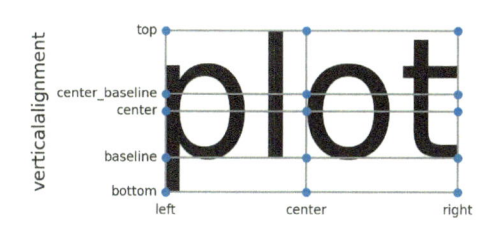

图 7-1 文本对齐方式

【例 7-1】 使用 horizontalalignment 和 verticalalignment 属性来控制使文本相对于绘制的矩形对齐。代码如下。

```
import matplotlib.pyplot as plt

fig,ax=plt.subplots()
# 设置矩形的大小
left,width=0.1,1
bottom,height=0.1,1
right=left+width
top=bottom+height

p=plt.Rectangle((left,bottom),width,height,fill=False)
p.set_transform(ax.transAxes)
p.set_clip_on(False)
ax.add_patch(p)
# 设置文本的位置
ax.text(left,bottom,'left top',
        horizontalalignment='left',verticalalignment='top',
        transform=ax.transAxes,fontsize=25,color='r')

ax.set_axis_off()
plt.show()
```

运行结果如图 7-2a 所示。下面对代码进行讲解。

1）在图形的相对位置（0.1,0.1）处绘制一个从（0.1,0.1）到（1.1,1.1）的矩形，并在矩形的左下角位置（0.1,0.1）添加了一个大小为 25 的文本 left top。文本对齐设置为左上对齐，文本的左上角将与（0.1,0.1）对齐。

2）如果想让文本左下对齐，将 ax.text( )函数替换为如下代码。

```
ax.text(left,bottom,'left bottom',horizontalalignment='left',
        verticalalignment='bottom',transform=ax.transAxes,
        fontsize=25,color='r')
```

运行结果如图 7-2b 所示。

3）如果想让文本中心对齐，将 ax.text( )函数替换为如下代码。

```
ax.text(0.5*(left+right),0.5*(bottom+top),'middle',
        horizontalalignment='center',verticalalignment='center',
        transform=ax.transAxes,
        fontsize=25,color='r')
```

运行结果如图 7-2c 所示。读者也可以尝试其他参数设置，并查看对齐结果。

a）文本左上　　　　　　　b）文本左下　　　　　　　c）文本中心

图 7-2　文本位置相对于锚点对齐

7.2　文本旋转

某些图表布局中，对文本进行旋转可以增强可读性。当文本需要与数据趋势或特定方向对齐时，旋转文本可以确保文本与数据一致。例如，在斜率图或箭头图中，旋转文本可以与箭头或斜线保持一致。

7.2.1　文本的旋转模式

通过合理的文本旋转，可以在复杂图形中优化文本标签的布局。本节将介绍两种文本旋转模式，以便更好地控制文本标签的角度和方向，从而提升图形的可读性和美观度。

【例 7-2】　两种文本旋转模式示例。代码如下。

```
import matplotlib.pyplot as plt

def test_rotation_mode(fig,mode):
    ha_list=["left","center","right"]                    #定义水平对齐方式的列表
    va_list=["top","center","baseline","bottom"]         #定义垂直对齐方式的列表
    axs=fig.subplots(len(va_list),len(ha_list),sharex=True,sharey=True,
        subplot_kw=dict(aspect=1),gridspec_kw=dict(hspace=0,wspace=0))
                                                         #创建子图网格,每个子图用不同的对齐方式
```

```python
    for ha,ax in zip(ha_list,axs[-1,:]):
        ax.set_xlabel(ha)                                    # 设置 x 轴标签为水平对齐方式
    for va,ax in zip(va_list,axs[:,0]):
        ax.set_ylabel(va)                                    # 设置 y 轴标签为垂直对齐方式
    axs[0,1].set_title(f"rotation_mode='{mode}'",size="large")
    kw=({} if mode=="default" else
{"bbox": dict(boxstyle="square,pad=0.",ec="none",fc="C1",alpha=0.3)})
                                                             # 根据旋转模式设置文本框的样式
    texts={}
    for i,va in enumerate(va_list):                          # 遍历所有子图,在每个子图中绘制文本
        for j,ha in enumerate(ha_list):
            ax=axs[i,j]
            ax.set(xticks=[],yticks=[])
            ax.axvline(0.5,color="skyblue",zorder=0)         # 绘制垂直参考线
            ax.axhline(0.5,color="skyblue",zorder=0)         # 绘制水平参考线
            ax.plot(0.5,0.5,color="C0",marker="o",zorder=1)
            tx=ax.text(0.5,0.5,"Tpg",size="x-large",rotation=40,
                       horizontalalignment=ha,verticalalignment=va,
                       rotation_mode=mode,**kw)
            texts[ax]=tx

    if mode=="default":                                      # 如果模式为 default,高亮显示文本框
        fig.canvas.draw()
        for ax,text in texts.items():
            bb=text.get_window_extent().transformed(ax.transData.inverted())
            rect=plt.Rectangle((bb.x0,bb.y0),bb.width,bb.height,
                       facecolor="C1",alpha=0.3,zorder=2)
            ax.add_patch(rect)

fig=plt.figure(figsize=(8,5))
subfigs=fig.subfigures(1,2)
test_rotation_mode(subfigs[0],"default")                     # 测试 default 模式
test_rotation_mode(subfigs[1],"anchor")                      # 测试 anchor 模式
plt.show()
```

运行结果如图 7-3 所示。

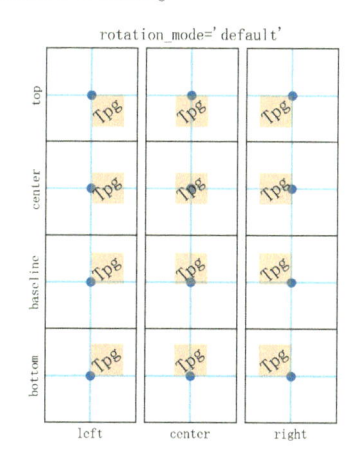

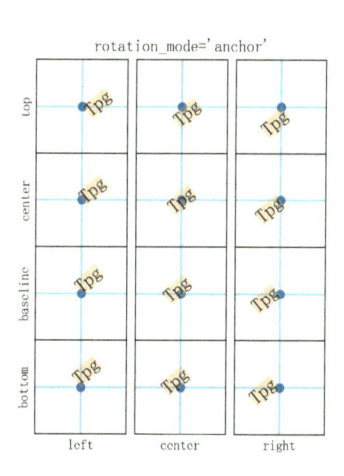

图 7-3 两种文本旋转模式对比图

Matplotlib 科研绘图：基于 Python

1）定义测试函数 test_rotation_mode 来测试不同的文本旋转模式。如果 mode 是 default，绘制文本框背景。在第 1 个子图中测试 default 模式，第 2 个子图中测试 anchor 模式。通过以上代码，可以比较 default 和 anchor 模式下文本旋转和对齐的效果。

2）default 模式如下。
- 文本旋转后，整个文本框会旋转，文本的对齐是基于旋转后的文本框来进行的。
- 文本可能会超出预期的对齐位置，尤其是在使用不同的水平和垂直对齐方式时。

3）anchor 模式如下。
- 文本旋转后，旋转中心是基于文本的锚点位置来进行对齐的。
- 文本更加准确地对齐到指定的位置，即使旋转后也是如此。

7.2.2 相对于直线进行文本旋转

Matplotlib 中的文本对象通常相对于屏幕坐标系旋转（不管轴如何更改，通过 45°旋转将沿着水平和垂直之间的线绘制文本）。若希望相对于图上的某些内容旋转文本，正确的角度将不是该对象在绘图坐标系中的角度，而是该对象在屏幕坐标系中出现的角度。

【例 7-3】 相对于直线进行文本旋转，设置参数 transform_rotates_text 自动确定旋转角度。代码如下。

```
import matplotlib.pyplot as plt
import numpy as np

fig,ax=plt.subplots()
h=ax.plot(range(0,10),range(0,10))           #绘制一条对角线(45°)从(0,0)到(9,9)
ax.set_xlim([-10,20])                         #设置 x 轴范围,使对角线在屏幕上不再是 45°角
l1=np.array((1,1))                            #定义要放置文本的位置 l1
l2=np.array((5,5))                            #定义要放置文本的位置 l2
angle=45                                      #定义旋转角度
th1=ax.text(*l1,'Text not rotated correctly',fontsize=16,
            rotation=angle,rotation_mode='anchor')
        #在位置 l1 绘制文本,旋转角度 45°
th2=ax.text(*l2,'Text rotated correctly',fontsize=16,
            rotation=angle,rotation_mode='anchor',
            transform_rotates_text=True)
        #在位置 l2 处绘制文本,旋转角度为 45°
plt.show()
```

运行结果如图 7-4 所示，该段代码实现了相对于直线进行文本旋转。代码绘制一条从 (0,0) 到 (9,9) 的对角线，第 1 个文本的位置 (1,1)，第 2 个文本的位置 (5,5)。文本的旋转角度为 45°。rotation_mode='anchor' 指定旋转的基准点为文本的锚点，但不会随图形的变换而旋转。transform_rotates_text=True 使得文本随图形的变换而旋转。

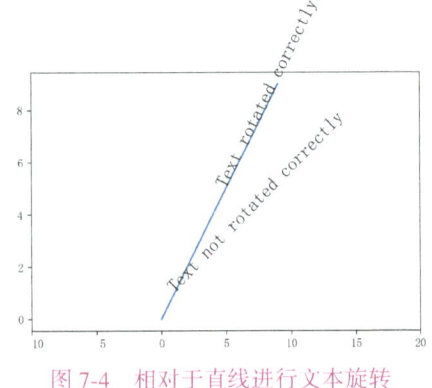

图 7-4 相对于直线进行文本旋转

7.2.3 在曲线上方放置文本

在曲线图中将文本标签精确地放置在曲线上方不仅可以直接标注关键数据点,还能避免与其他图形元素的重叠。本节将介绍如何在曲线上方放置文本标签。

【例 7-4】 曲线上方放置文本。代码如下。

```
import matplotlib.pyplot as plt
import numpy as np

fig,ax=plt.subplots()
x=np.linspace(0,10,100)                  #定义曲线 x 值
y=np.sin(x)                              #定义曲线 y 值
ax.plot(x,y,label='sin(x)')              #绘制曲线
text="This text follows the sine curve." #要显示的文本
#将文本沿曲线分布
text_idx=0
for xi,yi in zip(x,y):
    if text_idx < len(text):
        ax.annotate(text[text_idx],(xi,yi),xytext=(0,5),
                    textcoords='offset points',ha='center',fontsize=15)
        text_idx +=1

ax.set_xlim(-0.1,3.5)
ax.set_ylim(-1.5,1.5)
ax.set_title('Text Following a Curve')
plt.show()
```

运行结果如图 7-5 所示。代码实现将文本沿曲线分布。首先,初始化文本索引,遍历 x 和 y 的值,如果检查文本索引小于文本长度,则在每个点(x_i,y_i)处添加一个字符。将文本偏移(0,5)个点,使其稍微高于曲线,指定偏移单位为点,文本水平居中,字体大小为 15。

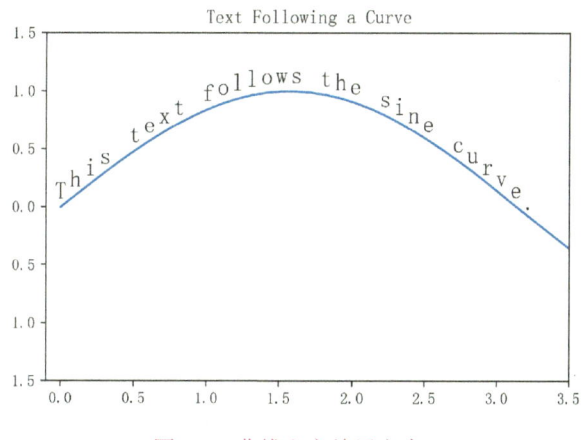

图 7-5 曲线上方放置文本

7.3 文本自动换行

文本自动换行在数据可视化和图形显示中非常重要，它可以提升图形的可读性和视觉效果，还能优化布局，确保重要信息完整显示。

【例 7-5】 文本自动换行实例。代码如下。

```
import matplotlib.pyplot as plt

fig=plt.figure()
plt.axis((0,10,0,10))
t=("This is a really long string that I'd rather have wrapped so that "
   "it doesn't go outside of the figure.")
plt.text(4,1,t,ha='left',rotation=15,wrap=True)
plt.text(6,5,t,ha='left',rotation=15,wrap=True)
plt.text(5,5,t,ha='right',rotation=-15,wrap=True)
plt.text(5,10,t,fontsize=18,style='oblique',ha='center',
         va='top',wrap=True)
plt.text(3,4,t,family='serif',style='italic',ha='right',wrap=True)
plt.text(-1,0,t,ha='left',rotation=-15,wrap=True)
plt.show()
```

运行结果如图 7-6 所示。下面对代码进行讲解。

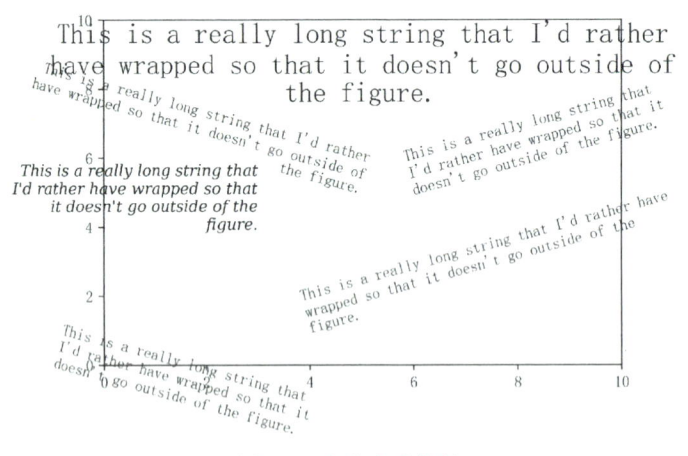

图 7-6 文本自动换行

1) 第三条代码将图形的 x 轴和 y 轴范围都设置为从 0 到 10。使用不同的字体和对齐方式显示长字符串。设置了文本的水平对齐（ha）、垂直对齐（va）、字体大小（fontsize）、字体家族（family）、字体样式（style）和旋转角度（rotation）等属性。

2) 使用 wrap=True 参数，实现文本自动换行，如果将该参数设为 False，则文本不自动换行，此时可以使用 textwrap 模块手动处理实现自动换行。代码如下。

```
import matplotlib.pyplot as plt
import textwrap
```

```
fig=plt.figure()
plt.axis((0,10,0,10))
t=("This is a really long string that I'd rather have wrapped so that "
    "it doesn't go outside of the figure.")
#使用 textwrap 模块手动换行
wrapped_text=textwrap.fill(t,width=40)

plt.text(4,1,wrapped_text,ha='left',rotation=15)
plt.text(6,5,wrapped_text,ha='left',rotation=15)
plt.text(5,5,wrapped_text,ha='right',rotation=-15)
plt.text(5,10,wrapped_text,fontsize=18,style='oblique',
        ha='center',va='top')
plt.text(3,4,wrapped_text,family='serif',style='italic',ha='right')
plt.text(-1,0,wrapped_text,ha='left',rotation=-15)
plt.show()
```

运行结果如图 7-7 所示。

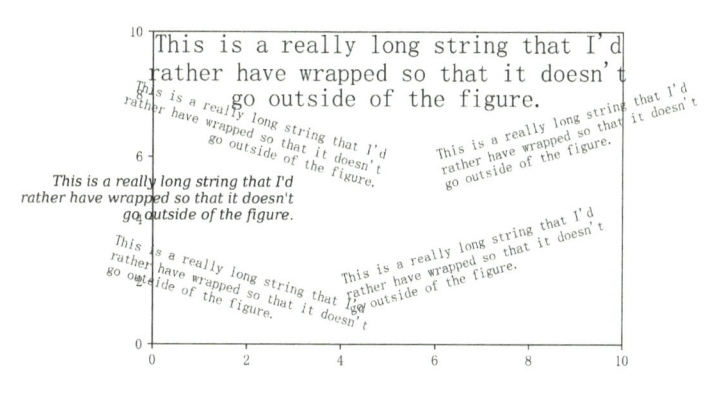

图 7-7 使用 textwrap 模块手动处理实现自动换行

3）导入 Python 标准库中的 textwrap 模块，用于文本包装和填充。使用 textwrap.fill 包装文本，该函数将输入的长字符串根据指定的宽度进行拆分，并返回一个新字符串，其中包含拆分后的多行文本。

7.4 处理数学文本

TeX 是一个底层排版引擎，提供精确的排版控制和极大的灵活性，但使用较为复杂。LaTeX 是基于 TeX 的一个高层次排版系统，简化了文档的编写和排版过程，提供丰富的宏包支持，更易于使用。如果需要高度自定义的排版，TeX 是一个很好的选择；如果需要快速高效地排版文档，尤其是学术论文和技术报告，LaTeX 则更为适合。

7.4.1 使用 LaTeX 渲染数学文本

LaTeX 是一种广泛使用的排版系统，能够高质量地渲染数学文本，使其清晰、专业和易

Matplotlib 科研绘图：基于 Python

读。本节将介绍如何在图表中使用 LaTeX 渲染数学文本。

【例 7-6】 使用 Matplotlib 中内部 LaTeX 解析器和布局引擎来处理数学文本。代码如下。

```python
import matplotlib.pyplot as plt

fig,ax=plt.subplots()
ax.plot([1,2,3],label=r'$ \sqrt{x^2} $')
ax.legend()
ax.set_xlabel(r'$ \Delta_i^j $',fontsize=20)
ax.set_ylabel(r'$ \Delta_{i+1}^j $',fontsize=20)
ax.set_title(r'$ \Delta_i^j \hspace{0.4} \mathrm{versus} \hspace{0.4}'
             r'\Delta_{i+1}^j $',fontsize=20)
tex=r'$ \mathcal{R}\prod_{i=\alpha_{i+1}}^\infty a_i\sin(2 \pi f x_i) $'
ax.text(1,1.6,tex,fontsize=20,va='bottom')

fig.tight_layout()
plt.show()
```

运行结果如图 7-8 所示。下面对代码进行讲解。

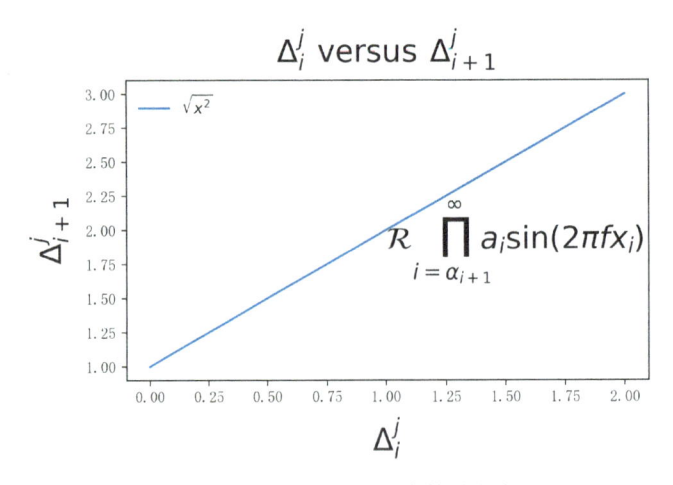

图 7-8　使用 LaTeX 渲染数学文本

使用 LaTeX 可以方便地对数学公式进行排版和显示，特别是在撰写学术论文、书籍和技术文档时，常用的 LaTeX 数学表达式及其对应的含义见表 7-2。

表 7-2　LaTeX 数学表达式和含义

LaTeX 表达式	含　义	LaTeX 表达式	含　义
\alpha	希腊字母 α（阿尔法）	\eta	希腊字母 η（埃塔）
\beta	希腊字母 β（贝塔）	\theta	希腊字母 θ（西塔）
\gamma	希腊字母 γ（伽马）	\iota	希腊字母 ι（艾欧塔）
\delta	希腊字母 δ（德尔塔）	\kappa	希腊字母 κ（喀帕）
\epsilon	希腊字母 ε（艾普西龙）	\lambda	希腊字母 λ（拉姆达）
\zeta	希腊字母 ζ（泽塔）	\mu	希腊字母 μ（缪）

(续)

LaTeX 表达式	含义	LaTeX 表达式	含义
\nu	希腊字母 ν（纽）	\sqrt[3]{x}	立方根
\xi	希腊字母 ξ（克西）	\sinx	正弦函数
\pi	希腊字母 π（派）	\cosx	余弦函数
\rho	希腊字母 ρ（柔）	\tanx	正切函数
\sigma	希腊字母 σ（西格玛）	\rightarrow	右箭头→
\tau	希腊字母 τ（套）	\leftarrow	左箭头←
\upsilon	希腊字母 υ（宇普西龙）	\uparrow	上箭头↑
\phi	希腊字母 φ（费）	\downarrow	下箭头↓
\chi	希腊字母 χ（凯）	\leftrightarrow	左右箭头↔
\psi	希腊字母 ψ（普西）	\longrightarrow	长右箭头⟶
\omega	希腊字母 ω（欧米伽）	\left(\right)	大括号()
\cup	并集符号∪	\left[\right]	中括号[ ]
\cap	交集符号∩	\left\ \right\	花括号{}
x_i	下标 i	\forall	逻辑符号，表示"任意"∀
x^2	上标 2	\exists	逻辑符号，表示"存在"∃
x_{i+1}	复杂下标 i+1	\in	元素符号，表示属于∈
x^{i+1}	复杂上标 i+1	\notin	元素符号，表示不属于∉
\frac{a}{b}	分数形式	\subset	包含符号⊂
\sqrt{x}	平方根	\subseteq	包含符号，表示子集⊆

7.4.2 使用 TeX 渲染数学文本

使用 TeX 渲染所有的 Matplotlib 文本，方法是将 rcParams["text.usetex"]（默认值：False）设置为 True（需要在系统上正确安装 TeX）。只有第一次出现的表达式才会触发 TeX 编译。以后出现将重用该高速缓存中的渲染图像，因此速度更快。

【例 7-7】 使用 Matplotlib 中内部 TeX 解析器和布局引擎来处理数学文本。代码如下。

```
import matplotlib.pyplot as plt
import numpy as np

plt.rcParams['text.usetex']=True
t=np.linspace(0.0,1.0,100)
s=np.cos(4*np.pi*t)+2
fig,ax=plt.subplots(figsize=(6,4),tight_layout=True)
ax.plot(t,s)
ax.set_xlabel(r'\textbf{time (s)}')
ax.set_ylabel('\\textit{Velocity (\N{DEGREE SIGN}/sec)}',fontsize=16)
ax.set_title(r'\TeX\is Number $ \displaystyle\sum_{n=1}^\infty'
             r'\frac{-e^{i\pi}}{2^n} $!',fontsize=16,color='r')
```

Matplotlib 科研绘图：基于 Python

运行结果如图 7-9 所示。下面对代码进行讲解。

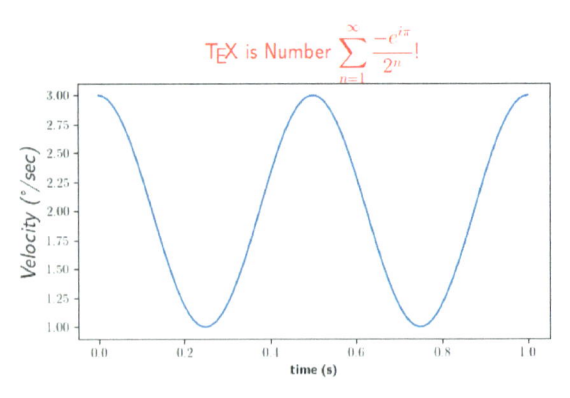

图 7-9　使用 TeX 渲染数学文本

1）第三行代码告诉 Matplotlib 使用 TeX 来渲染文本，这使得文本能够包含复杂的数学表达式和符号。

2）使用命令\textbf{}将文本"time(s)"渲染为粗体。前面的 r 表示原始字符串，使得反斜杠被正确解析。命令\textit{}将文本 Velocity 渲染为斜体，并使用\N{DEGREE SIGN}插入度符号（°）。

3）图表标题。\TeX\ 表示渲染 TeX 标志。\displaystyle 使公式以显示模式渲染。\sum_{n=1}^\infty 表示求和符号，从 n=1 到无穷大。\frac{-e^{i\pi}}{2^n} 表示分数。

常用的 TeX 数学表达式及其对应的含义见表 7-3。

表 7-3　TeX 数学表达式和含义

TeX 表达式	含　义	TeX 表达式	含　义
$ a+b $	加法 a+b	$ \arcsin{x} $	反正弦 arcsinx
$ a-b $	减法 a-b	$ \arccos{x} $	反余弦 arccosx
$ a \times b $	乘法 a×b	$ \arctan{x} $	反正切 arctanx
$ a \div b $	除法 a÷b	$ a=b $	等号 a=b
$ \frac{a}{b} $	分数 a/b	$ a \neq b $	不等号 a≠b
$ a^b $	指数 a^b	$ \in $	属于 ∈
$ \log{a} $	常用对数 loga	$ \notin $	不属于 ∉
$ \ln{a} $	自然对数 lna	$ \subset $	子集 ⊂
$ \sin{x} $	正弦 sinx	$ \subseteq $	子集或等于 ⊆
$ \cos{x} $	余弦 cosx	$ \rightarrow $	右箭头 →
$ \tan{x} $	正切 tanx	$ \leftarrow $	左箭头 ←

7.5　设置文本框

设置文本框在图表、文档和演示中有很多用途，可以增强视觉效果和传达信息的清晰度，从而吸引读者的注意力。

7.5.1 设置文本框样式

文本框样式的设置具有重要意义。文本框不仅用于标注和说明图形中的数据，还可以通过视觉效果提升图形的可读性和美观性，可以通过字典 bbox 来设置文本框样式，见表 7-4。

表 7-4 字典 bbox 参数的含义

参数	含义
boxstyle	字符串，定义文本框的形状。常见值有 round（圆角矩形）、square（方形）、circle（圆形）、round4（四个圆角的矩形）、sawtooth（锯齿形）、larrow（左箭头）、rarrow（右箭头）、darrow（双箭头）、roundtooth（圆齿形）
ec	颜色字符串或 RGB 元组，定义文本框边框的颜色。可以使用颜色名称或 RGB 值
fc	颜色字符串或 RGB 元组，定义文本框填充的颜色。可以使用颜色名称或 RGB 值
lw	浮点数，定义文本框边框的宽度
alpha	浮点数，定义文本框的透明度。值的范围是 0 到 1

【例 7-8】 使用 bbox 参数设置文本框的样式。代码如下。

```
import matplotlib.pyplot as plt

plt.text(0.6,0.7,"eggs",size=50,rotation=30.,ha="center",va="center",
    bbox=dict(boxstyle="round",ec=(1.,0.5,0.5),fc=(1.,0.8,0.8),))
plt.text(0.55,0.6,"spam",size=50,rotation=-25.,ha="right",va="top",
    bbox=dict(boxstyle="square",ec=(1.,0.5,0.5),fc=(1.,0.8,0.8),))
plt.show()
```

运行结果如图 7-10 所示。下面对代码进行讲解。

1）第 1 个文本内容为 eggs，文本在图中的位置坐标为 (0.6,0.7)，文本旋转角度为 30°（顺时针方向旋转 30°）。将文本的水平中心和垂直中心对齐到指定位置。使用 bbox 来设置文本框的属性。将文本框的形状为圆角矩形，边框颜色为淡红色（RGB 比例），填充颜色为浅粉色（RGB 比例）。

2）第 2 个文本内容为 spam，类似于第 1 个文本，不同在于坐标和文本框的形状不同。

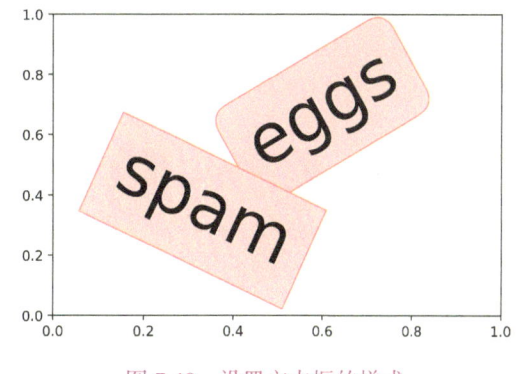

图 7-10 设置文本框的样式

3）绘制圆形和 round4 格式的文本框，将 plt.text() 函数注释掉，换成如下代码。

```
plt.text(0.6,0.7,"eggs",size=50,rotation=30.,ha="center",va="center",
    bbox=dict(boxstyle="circle",ec=(1.,0.5,0.5),fc=(1.,0.8,0.8),))
plt.text(0.55,0.6,"spam",size=50,rotation=-25.,ha="right",va="top",
    bbox=dict(boxstyle="round4",ec=(1.,0.5,0.5),fc=(1.,0.8,0.8),))
```

运行结果如图 7-11 所示。

Matplotlib 科研绘图：基于 Python

4）绘制锯齿形的文本框，将 plt.text( ) 函数注释掉，换成如下代码。

```
plt.text(0.5,0.5,"Sawtooth Textbox",size=35,ha="center",va="center",
        bbox=dict(boxstyle="sawtooth",ec="red",
                  fc="yellow",lw=2,alpha=0.5))
```

运行结果如图 7-12 所示。

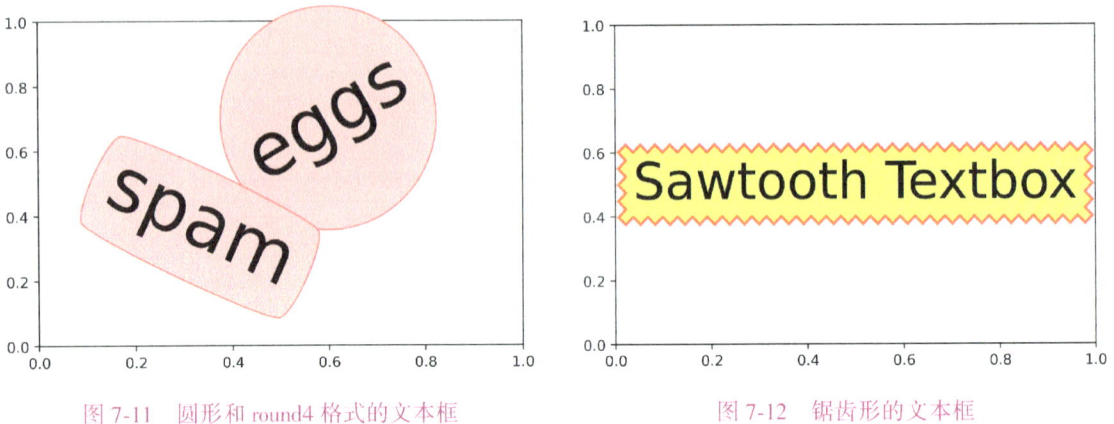

图 7-11　圆形和 round4 格式的文本框　　　　图 7-12　锯齿形的文本框

5）绘制圆齿形的文本框，将 plt.text( ) 函数注释掉，换成如下代码。

```
plt.text(0.5,0.5,"Roundtooth Textbox",size=31,ha="center",va="center",
        bbox=dict(boxstyle="roundtooth",ec="blue",
                  fc="lightblue",lw=2))
```

运行结果如图 7-13 所示。

6）绘制向左的箭头文本框，将 plt.text( ) 函数注释掉，换成如下代码。

```
plt.text(0.5,0.6,"Left Arrow",size=20,ha="center",va="center",
        bbox=dict(boxstyle="larrow",ec="blue",
                  fc="lightblue",lw=3,alpha=0.8))
```

运行结果如图 7-14 所示。

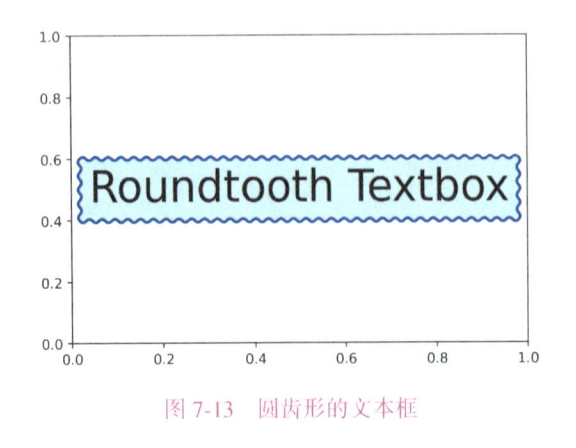

图 7-13　圆齿形的文本框 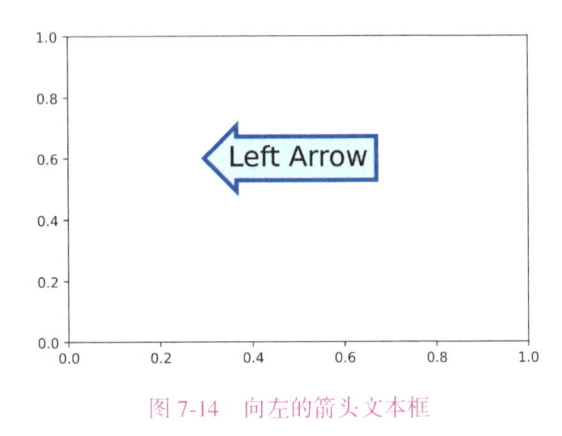　　　　图 7-14　向左的箭头文本框

7）绘制向右的箭头文本框，将 plt.text( ) 函数注释掉，换成如下代码。

```
plt.text(0.5,0.5,"Right Arrow",size=20,ha="center",va="center",
    bbox=dict(boxstyle="rarrow",ec="red",
         fc="yellow",lw=2,alpha=0.7))
```

运行结果如图 7-15 所示。

8）绘制斜向上的箭头文本框，将 plt.text( ) 函数注释掉，换成如下代码。

```
plt.text(0.5,0.5,"Direction",
    ha="center",va="center",rotation=45,size=30,
    bbox=dict(boxstyle="rarrow,pad=0.3",
         fc="lightblue",ec="steelblue",lw=2))
```

运行结果如图 7-16 所示。

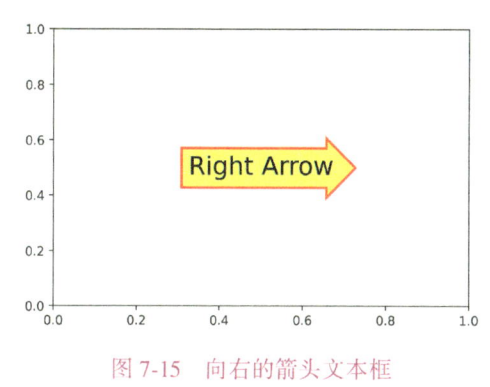

图 7-15　向右的箭头文本框 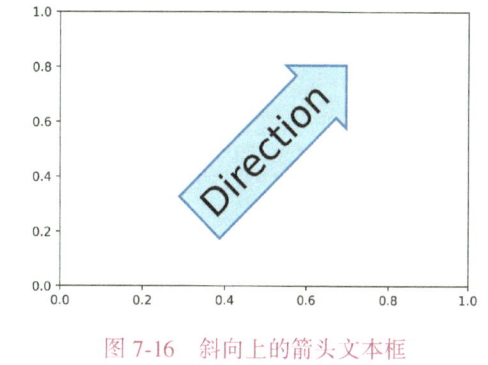　　　　　　图 7-16　斜向上的箭头文本框

9）绘制斜向下的箭头文本框，将 plt.text( ) 函数注释掉，换成如下代码。

```
plt.text(0.5,0.5,"Direction",ha="center",va="center",rotation=-45,
    size=30,bbox=dict(boxstyle="rarrow,pad=0.3",
    fc=(1,0.8,0.8),ec="red",lw=2))
```

运行结果如图 7-17 所示。

10）绘制双向的箭头文本框，将 plt.text( ) 函数注释掉，换成如下代码。

```
plt.text(0.5,0.4,"Custom Style 3",size=20,ha="center",va="center",
    bbox=dict(boxstyle="darrow",ec="green",
         fc="lightgreen",lw=4,alpha=1.0))
```

运行结果如图 7-18 所示。

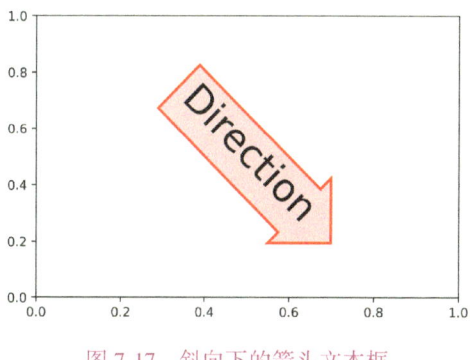

图 7-17　斜向下的箭头文本框 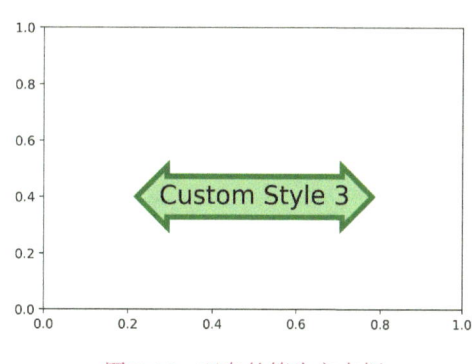　　　　　　图 7-18　双向的箭头文本框

Matplotlib 科研绘图：基于 Python

【例 7-9】 自定义文本框样式示例。代码如下。

```python
import matplotlib.pyplot as plt
from matplotlib.path import Path                           # 用于创建自定义路径
import matplotlib.patches as patches                       # 用于绘制各种图形对象

def custom_box_style(x0,y0,width,height,mutation_size):
    """
    给定框的位置和大小,返回围绕它的路径。自动处理旋转
    参数
    ----------
    x0,y0,width,height : float 框的位置和大小
    mutation_size : float 变异参考尺度,通常为文本字体大小
    """
    mypad=0.3                                              # 填充
    pad=mutation_size*mypad                                # 填充
    width=width+2*pad                                      # 添加填充后的宽度
    height=height+2*pad                                    # 添加填充后的高度
    x0,y0=x0-pad,y0-pad                                    # 填充框的边界
    x1,y1=x0+width,y0+height                               # 填充框的边界
    return Path([(x0,y0),(x1,y0),(x1,y1),(x0,y1),
                (x0-pad,(y0+y1)/2),(x0,y0),(x0,y0)],
                closed=True)                               # 返回新的路径

fig,ax=plt.subplots(figsize=(5,3))
ax.text(0.5,0.5,"Test",size=30,va="center",ha="center",
        rotation=30,bbox=dict(boxstyle=custom_box_style,
        alpha=0.6,facecolor='cyan',ec="red"))
plt.show()
```

运行结果如图 7-19 所示。下面对代码进行讲解。

1) 定义自定义文本框样式函数。该函数接收文本框的左下角位置（x0，y0）、宽度、高度和变异参考尺度（通常为文本字体大小），计算并添加填充，使框的宽度和高度增加。创建并返回一个新的路径，用于绘制自定义形状的文本框。

2) 创建图表并添加文本注释。在图表中心位置（0.5，0.5）添加文本 Test。设置文本大小为 30，垂直和水平对齐方式为居中，文本旋转 30°，使用自定义文本框样式。文本框的背景颜色为青色，边框颜色为红色。

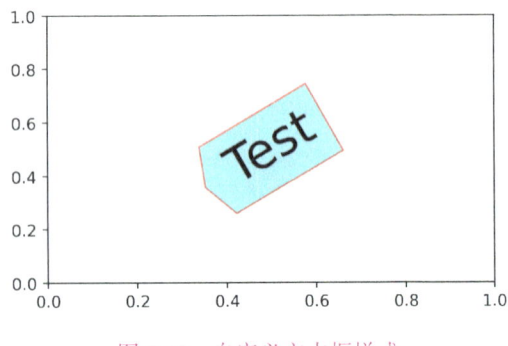

图 7-19 自定义文本框样式

7.5.2 文本框对齐方式

文本框的对齐方式对于信息传递和图表的美观性具有重要意义，合适的对齐方式不仅能使图表更容易理解，还能提升整体的视觉效果。

【例 7-10】 根据坐标放置文本框的位置。代码如下。

```
import matplotlib.pyplot as plt

fig,ax=plt.subplots()
ax.set_xlim(0,10)
ax.set_ylim(0,10)
ax.text(2,8,"Top Left",size=15,ha="left",va="top",
        bbox=dict(boxstyle="round,pad=0.3",ec="black",fc="lightblue"))
ax.text(5,5,"Center",size=15,ha="center",va="center",
        bbox=dict(boxstyle="square,pad=0.3",ec="green",fc="yellow"))
ax.text(8,2,"Bottom Right",size=15,ha="right",va="bottom",
        bbox=dict(boxstyle="roundtooth,pad=0.3",ec="red",fc="pink"))
plt.show()
```

运行结果如图 7-20 所示。代码在不同的位置添加文本框，text( ) 函数的前两个参数为 x 和 y 的坐标，参数 ha 和 va 用于设置水平和垂直对齐方式。

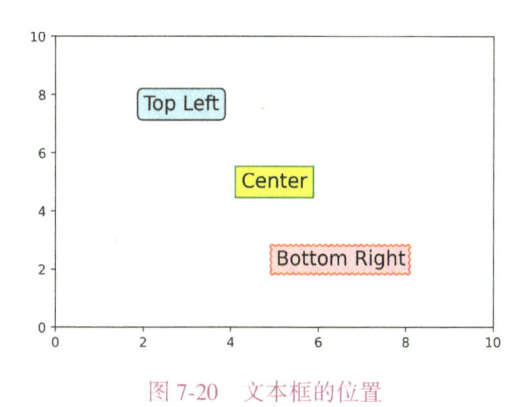

图 7-20　文本框的位置

7.6　添加水印

添加水印可以在多个方面提升图形的专业性和保护性，包括添加文本水印或图片水印。

【例 7-11】 添加文本水印示例。代码如下。

```
import matplotlib.pyplot as plt
import numpy as np

np.random.seed(19781112)
fig,ax=plt.subplots()
ax.plot(np.random.rand(20),'-o',ms=20,lw=2,alpha=0.7,mfc='orange')
ax.grid()
ax.text(0.5,0.5,'created with matplotlib',transform=ax.transAxes,
        fontsize=24,color='gray',alpha=0.5,
        ha='center',va='center',rotation=30)
plt.show()
```

Matplotlib 科研绘图：基于 Python

运行结果如图 7-21 所示。代码中使用 ax.text( ) 在图形上添加文本水印。transform = ax.transAxes 指定使用轴坐标系（0 到 1 之间）。将文本在水平方向和垂直方向上居中对齐，将文本旋转 30°，透明度设置为半透明，颜色设置为灰色，达到水印的效果。

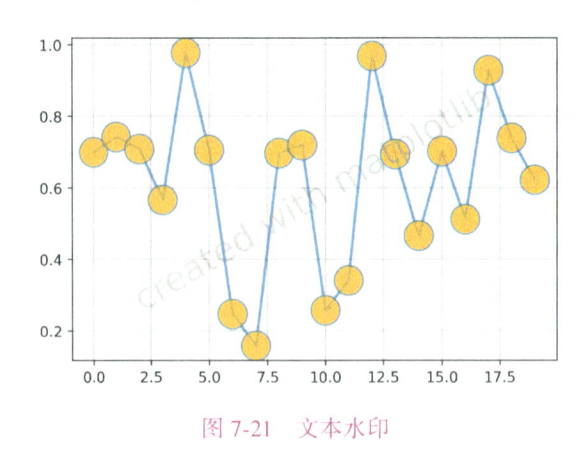

图 7-21 文本水印

【例 7-12】 添加图像水印示例。代码如下。

```
import matplotlib.pyplot as plt
import numpy as np
import matplotlib.cbook as cbook
import matplotlib.image as image

with cbook.get_sample_data('logo2.png') as file:     # 读取示例图像
    im=image.imread(file)
fig,ax=plt.subplots(figsize=(10,6))
np.random.seed(19781112)
x=np.arange(30)
y=x+np.random.randn(30)
ax.bar(x,y,color='#6bbc6b')
ax.grid()
im_height,im_width,_=im.shape                        # 获取图像的宽度和高度
fig_width,fig_height=fig.get_size_inches()*fig.dpi   # 计算图形宽度和高度
y_center=(fig_height-im_height)/2                    # 图像垂直居中
x_offset=60
x_center=(fig_width-im_width)/2-x_offset
fig.figimage(im,x_center,y_center,zorder=3,alpha=.5) # 添加图像
plt.show()
```

运行结果如图 7-22 所示。下面对代码进行讲解。

1）运行后显示一个带有 30 个条形的条形图，颜色为绿色。将一个透明度为 50% 的图像 logo2.png，放置在图形的中间偏左位置，作为条形图的水印。

2）导入 cbook 和 image 用于处理图像，使用 cbook.get_sample_data 函数读取示例图像 logo2.png，并将其存储在变量 im 中。

3）使用 fig.figimage 函数将图像添加到图形上，并将其位置设置为 x_center 和 y_center，使图像居中偏左，zorder=3 表示图像在绘图元素的层次顺序中较高。

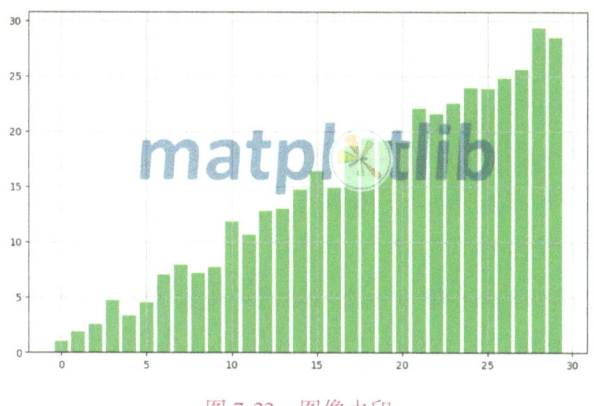

图 7-22 图像水印

7.7 连接具有不同属性的文本对象

通过在图形上添加多个具有不同属性的文本对象，可以使图形更加丰富并突出显示。这些文本对象可以用来标注数据、添加说明或者装饰图形。

【例 7-13】 在一个图形上添加多个具有不同属性的文本对象，将文本对象进行连接。代码如下。

```
import matplotlib.pyplot as plt

plt.rcParams["font.size"]=20
ax=plt.figure().add_subplot(xticks=[],yticks=[])
# 第 2 个单词,使用 text()函数创建
text=ax.text(.1,.5,"Matplotlib",color="red")
# 后面的单词用 annotate()进行定位
text=ax.annotate(" says,",xycoords=text,xy=(1,0),
        verticalalignment="bottom",color="gold",weight="bold")
text=ax.annotate(" hello",xycoords=text,xy=(1,0),
        verticalalignment="bottom",color="green",style="italic")
text=ax.annotate(" world!",xycoords=text,xy=(1,0),
        verticalalignment="bottom",color="blue",family="serif")
plt.show()
```

运行结果如图 7-23 所示。下面对代码进行讲解。

1）将具有不同属性的多个 Text 对象串在一起（例如，颜色或字体），一个接一个地定位。第 1 个文本直接使用 text 创建，所有后续文本都使用 annotate 创建。

2）倒数第 3 行代码，使用 annotate()函数在前一个文本对象之后添加新的文本，并调整其样式和位置。具体来说，它将文本 world! 添加到前

图 7-23 连接具有不同属性的文本对象

一个文本对象之后，并设置文本的颜色、字体及文本对齐方式等属性。

3）xycoords=text 表示使用前一个文本对象作为参考坐标系。xy=（1，0）表示新文本对象将放置在前一个文本对象的右侧。verticalalignment=" bottom" 表示将文本的垂直对齐方式为底部对齐。

7.8 本章小结

本章详细介绍了在 Matplotlib 中设置文本样式和布局的各种技巧，包括文本对齐、旋转、自动换行、数学表达式渲染、文本框设置、水印添加以及连接不同属性的文本对象。这些技巧对于提高图表的可读性和美观性至关重要。通过灵活运用这些功能，可以创建更加清晰、专业和富有表现力的图表，为数据可视化增色添彩。

第 8 章 添加注释

注释是图形元素，通常为文本片段，用于解释、添加上下文或突出显示可视化数据的某个部分。本章主要介绍了不同类型的注释，如基本注释的使用、文本注释和非文本注释，主要使用 annotate 方法，该方法支持多种坐标系，可以灵活地定位数据和注释，有样式化文本的各种选项，它提供一个可选的从文本到数据的箭头，用于通过不同的方式进行样式化。text 也可以用于简单的文本注释，但在定位和样式方面没有 annotate 灵活。

8.1 基本注释

在注释中有两点需要考虑：被注释数据的位置 xy 和注释文本的位置 xytext。这两个参数都是（x,y）元组。

【例 8-1】 基本注释示例。代码如下。

```
import matplotlib.pyplot as plt
import numpy as np

fig,ax=plt.subplots(figsize=(6,3))
t=np.arange(0.0,5.0,0.01)
s=np.cos(2*np.pi*t)
line,=ax.plot(t,s,lw=2)
ax.annotate('local max',xy=(1,1),xytext=(2,1.5),fontsize=20,
        arrowprops=dict(facecolor='black',shrink=0.05))   # 添加注释
ax.set_ylim(-2,2)
ax.set_xlim(0,5)
ax.tick_params(axis='both',which='major',labelsize=15)
plt.show()
```

运行结果如图 8-1 所示。下面对代码进行讲解。

1）在本例中，xy（箭头尖端）和 xytext 位置（文本位置）都采用数据坐标。还有很多其他的坐标系可以选择。可以用 xycoords 或者 textcoords 字符串来指定 xy 和 xytext 的坐标系（默认值是'data'），不同坐标系参数的详细信息见表 8-1 和表 8-2。

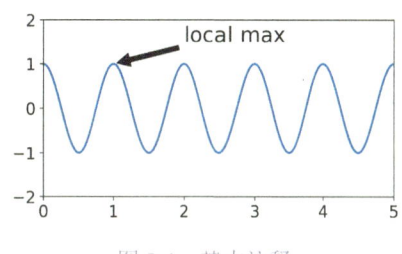

图 8-1 基本注释

表 8-1 xycoords 参数和含义

参　　数	坐标系描述
figure points	从图形左下角开始计算的点数，基于整个图形的点数单位
figure pixels	从图形左下角开始计算的像素数，基于整个图形的像素单位
figure fraction	图形的分数坐标，(0,0) 为左下角，(1,1) 为右上角，基于整个图形的相对位置
axes points	从 Axes 左下角开始计算的点数，基于子图（Axes）的点数单位
axes pixels	从 Axes 左下角开始计算的像素数，基于子图（Axes）的像素单位
axes fraction	Axes 的分数坐标，(0,0) 为左下角，(1,1) 为右上角，基于子图（Axes）的相对位置
data	使用 Axes 数据坐标系，基于数据本身的坐标系统

表 8-2 textcoords 参数和含义

参数	坐标系描述
offset points	相对于 xy 值的点数偏移，偏移量使用点数为单位
offset pixels	相对于 xy 值的像素偏移，偏移量使用像素为单位

2）使用 figure fraction、axes fraction 和 offset points 坐标系统来注释。代码如下。

```
import matplotlib.pyplot as plt
import numpy as np

fig,ax=plt.subplots(figsize=(10,6))
t=np.arange(0.0,5.0,0.01)
s=np.cos(2*np.pi*t)
ax.plot(t,s,lw=2)
# 使用 figure fraction 坐标系统,调整位置
ax.annotate('Figure Fraction',xy=(0.25,0.65),xycoords='figure fraction',
        xytext=(0.4,0.8),textcoords='figure fraction',
        arrowprops=dict(facecolor='blue',shrink=0.05))
# 使用 axes fraction 坐标系统,调整位置
ax.annotate('Axes Fraction',xy=(0.8,0.7),xycoords='axes fraction',
        xytext=(0.7,0.2),textcoords='axes fraction',
        arrowprops=dict(facecolor='green',shrink=0.05,
                headwidth=8,headlength=10,width=2))
# 使用 offset points 坐标系统,调整位置
ax.annotate('Offset Points',xy=(2,1),xycoords='data',
        xytext=(3,1.5),textcoords='data',
        arrowprops=dict(facecolor='red',shrink=0.05))

ax.set_ylim(-2,2)
ax.set_xlim(0,5)
plt.show()
```

运行结果如图 8-2 所示。

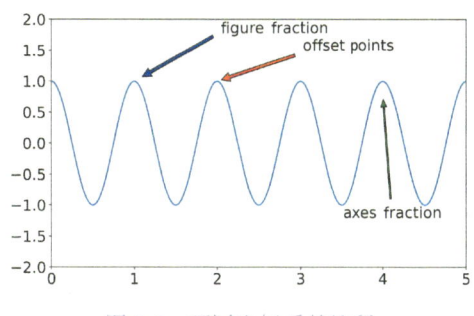

图 8-2　不同坐标系的注释

【例 8-2】　将文本坐标放置在分数轴坐标中。代码如下。

```python
import matplotlib.pyplot as plt
import numpy as np

fig,ax=plt.subplots(figsize=(8,4))
t=np.arange(0.0,5.0,0.01)
s=np.cos(2*np.pi*t)
line,=ax.plot(t,s,lw=2)

ax.annotate('local max',xy=(2,1),xycoords='data',
        xytext=(0.01,0.99),textcoords='axes fraction',
        va='top',ha='left',
        arrowprops=dict(facecolor='black',shrink=0.05))
ax.set_ylim(-2,2)
plt.show()
```

运行结果如图 8-3 所示。代码中指定箭头指向数据坐标位置（2,1），xy 用数据坐标。指定文本的位置，使用子图坐标系，（0.01,0.99）表示左上角稍微偏下，将文本坐标放置在分数轴坐标中。

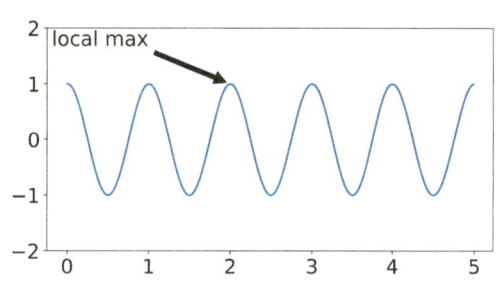

图 8-3　文本坐标放置在分数轴坐标中

8.2　为 Artist 添加注释

在 Matplotlib 中将图形元素（称为 Artist）放置在图表（Axes）中的固定位置（锚点位置），这些 Artist 可以是文本、图像、图例等。注释可以相对于 Artist 实例定位，方法是将 Artist 作为 xycoords 传入，xy 被解释为 Artist 边界框的一部分。

8.2.1 Artist（箭头）上方添加文本注释

文本注释可以用来解释特定的数据点或突出显示图中的重要区域。本节中将学习如何使用箭头和文本注释来标记图表中的特定点或区域，使图表更加直观。

【例 8-3】 为 Artist（箭头）添加文本注释的示例。代码如下。

```
import matplotlib.pyplot as plt
import matplotlib.patches as mpatches

fig,ax=plt.subplots(figsize=(6,4))
arr=mpatches.FancyArrowPatch((1.25,1.5),(1.75,1.5),
            arrowstyle='->',head_width=.15',mutation_scale=30)
ax.add_patch(arr)
ax.annotate("label",(.5,.5),xycoords=arr,ha='center',va='bottom')
ax.set(xlim=(1,2),ylim=(1,2))
plt.show()
```

运行结果如图 8-4 所示。下面对代码进行讲解。

1）导入 matplotlib.patches 用于创建补丁对象（如箭头）。

2）使用 mpatches.FancyArrowPatch 创建一个 FancyArrow-Patch 对象（箭头补丁）。((1.25,1.5),(1.75,1.5)) 指定箭头的起点和终点坐标；arrowstyle='->'，head_width=.15 '指定箭头的样式和箭头头部的宽度；mutation_scale=30 调整箭头的大小比例，最后将创建的箭头补丁添加到子图 ax 中。

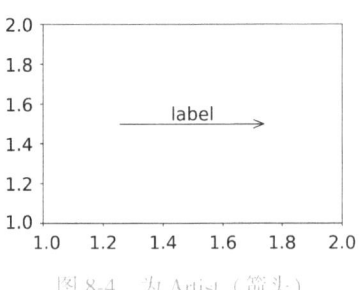

图 8-4 为 Artist（箭头）添加文本注释

3）使用 ax.annotate( ) 函数放置文本，label 为注释的文本内容；(.5,.5) 表示注释文本相对于箭头坐标系统的位置；xycoords=arr 表示注释位置使用箭头补丁 arr 的坐标系统。

8.2.2 将 Artist（图例）放置在轴中的锚点位置

有几类 Artist 可以放置在轴中的锚点位置。一个典型的例子就是图例。这种类型的 Artist 可以使用 OffsetBox 类创建。

一些预定义的类在 mpl_toolkits.axes_grid1.anchored_artists 和 matplotlib.offsetbox 中可用。

【例 8-4】 使用 AnchoredText 类在图表中添加带有文本的注释框。代码如下。

```
import matplotlib.pyplot as plt
from matplotlib.offsetbox import AnchoredText

fig,ax=plt.subplots(figsize=(6,4))
at=AnchoredText("Figure 1a",
            prop=dict(size=15),frameon=True,loc='upper left')
at.patch.set_boxstyle("round,pad=0.,rounding_size=0.2")
ax.add_artist(at)
plt.show()
```

运行结果如图 8-5 所示。下面对代码进行讲解。

1）从 Matplotlib 的 offsetbox 模块中导入 AnchoredText 类，这个类用于在图表中添加带有文本的注释框。

2）创建一个 AnchoredText 对象，文本内容为 Figure 1a；prop 参数指定了文本属性，例如字体大小为 15；frameon = True 表示显示注释框，loc = ' upper left '表示注释框的位置在左上角。

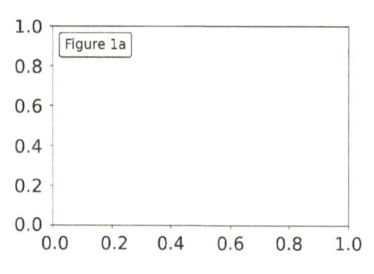

图 8-5　使用 AnchoredText 添加文本框

3）使用 at.patch.set_boxstyle 设置注释框的样式，boxstyle 参数用于设置框的样式；round 表示圆角矩形，pad = 0.表示没有填充，rounding_size = 0.2 表示圆角的大小。

8.2.3　为图添加 Artist（圆形、椭圆）对象

除文本和图例，圆形和椭圆等几何形状也是重要的注释工具。在本节中将学习如何在图表中添加圆形和椭圆对象，以便更好地标记和解释特定区域或数据点。

【例 8-5】　在图形绘制中使用 AnchoredDrawingArea 来创建固定像素大小的 Artist 对象，添加两个 Artist（圆形）对象。代码如下。

```python
import matplotlib.pyplot as plt
from matplotlib.patches import Circle
from mpl_toolkits.axes_grid1.anchored_artists import AnchoredDrawingArea

fig,ax=plt.subplots(figsize=(6,4))
ada=AnchoredDrawingArea(40,20,0,0,
                        loc='upper right',pad=0.,frameon=False)
p1=Circle((10,10),10)
ada.drawing_area.add_artist(p1)
p2=Circle((30,10),5,fc="r")
ada.drawing_area.add_artist(p2)
ax.add_artist(ada)
plt.show()
```

运行结果如图 8-6 所示。下面对代码进行讲解。

1）使用 AnchoredDrawingArea()创建一个固定大小的绘图区域，大小为 40 像素宽和 20 像素高。loc = ' upper right ' 将绘图区域锚定在图的右上角，loc 关键字在这里的意思与在 legend 命令中的相同，用于指定绘制区域的位置。pad = 0.指定绘图区域与轴之间的填充为 0。frameon = False 表示不绘制绘图区域的边框。

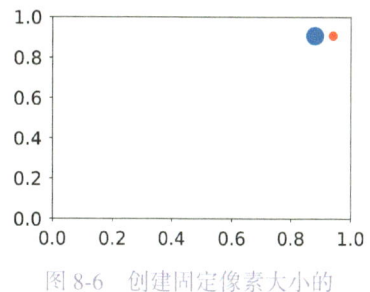

图 8-6　创建固定像素大小的 Artist（圆形）对象

2）Circle((10,10),10)表示创建一个半径为 10 像素的圆，中心位于（10,10）像素。使用 ada.drawing_area.add_artist(p1)将第 1 个圆添加到绘图区域。

3）这个实例是在绘图区域的大小（以像素为单位）被创建时确定的，可以向该绘图区域添加任意的 Artist 对象。需要注意的是，添加到绘图区域中的 Artist 对象的范围与绘图区

Matplotlib 科研绘图：基于 Python

域本身的位置无关，只有初始大小才重要。

4）添加到绘图区域中的 Artist 对象不应设置变换（因为它会被覆盖），这些 Artist 对象的尺寸被解释为像素坐标。上述例子中圆的半径分别是 10 像素和 5 像素。

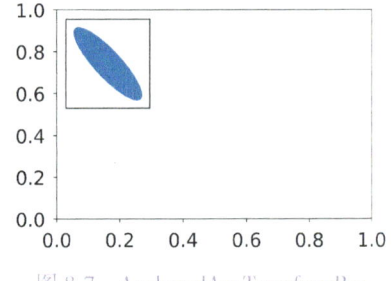

【例 8-6】 使用 AnchoredAuxTransformBox 类来绘制与数据坐标比例缩放的艺术对象。代码如下。

```python
import matplotlib.pyplot as plt
from matplotlib.patches import Ellipse
from mpl_toolkits.axes_grid1.anchored_artists import AnchoredAuxTransformBox

fig,ax=plt.subplots(figsize=(3,3))
box=AnchoredAuxTransformBox(ax.transData,loc='upper left')
el=Ellipse((0,0),width=0.1,height=0.4,angle=30)
box.drawing_area.add_artist(el)
ax.add_artist(box)
plt.show()
```

运行结果如图 8-7 所示。下面对代码进行讲解。

1）Ellipse 用于创建椭圆形对象。AnchoredAuxTransformBox 用于创建一个锚定的绘图区域。与 AnchoredDrawingArea 不同，AnchoredAuxTransformBox 在绘制时会根据指定的变换确定 Artist 对象的范围，从而实现随着数据坐标的变化自动缩放。

2）绘图区域的变换使用 ax.transData，即数据坐标变换；绘图区域在图的左上角。创建一个椭圆，中心在坐标 (0，0)，宽度为 0.1，高度为 0.4，旋转角度为 30 度。通过使用 box.drawing_area.add_artist() 函数将椭圆添加到绘图区域，ax.add_artist() 函数将绘图区域（包含椭圆）添加到轴中。

图 8-7　AnchoredAuxTransformBox 类的应用

【例 8-7】 通过 AnchoredOffsetbox 的 bbox_to_ 参数相对于父轴或锚点定位 Artist，使用 HPacker 和 VPacker 相对于另一个 Artist 自动定位该 Artist。代码如下。

```python
import matplotlib.pyplot as plt
from matplotlib.patches import Ellipse
from matplotlib.offsetbox import (AnchoredOffsetbox,DrawingArea,
                                  HPacker,TextArea)

fig,ax=plt.subplots(figsize=(6,4))
box1=TextArea(" Test: ",textprops=dict(color="k"))
box2=DrawingArea(60,20,0,0)

el1=Ellipse((10,10),width=16,height=5,angle=30,fc="r")
el2=Ellipse((30,10),width=16,height=5,angle=170,fc="g")
el3=Ellipse((50,10),width=16,height=5,angle=230,fc="b")
box2.add_artist(el1)
box2.add_artist(el2)
```

```
box2.add_artist(el3)

box=HPacker(children=[box1,box2],align="center",pad=0,sep=5)
anchored_box=AnchoredOffsetbox(loc='lower left',child=box,pad=0.,
                               frameon=True,bbox_to_anchor=(0.,1.02),
                               bbox_transform=ax.transAxes,
                               borderpad=0.,)
ax.add_artist(anchored_box)
fig.subplots_adjust(top=0.8)
plt.show()
```

运行结果如图8-8所示。下面对代码进行讲解。

1）AnchoredOffsetbox、DrawingArea、HPacker 和 TextArea 用于创建和排列 Artist 对象。

2）TextArea 创建一个文本区域，box1 显示文本 Test:，颜色为黑色。

3）DrawingArea 创建一个绘图区域，box2 为大小为 60×20 像素，位于左上角；使用 HPacker 将 box1（文本区域）和 box2（绘图区域）水平排列，间隔为 5 像素。

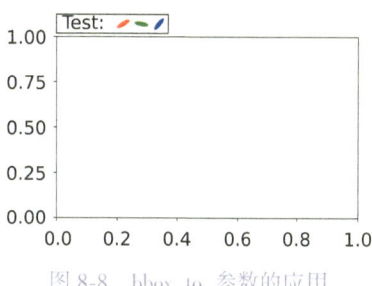

图 8-8 bbox_to_ 参数的应用

4）创建 AnchoredOffsetbox，将打包的 box 作为子对象，bbox_to_anchor=(0.,1.02) 将锚点设置在轴的(0,1.02)位置（在轴的相对坐标系中）。bbox_transform=ax.transAxes 指定 bbox_to_anchor 使用轴的坐标系；frameon=True 显示边框；pad=0. 和 borderpad=0. 设置内部和外部填充为 0。

8.3 使用箭头进行注释

通过在可选的关键字参数 arrowprops 中提供一个箭头属性字典，可以从文本到注释点绘制箭头，见表8-3。

表 8-3 arrowprops 参数和含义

参　数	含　义
width	箭头的宽度（以点为单位）。例如，width=1
frac	箭头长度中被箭头头部占据的部分。例如，frac=0.1
headwidth	箭头头部基部的宽度（以点为单位）。例如，headwidth=10
shrink	将箭头的尖端和基部分别从注释点和文本处移动一定百分比的距离。例如，shrink=0.05
**kwargs	任何 matplotlib.patches.Polygon 的关键字参数，例如 facecolor='red'，用于自定义颜色

8.3.1 箭头加文本进行注释

使用箭头和文本进行注释是最常见的方式之一，通过这种注释方式可以更直观地解释图表中的关键点，本小节将介绍使用箭头和文本进行注释。

Matplotlib 科研绘图：基于 Python

【例 8-8】 使用箭头对极坐标进行注释的示例。代码如下。

```
import matplotlib.pyplot as plt
import numpy as np

fig=plt.figure(figsize=(8,8))
ax=fig.add_subplot(projection='polar')
r=np.arange(0,1,0.001)                              # 生成径向数据
theta=2*2*np.pi*r                                   # 生成角度数据
line,=ax.plot(theta,r,color='#ee8d18',lw=3)
ind=800                                             # 选择要注释的点
thisr,thistheta=r[ind],theta[ind]
ax.plot([thistheta],[thisr],'o')                    # 在选择的点上绘制一个标记点
ax.annotate('a polar annotation',
            xy=(thistheta,thisr),                   # 注释点的坐标(theta,radius)
            xytext=(0.05,0.05),                     # 注释文本的位置(fraction,fraction)
            textcoords='figure fraction',
            arrowprops=dict(facecolor='black',shrink=0.05),
            horizontalalignment='left',
            verticalalignment='bottom')
plt.show()
```

运行结果如图 8-9 所示。代码中 xy 为注释点的极坐标位置；xytext 为注释文本的位置，使用图形的分数坐标系（0.05,0.05）表示图形左下角；设置箭头属性，箭头颜色为黑色，缩小 5%；注释文本的水平对齐方式为左对齐，垂直对齐方式为底部对齐。

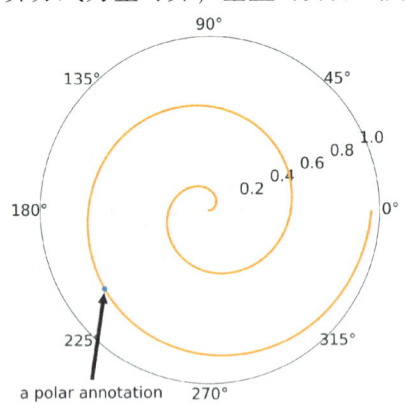

图 8-9 使用箭头对极坐标进行注释

8.3.2 只绘制箭头进行注释

通过指定 arrowprops 参数，可以选择性地绘制连接 xy 和 xytext 的箭头。只绘制箭头，使用空字符串作为第一个参数。

【例 8-9】 只绘制箭头进行注释示例。代码如下。

```
import matplotlib.pyplot as plt

fig,ax=plt.subplots(figsize=(8,5))
```

```
ax.annotate("",xy=(0.2,0.2),xycoords='data',xytext=(0.8,0.8),
    textcoords='data',arrowprops=dict(arrowstyle="->",
        connectionstyle="arc3",linewidth=2))
plt.show()
```

运行结果如图 8-10 所示。代码在图表中添加一个注释。只绘制箭头，使用空字符串作为第一个参数；xy 为箭头的终点坐标，指定终点和起点坐标的参考系统为' data '坐标系；xytext 为箭头的起点坐标；arrowprops 设置箭头属性；arrowstyle = " -> "指定箭头样式为单箭头；connectionstyle = " arc3 " 指定连接样式。

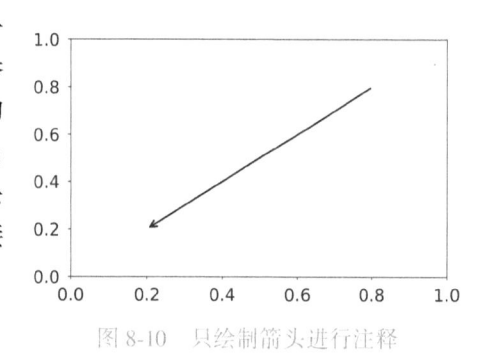

8.3.3 自定义注释箭头

图 8-10 只绘制箭头进行注释

箭头的绘制过程如下。

1）根据 connectionstyle 参数创建连接两个点的路径，见表 8-4。
2）如果设置了 patchA 和 patchB，则路径会被裁剪以避免这些区域。
3）路径会进一步根据 shrinkA 和 shrinkB（以像素为单位）进行收缩。
4）路径会根据 arrowstyle 参数被转换为箭头图案，见表 8-5。

表 8-4 connectionstyle 的参数及含义

参数	属性	含义
angle	angleA = 90，angleB = 0，rad = 0.0	创建一个带有起点角度（angleA）和终点角度（angleB），以及指定半径（rad）的角路径
angle3	angleA = 90，angleB = 0	类似于 angle，但使用带有三个控制点的二次样条段。指定起点角度（angleA）和终点角度（angleB）
arc	angleA = 0，angleB = 0，armA = None，armB = None，rad = 0.0	创建一个带有起点角度（angleA）和终点角度（angleB），臂长（armA 和 armB），以及半径（rad）的弧路径
arc3	rad = 0.0	类似于 arc，但使用带有三个控制点的二次样条段。指定半径（rad）
bar	armA = 0.0，armB = 0.0，fraction = 0.3，angle = None	创建一个带有臂长（armA 和 armB），总长度分数（fraction），以及角度的条状路径。行为目前定义不明确，未来可能会改变

注意，angle3 和 arc3 中的 3 表示生成的路径是二次样条线段（三个控制点）；bar 样式的行为目前尚未明确定义，将来可能会更改。

表 8-5 arrowstyle 的参数及含义

参数	属性	参数	属性
-	None	<->	head_length = 0.4，head_width = 0.2
->	head_length = 0.4，head_width = 0.2	<|-	head_length = 0.4，head_width = 0.2
-[	widthB = 1.0，lengthB = 0.2，angleB = None	<|-|>	head_length = 0.4，head_width = 0.2
|-|	widthA = 1.0，widthB = 1.0	fancy	head_length = 0.4，head_width = 0.4，tail_width = 0.4
-|>	head_length = 0.4，head_width = 0.2	simple	head_length = 0.5，head_width = 0.5，tail_width = 0.2
<-	head_length = 0.4，head_width = 0.2	wedge	tail_width = 0.3，shrink_factor = 0.5

Matplotlib 科研绘图：基于 Python

注意：某些箭头样式仅适用于生成二次样条曲线线段的连接样式，如 fancy、simple 和 wedge。对于这些箭头样式，必须使用 angle3 或 arc3 连接样式。

【例 8-10】 自定义注释箭头示例。代码如下。

```
import matplotlib.pyplot as plt
import matplotlib.patches as mpatches

fig,ax=plt.subplots(figsize=(6,6))
x1,y1=0.3,0.3
x2,y2=0.7,0.7
# 用红色标记点
ax.plot([x1,x2],[y1,y2],".",color='red',markersize=15)
# 创建一个椭圆
el=mpatches.Ellipse((x1,y1),0.3,0.4,angle=30,alpha=0.4)
ax.add_artist(el)
# 添加箭头注释
ax.annotate("",xy=(x1,y1),xycoords='data',
            xytext=(x2,y2),textcoords='data',
            arrowprops=dict(arrowstyle="-",color="blue",patchB=None,
                            linewidth=2,shrinkB=0,
                            connectionstyle="arc3,rad=0.3",),)
# 添加文本注释
ax.text(.05,.95,"connect",transform=ax.transAxes,
        ha="left",va="top",fontsize=25)
# 设置轴范围和比例
ax.set(xlim=(0,1),ylim=(0,1),xticks=[],yticks=[],aspect=1)
plt.show()
```

运行结果如图 8-11a 所示。下面对代码进行讲解。

1）导入 matplotlib.patches 创建复杂形状（如椭圆）。使用 mpatches.Ellipse( ) 函数在点 (x1,y1) 处创建一个半透明的椭圆，宽度、高度和旋转角度分别设置为 0.3、0.4 和 30°，透明度为 0.4。

2）箭头属性通过 arrowprops 字典进行设置。arrowstyle = " - " 为直线箭头样式；patchB = None 表示没有特定的裁剪区域；shrinkB = 0 表示箭头的起点和终点不收缩；connectionstyle = "arc3，rad = 0.3" 表示连接样式为弧线，半径为 0.3。

3）通过 text( ) 函数在绘图区域内添加文本 connect，位置由相对于轴坐标的 0.05 和 0.95 确定，分别表示左下角和右上角的位置。

4）通过对 patchB 进行调整，使得箭头路径根据 el（一个椭圆）的边界进行裁剪，将 annotate( ) 函数和 text( ) 函数替换为如下代码。

```
ax.annotate("",xy=(x1,y1),xycoords='data',
            xytext=(x2,y2),textcoords='data',
            arrowprops=dict(arrowstyle="-",color="0.5",patchB=el,
                            linewidth=2,shrinkB=0,connectionstyle="arc3,rad=0.3",),)
ax.text(.05,.95,"clip",transform=ax.transAxes,ha="left",va="top",
        fontsize=25)
```

运行结果如图 8-11b 所示。

5）通过对 shrinkB 进行调整，使得箭头终点在 el（一个椭圆）的边界上收缩 5 个单位，将 annotate( ) 函数和 text( ) 函数替换为如下代码。

```
ax.annotate("",xy=(x1,y1),xycoords='data',
        xytext=(x2,y2),textcoords='data',
        arrowprops=dict(arrowstyle="-",color="0.5",linewidth=2,
        patchB=el,shrinkB=5,connectionstyle="arc3,rad=0.3",),)
ax.text(.05,.95,"shrink",transform=ax.transAxes,ha="left",va="top",
        fontsize=25)
```

运行结果如图 8-11c 所示。

6）可以通过对 arrowstyle 进行调整，绘制带有装饰效果的箭头，将 annotate( ) 函数和 text( ) 函数替换为如下代码。

```
ax.annotate("",xy=(x1,y1),xycoords='data',
        xytext=(x2,y2),textcoords='data',
        arrowprops=dict(arrowstyle="fancy",color="blue",linewidth=1,
        patchB=el,shrinkB=5,connectionstyle="arc3,rad=0.3",),)
ax.text(.05,.95,"mutate",transform=ax.transAxes,ha="left",va="top",
        fontsize=25 )
```

运行结果如图 8-11d 所示。读者还可以尝试其他参数设置，并查看箭头效果。

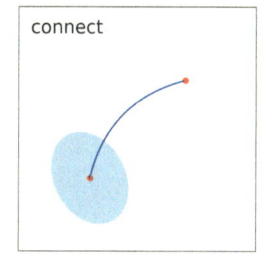

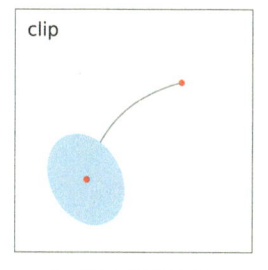

a）直接连接两个点　　b）对线段进行裁剪　　c）终点在椭圆边界上收缩　　d）带有装饰效果

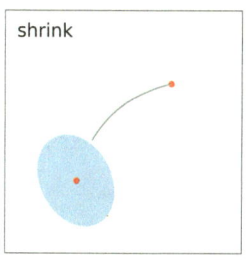

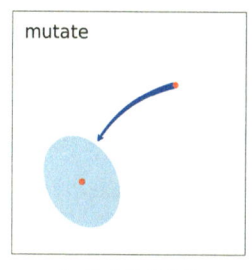

图 8-11　自定义注释箭头

【例 8-11】　通过 connectionstyle 键控制两点之间的连接路径。代码如下。

```
import matplotlib.pyplot as plt

fig,ax=plt.subplots(figsize=(6,6))
x1,y1=0.3,0.2                                          #定义箭头连接的起点
x2,y2=0.8,0.6                                          #定义箭头连接的终点
ax.plot([x1,x2],[y1,y2],".",color='red',markersize=15)
                                                       #用红色标记起点和终点
ax.annotate("",xy=(x1,y1),xycoords='data',             #箭头起点坐标
        xytext=(x2,y2),textcoords='data',              #箭头终点坐标
        arrowprops=dict(arrowstyle="->",color="blue",  #箭头样式和颜色
            shrinkA=5,shrinkB=5,                       #箭头两端的缩进
            patchA=None,patchB=None,                   #无补丁
```

```
                          connectionstyle="angle3,angleA=90,angleB=0",
                          linewidth=2),)                          #添加箭头注释
ax.text(.05,.95,"angle3,\nangleA=90,\nangleB=0",
        transform=ax.transAxes,ha="left",va="top",fontsize=20)
ax.set(xlim=(0,1),ylim=(0,1),xticks=[],yticks=[],aspect=1)
plt.show()
```

运行结果如图 8-12a 所示。下面对代码进行讲解。

1) annotate( ) 函数添加箭头注释，箭头的样式和颜色由 arrowprops 参数指定。arrowstyle ="->"指定箭头的样式为实心箭头；connectionstyle ="angle3，angleA = 90，angleB = 0"为连接样式，表示使用角度为 90°和 0°的三角形；使用 text( ) 函数在图上添加文本注释，显示连接样式。

2) 在 connectionstyle ="angle，angleA = -90，angleB = 180，rad = 0 情况下，将 annotate( ) 函数和 text( ) 函数替换为如下代码。运行结果如图 8-12b 所示。

```
ax.annotate("",xy=(x1,y1),xycoords='data',
            xytext=(x2,y2),textcoords='data',
            arrowprops=dict(arrowstyle="->",color="blue",
                shrinkA=5,shrinkB=5,patchA=None,patchB=None,
                connectionstyle="angle,angleA=-90,angleB=180,rad=0",
                linewidth=2),)
ax.text(.05,.95,"angle,\nangleA=-90,\nangleB=180,\nrad=0",
        transform=ax.transAxes,ha="left",va="top",fontsize=20)
```

3) 在 connectionstyle ="angle，angleA = -90，angleB = 180，rad = 10"情况下，将 annotate( ) 函数和 text( ) 函数替换为如下代码。运行结果如图 8-12c 所示。

```
ax.annotate("",xy=(x1,y1),xycoords='data',
            xytext=(x2,y2),textcoords='data',
            arrowprops=dict(arrowstyle="->",color="blue",
                shrinkA=5,shrinkB=5,patchA=None,patchB=None,
                connectionstyle="angle,angleA=-90,angleB=180,rad=10",
                linewidth=2),)
ax.text(.05,.95,"angle,\nangleA=-90,\nangleB=180,\nrad=10",
        transform=ax.transAxes,ha="left",va="top",fontsize=20)
```

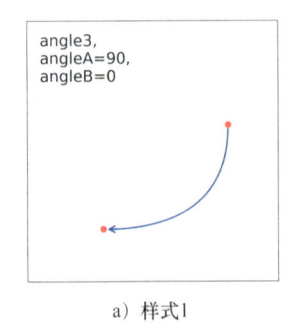

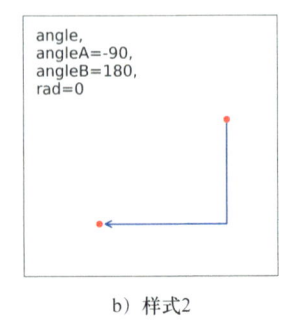

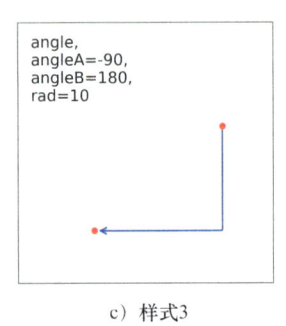

a) 样式1　　　　　　b) 样式2　　　　　　c) 样式3

图 8-12　箭头样式（一）

同样的，读者还可以将箭头设置为其他样式，如下各条语句。运行结果如图 8-13 所示。

```
connectionstyle="angle,angleA=-90,angleB=10,rad=10"
connectionstyle="arc,angleA=-90,angleB=0,armA=30,armB=30,rad=0"
connectionstyle="arc,angleA=-90,angleB=0,armA=30,armB=30,rad=10"
connectionstyle="arc,angleA=-90,angleB=0,armA=0,armB=40,rad=0"
connectionstyle="arc3,rad=0"
connectionstyle="arc3,rad=0.5"
connectionstyle="arc3,rad=-0.5"
connectionstyle="bar,fraction=0.3"
connectionstyle="bar,fraction=-0.3"
connectionstyle="bar,angle=180,fraction=-0.2"
```

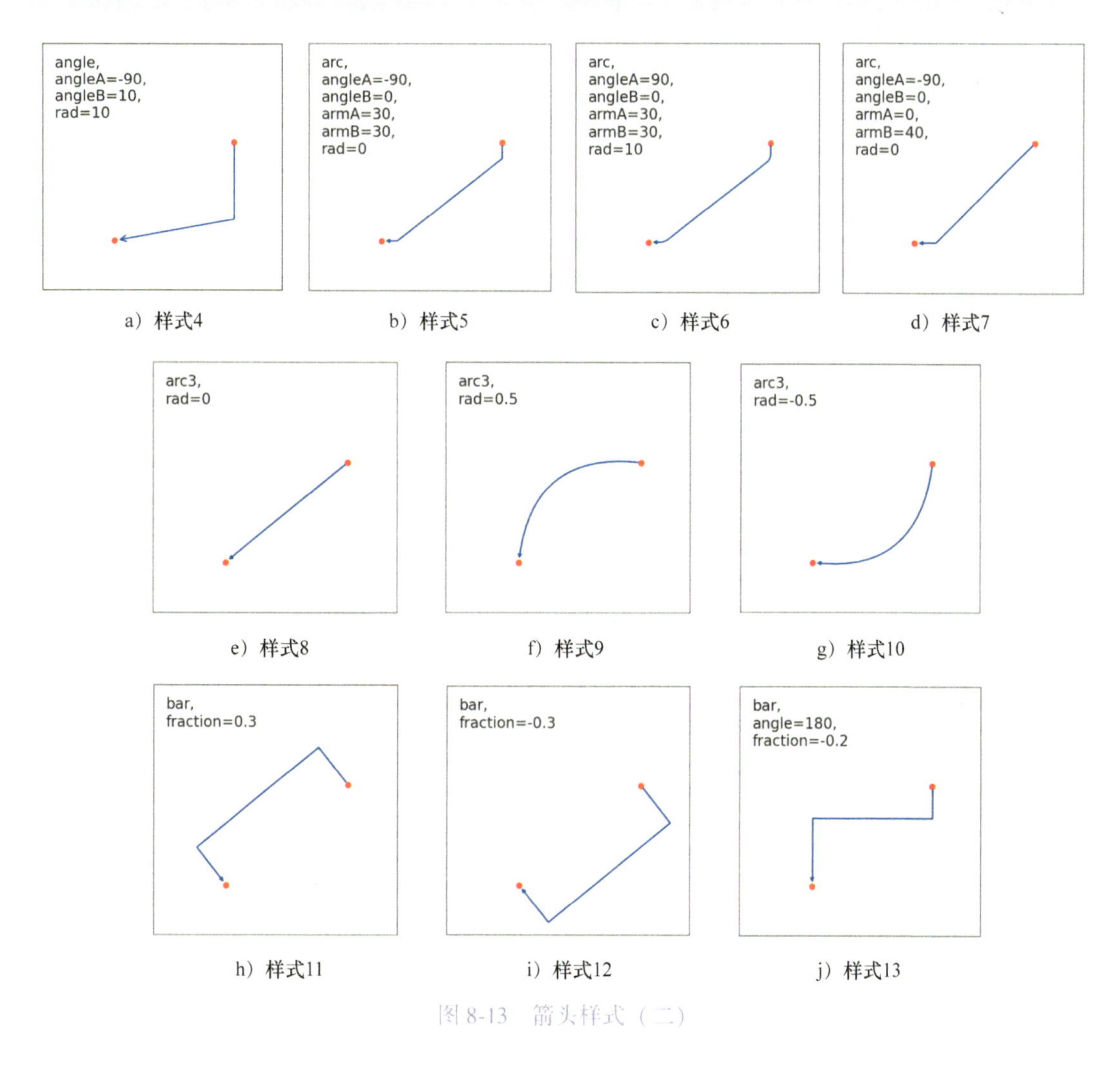

a）样式4　　b）样式5　　c）样式6　　d）样式7

e）样式8　　f）样式9　　g）样式10

h）样式11　　i）样式12　　j）样式13

图 8-13　箭头样式（二）

【例 8-12】 调整 arrowstyle 参数，连接路径（在剪切和收缩之后）将突变为箭头补丁（即连接的方式不一样了）。代码如下。

```
import matplotlib.pyplot as plt
import matplotlib.patches as mpatches
```

Matplotlib 科研绘图：基于 Python

```
import inspect
import itertools
import re

fig,ax=plt.subplots(figsize=(6,6))
styles=mpatches.ArrowStyle.get_styles()              # 获取所有可用的箭头样式
stylename,stylecls=list(styles.items())[0]           # 选择第 1 个箭头样式进行演示
l,=ax.plot(.35,.5,"ok",transform=ax.transAxes)
# 使用 annotate 方法绘制带有箭头的注释
ax.annotate(stylename,(.35,.5),(.7,.85),
    xycoords="axes fraction",textcoords="axes fraction",size=16,
    color="red",horizontalalignment="center",verticalalignment="center",
    arrowprops=dict(
    arrowstyle=stylename,connectionstyle="arc3,rad=-0.05",
    color="blue",shrinkA=5,shrinkB=5,patchB=l,linewidth=3),
    bbox=dict(boxstyle="square",fc="w"))
# 获取箭头样式类的签名,并格式化成字符串
s=str(inspect.signature(stylecls))[1:-1]
n=2 if s.count(',') > 3 else 1
# 在坐标 (.5,.4) 处添加文本,显示箭头样式的默认参数
ax.text(0.5,.4,re.sub(',',lambda m,c=itertools.count(1): m.group() if
    next(c) % n else '\n',s),transform=ax.transAxes,
    horizontalalignment="center",verticalalignment="top",fontsize=14)

ax.set(xlim=(0,1),ylim=(0,1),xticks=[],yticks=[],aspect=1)
plt.show()
```

运行结果如图 8-14a 所示。下面对代码进行讲解。

1）mpatches.ArrowStyle.get_styles( ) 获取所有可用的箭头样式。选择第二个箭头样式进行演示。在子图的相对坐标（0.35,0.5）处绘制一个黑点。使用 ax.annotate 方法绘制带有箭头的注释，注释从（0.35,0.5）到（0.7,0.85），箭头颜色为蓝色，线条宽度为 3，起点和终点分别缩进 5 个单位，终点关联到黑点上。

2）str(inspect.signature(stylecls)) [1:-1] 获取箭头样式类的签名，并格式化成字符串。ax.text 在子图的相对坐标（0.5,0.4）处添加文本，显示箭头样式的默认参数，字体大小为 14，文本对齐方式为居中对齐。

3）查看第 1 个箭头样式，将 stylename,stylecls = list(styles.items( )) [0] 替换为如下代码。运行结果如图 8-14b 所示。

```
stylename,stylecls=list(styles.items())[1]
```

4）查看第 3 个箭头样式，将 stylename,stylecls = list(styles.items( )) [0] 替换为如下代码。运行结果如图 8-14c 所示。

```
stylename,stylecls=list(styles.items())[2]
```

同样的，读者还可以将箭头设置为其他样式，即将最后的数字依次改为 3~15，然后分别运行，结果如图 8-14d~p 所示。

图 8-14 箭头样式（三）

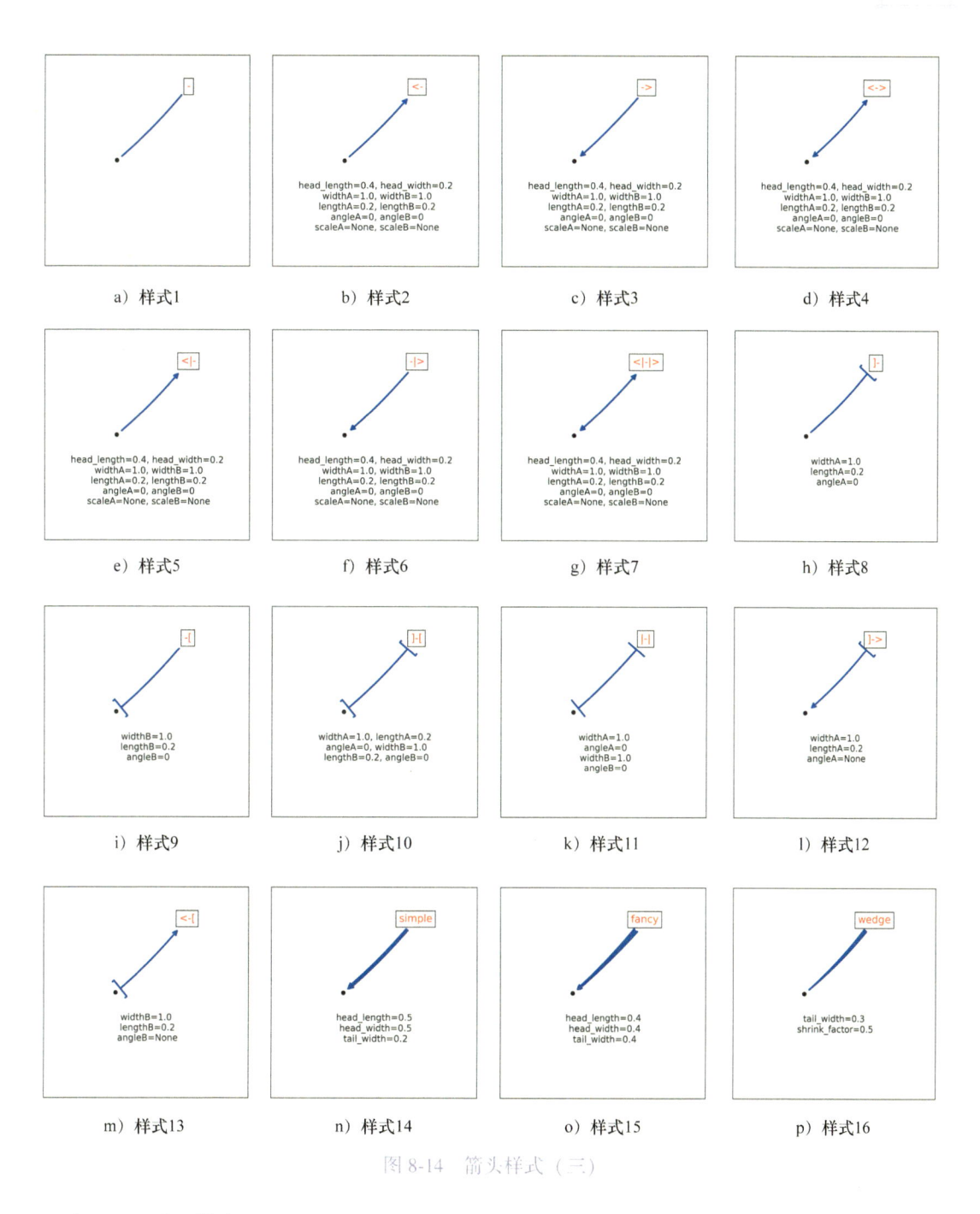

【例 8-13】 结合 arrowstyle 和 connectionstyle 绘制箭头示例。代码如下。

```
import matplotlib.pyplot as plt
fig,ax=plt.subplots(figsize=(6,6))

ax.annotate("Test",xy=(0.2,0.2),xycoords='data',xytext=(0.8,0.8),
            textcoords='data',size=20,va="center",ha="center",
```

171

```
                arrowprops=dict(arrowstyle="simple",
                connectionstyle="arc3,rad=-0.2"))
plt.show()
```

运行结果如图 8-15 所示。下面对代码进行讲解。

1) 使用 ax.annotate 方法在子图中绘制带有箭头的注释。参数 arrowstyle 指定箭头的样式为 simple，结合参数 connectionstyle 指定箭头连接线的样式为 arc3,rad=-0.2，即弧形连接，弯曲半径为-0.2。

2) 与 text( ) 函数一样，可以使用 bbox 参数在文本周围绘制一个框，将 ax.annotate( ) 函数替换为如下代码。

```
ann=ax.annotate("Test",xy=(0.2,0.2),xycoords='data',
                xytext=(0.8,0.8),textcoords='data',
                size=20,va="center",ha="center",
                bbox=dict(boxstyle="round4",fc="w"),
                arrowprops=dict(arrowstyle="-|>",
                connectionstyle="arc3,rad=-0.2",fc="w"))
```

运行结果如图 8-16 所示。

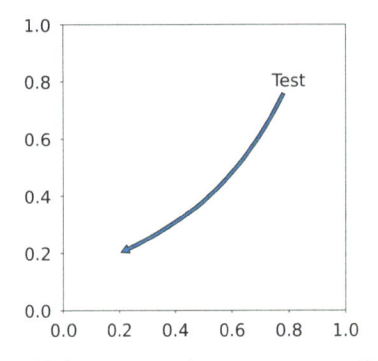

图 8-15　结合 arrowstyle 和 connectionstyle 绘制箭头　　　　图 8-16　使用 bbox 参数绘制文本框

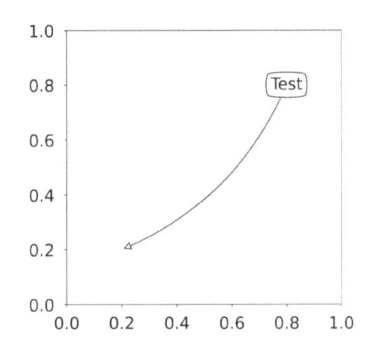

3) 默认情况下，起点设置为文字范围的中心。可以通过 relpos 进行调整。这些值将根据文本的范围进行规范化。例如，(0,0) 表示左下角，(1,1) 表示右上角。调整起点位置，将 ax.annotate( ) 函数替换为如下代码。

```
ann=ax.annotate("Test",xy=(0.2,0.2),xycoords='data',
                xytext=(0.8,0.8),textcoords='data',
                size=20,va="center",ha="center",
                bbox=dict(boxstyle="round4",fc="w"),
                arrowprops=dict(arrowstyle="-|>",
                connectionstyle="arc3,rad=0.2",relpos=(0.,0.),fc="w"))
ann=ax.annotate("Test",xy=(0.2,0.2),xycoords='data',
                xytext=(0.8,0.8),textcoords='data',
                size=20,va="center",ha="center",
                bbox=dict(boxstyle="round4",fc="w"),
                arrowprops=dict(arrowstyle="-|>",
                connectionstyle="arc3,rad=-0.2",relpos=(1.,0.),fc="w"))
```

运行结果如图 8-17 所示。

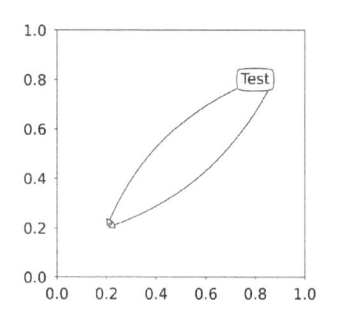

图 8-17　使用 relpos 调整起点位置

8.4　相对于数据放置文本注释

通过将 textcoords 关键字参数设置为 offsetpoints 或 offsetpixels，可以将注释定位在相对于注释的 xy 输入的相对偏移量处。

【例 8-14】　相对于数据放置文本注释的示例。代码如下。

```
import matplotlib.pyplot as plt
import numpy as np

fig,ax=plt.subplots(figsize=(8,5))
x=[1,3,5,7,9]                                      # x 数据
y=[2,4,6,8,10]                                     # y 数据
annotations=["A","B","C","D","E"]                  # 文本数据
ax.scatter(x,y,s=20)                               # 绘制散点图
for xi,yi,text in zip(x,y,annotations):            # 添加注释
    ax.annotate(text,xy=(xi,yi),xycoords='data',
                xytext=(1.5,1.5),textcoords='offset points')
plt.show()
```

运行结果如图 8-18 所示。代码通过循环遍历每个数据点，并添加注释。xy 为注释点的坐标，使用 data 坐标系。xytext 为注释文本相对于注释点的偏移，单位为点（points），即将文本在注释点的右上角偏移 1.5 个点，xytext 使用相对于注释点的偏移坐标系（以点为单位）。

最后，使得在每个散点上方稍微偏右的地方添加一个注释，注释文本分别为 A、B、C、D 和 E。

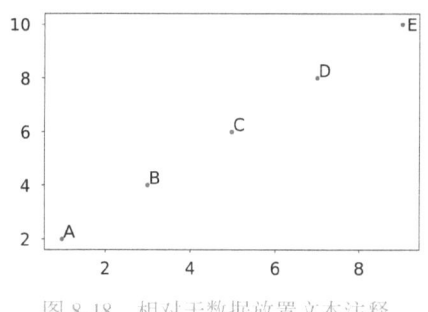

图 8-18　相对于数据放置文本注释

8.5　坐标系的注释

Matplotlib 中注释（annotations）支持多种坐标系统，如，数据坐标系统（Data Coordinate System）是最常用的坐标系统，使用数据点的实际值进行定位。Transform instance（变换实

Matplotlib 科研绘图：基于 Python

例）将坐标映射到不同的坐标系统，通常是显示坐标系统（Display Coordinate System）。

8.5.1 变换实例（Transform instance）

变换实例（Transform instance）用于将坐标系从一个空间转换到另一个空间。通过使用变换实例，可以精确地控制注释的位置和角度，使其与图表中的元素保持一致。

【例 8-15】 通过 Transform instance（变换实例）来定位注释，使用 Axes.transAxes 变换相对于轴坐标定位注释。代码如下。

```
import matplotlib.pyplot as plt
fig,(ax1,ax2)=plt.subplots(nrows=1,ncols=2,figsize=(6,3))
ax1.annotate("Test",xy=(0.2,0.2),xycoords=ax1.transAxes,fontsize=30)
ax2.annotate("Test",xy=(0.2,0.2),xycoords="axes fraction",fontsize=30)
plt.show()
```

运行结果如图 8-19 所示。代码中在第 1 个子图 ax1 中添加一个注释，文本为 Test。xycoords=ax1.transAxes 使用 ax1 的轴坐标系统。Axes.transAxes 将注释相对于轴进行定位，其中 (0,0) 表示轴的左下角，(1,1) 表示轴的右上角。

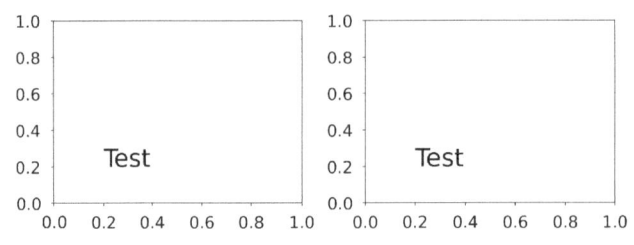

图 8-19 Axes.transAxes 变换相对于轴坐标定位注释

【例 8-16】 另一个常用的变换实例是 Axes.transData，用于在两个轴中的相关数据点之间绘制箭头。代码如下。

```
import matplotlib.pyplot as plt
import numpy as np
x=np.linspace(-1,1)

fig,(ax1,ax2)=plt.subplots(nrows=1,ncols=2,figsize=(12,4))
ax1.plot(x,-x**3,color='red')
ax2.plot(x,-3*x**2,color='red')
ax2.annotate("",
            xy=(0,0),xycoords=ax1.transData,
            xytext=(0,0),textcoords=ax2.transData,
            arrowprops=dict(arrowstyle="<->",linewidth=2))
plt.show()
```

运行结果如图 8-20 所示。代码中 annotate 方法在第 2 个子图 ax2 中添加一个注释，使用箭头连接两个子图。""表示注释的文本为空，即不显示文本。

xy=(0,0),xycoords=ax1.transData 表示箭头的起点在第 1 个子图 ax1 的数据坐标 (0,0)

处。xytext=(0,0),textcoords=ax2.transData 表示箭头的终点在第 2 个子图 ax2 的数据坐标 (0,0) 处。

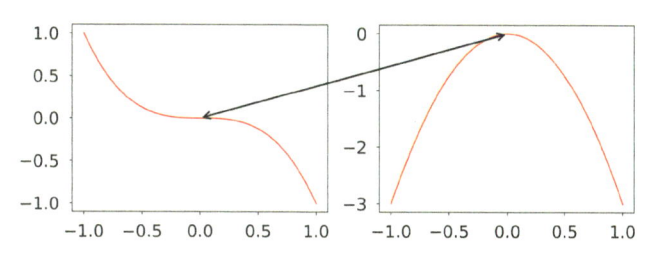

图 8-20 Axes.transData 在两个轴中的相关数据点之间绘制箭头

8.5.2 使用可调用对象，并返回 BboxBase

另一种注释坐标系的方法是使用可调用对象，并返回边界框（BboxBase）。它是 Matplotlib 中的一个类，表示一个边界框，定义一个矩形区域。通过返回 BboxBase，可以为图表中的特定区域添加注释，使用可调用对象可以生成边界框，根据需要调整其位置和大小。

【例 8-17】 Artist.get_window_extent 的应用，该返回值是一个 bbox。代码如下。

```
import matplotlib.pyplot as plt

fig,ax=plt.subplots(nrows=1,ncols=1,figsize=(8,5))
an1=ax.annotate("Test 1",
                xy=(0.3,0.5),xycoords="data",
                va="center",ha="center",fontsize=20,
                bbox=dict(boxstyle="round",fc="w"))
an2=ax.annotate("Test 2",
                xy=(1,0.5),xycoords=an1.get_window_extent,
                xytext=(30,0),textcoords="offset points",
                va="center",ha="left",fontsize=20,
                bbox=dict(boxstyle="round",fc="w"),
                arrowprops=dict(arrowstyle="->",linewidth=2))
plt.show()
```

运行结果如图 8-21 所示。代码中 annotate 方法在子图 ax 中添加第一个注释 an1。bbox＝dict(boxstyle＝"round"，fc＝"w") 设置注释文本的边框样式为圆角矩形，背景颜色为白色。

在子图 ax 中添加第二个注释 an2。xycoords＝an1.get_window_extent 使用第一个注释 an1 的窗口范围作为坐标系，它是轴对象的边界框，与将坐标系设置为 axes fraction 相同。xytext＝(30,0)，textcoords＝"offsetpoints"使用偏移点作为文本坐标系，文本偏移量为 (30,0)。

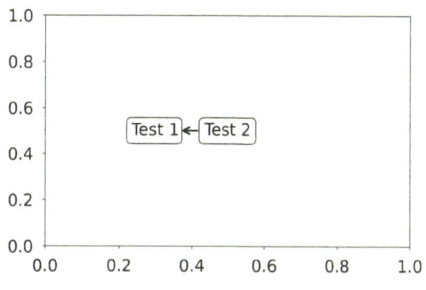

图 8-21 Artist.get_window_extent 的应用

8.6 非文本注释

非文本注释是指在图形中添加的注释不包含文字内容,通常用于突出显示数据或提供视觉辅助。例如,箭头、形状和图形标记等。

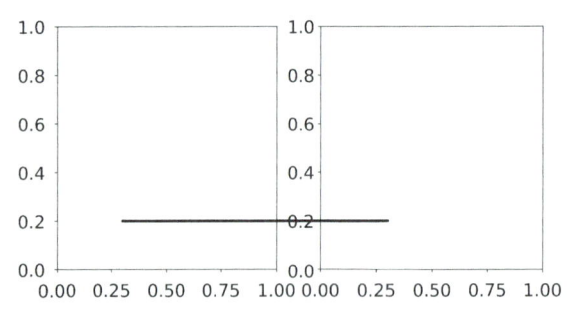

【例 8-18】 使用 ConnectionPatch 进行注释。代码如下。

```
from matplotlib.patches import ConnectionPatch
import matplotlib.pyplot as plt

fig,(ax1,ax2)=plt.subplots(nrows=1,ncols=2,figsize=(10,5))
xy=(0.3,0.2)
con=ConnectionPatch(xyA=xy,coordsA=ax1.transData,
                    xyB=xy,coordsB=ax2.transData,linewidth=3)

fig.add_artist(con)
plt.show()
```

运行结果如图 8-22 所示。代码中使用 ConnectionPatch 创建一个连接补丁 con,连接点 xyA 和 xyB 都是(0.3,0.2)。coordsA=ax1.transData 和 coordsB=ax2.transData 表示连接点的坐标系分别是 ax1 和 ax2 的数据坐标系,最后将 ConnectionPatch 添加到图形。

图 8-22 ConnectionPatch 进行注释

8.7 本章小结

本章涵盖 Matplotlib 中注释的多个方面,从基本的文本注释到复杂的非文本注释,通过本章的学习,您将掌握如何使用 annotate 方法添加文本注释;将注释与箭头、图例、形状等形状关联;使用箭头结合文本或单独绘制箭头进行注释,并自定义箭头样式,在图表中使用数据坐标系或其他坐标系来精确放置文本注释;使用非文本元素(如形状、箭头等)在图表中添加视觉辅助和突出显示特定区域。

第 9 章 等高线绘制

等高线图是一种二维图形显示技术，用于表示三维数据的等值线。它在科学和工程领域广泛应用，如地形图、气象图和物理场的可视化。本章将详细介绍如何绘制各种类型的等高线图，包括不填充的等高线图、填充的等高线图、方向标注、对数色标、掩蔽操作以及处理不规则数据和非结构化三角形网格的等值线图。

9.1 不填充的等高线图

contour 函数用于绘制不填充的等高线图，它展示的是三维数据在二维平面上的投影，通过颜色的渐变来表示不同的高度或数值范围，基本语法如下。

```
contour(X,Y,Z,levels=10,cmap=None,norm=None,vmin=None,vmax=None,
    alpha=None,origin=None,extent=None,locator=None,
    extend='neither',xunits=None,yunits=None,antialiased=False,
    Nchunk=0,*,linewidths=None,linestyles=None,hatches=None,
    data=None,**kwargs)
```

部分参数的含义见表 9-1。

表 9-1 contour 函数的参数含义

参 数	含 义
X	x 坐标的 2 维数组或 1 维数组。如果为 1 维数组，它们将被广播为 2 维数组
Y	y 坐标的 2 维数组或 1 维数组。如果为 1 维数组，它们将被广播为 2 维数组
Z	z 数据的 2 维数组，表示在每个（x,y）点的高度值
levels	int 或 array-like，指定等高线的数量或特定的等高线值
cmap	字符串或 Colormap 对象，用于指定颜色映射
norm	Normalize 对象，用于缩放数据值到颜色映射范围
vmin	最小数据值，用于颜色映射。如果未指定，将从数据中自动推断
vmax	最大数据值，用于颜色映射。如果未指定，将从数据中自动推断
alpha	透明度，范围为 0（完全透明）到 1（完全不透明）
origin	None 或字符串，表示数据的起源（upper、lower 等）
extent	数据的边界［xmin,xmax,ymin,ymax］

Matplotlib 科研绘图：基于 Python

(续)

参　数	含　义
locator	用于确定等高线位置的 Locator 对象
extend	字符串（neither、both、min、max），控制颜色条是否延伸以显示超出范围的数据
xunits	字符串或 UNIT 对象，用于 x 坐标轴的单位
yunits	字符串或 UNIT 对象，用于 y 坐标轴的单位
antialiased	布尔值，是否对等高线进行抗锯齿处理
Nchunk	用于控制等高线分块的整数
linewidths	等高线的线宽
linestyles	等高线的线型
hatches	填充区域的图案
data	None 或者可选的 dict，用于传递参数
**kwargs	其他关键字参数，传递给 QuadContourSet 对象

【例 9-1】 绘制不填充的等高线图示例。代码如下。

```python
import matplotlib.pyplot as plt
import numpy as np
import matplotlib.ticker as ticker
import matplotlib.cm as cm

delta=0.025                              # 定义网格密度
x=np.arange(-3.0,3.0,delta)              # 生成 x 的范围
y=np.arange(-2.0,2.0,delta)              # 生成 y 的范围
X,Y=np.meshgrid(x,y)                     # 生成网格数据
Z1=np.exp(-X**2-Y**2)                    # 第一个高斯函数
Z2=np.exp(-(X-1)**2-(Y-1)**2)            # 第二个高斯函数,中心点位移
Z=(Z1-Z2)*2                              # 计算最终的 Z 值

fig,ax=plt.subplots()
# ①
CS=ax.contour(X,Y,Z)                     # 绘制等高线图
ax.clabel(CS,inline=True,fontsize=10)    # 添加等高线标签
ax.set_title('Simplest default with labels')
plt.show()
```

运行结果如图 9-1 所示。下面对代码进行讲解。

1) 定义网格密度，即 x 和 y 坐标的间隔为 0.025，第一个高斯函数的中心在原点，第二个高斯函数的中心在 (1,1)。然后将它们相减并乘以 2，得到最终的 Z 值。

2) 使用 ax.contour 函数绘制等高线图，X 和 Y 是网格数据，Z 是对应的高度值。clabel() 在等高线图上添加标签，inline = True 表示标签会嵌入在等高线上，删除标签下面的线。

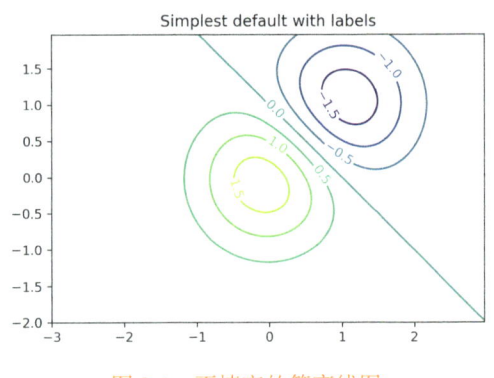

图 9-1　不填充的等高线图

3）通过提供位置列表（在数据坐标中），可以手动放置等高线标签。将①后的代码替换为如下代码即可实现。运行结果如图 9-2 所示。

```
CS=ax.contour(X,Y,Z)
manual_locations=[(-1,-1.4),(-0.62,-0.7),(-2,0.5),
(1.7,1.2),(2.0,1.4),(2.4,1.7)]
ax.clabel(CS,inline=True,fontsize=10,manual=manual_locations)
ax.set_title('labels at selected locations')
plt.show()
```

4）强制所有等高线为相同的颜色。将①后的代码替换为如下代码即可实现。运行结果如图 9-3 所示。

```
CS=ax.contour(X,Y,Z,6,colors='r')
ax.clabel(CS,fontsize=9,inline=True)
ax.set_title('Single color-negative contours dashed')
plt.show()
```

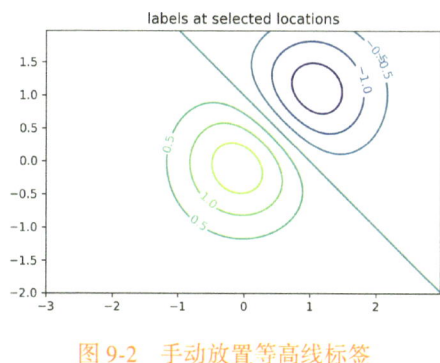

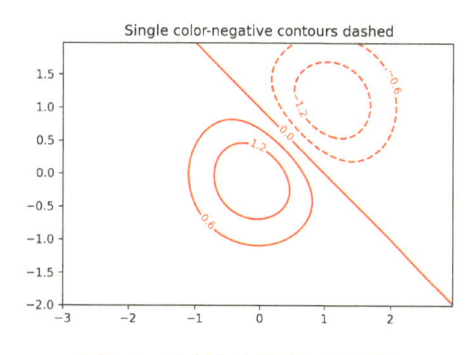

图 9-2　手动放置等高线标签

图 9-3　强制所有等高线为红色

5）将负等高线设置为实线而不是虚线。将①后的代码替换为如下代码即可实现。运行结果如图 9-4 所示。

```
plt.rcParams['contour.negative_linestyle']='solid'
CS=ax.contour(X,Y,Z,6,colors='k')
ax.clabel(CS,fontsize=9,inline=True)
ax.set_title('Single color-negative contours solid')
plt.show()
```

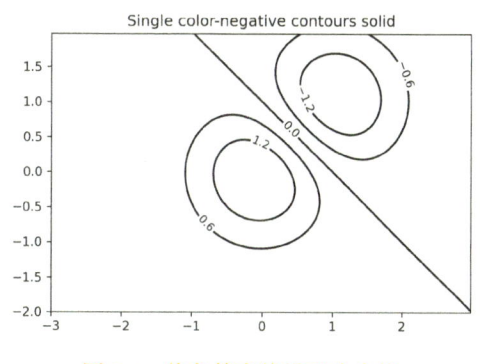

图 9-4　将负等高线设置为实线

6）手动指定等高线的颜色。将①后的代码替换为如下代码即可实现。运行结果如图 9-5 所示。

```
CS=ax.contour(X,Y,Z,6,linewidths=np.arange(.5,4,.5),
              colors=('r','green','blue',(1,1,0),'#afeeee','0.5'),)
ax.clabel(CS,fontsize=9,inline=True)
ax.set_title('Crazy lines')
plt.show()
```

7）使用自定义格式化程序添加等高线的百分比标签。将①后的代码替换为如下代码即可实现。运行结果如图 9-6 所示。

```
# 定义自定义格式化函数,该函数删除尾随零,并添加百分号
def fmt(x):
    s=f"{x:.1f}"                                      # 格式化为一位小数
    if s.endswith("0"):                               # 如果结果以零结尾
        s=f"{x:.0f}"                                  # 则删除小数部分
    return rf"{s} \%" if plt.rcParams["text.usetex"] else f"{s} %"
                                                      # 添加百分号
CS=ax.contour(X,Y,Z)                                  # 绘制基本的等高线图
ax.clabel(CS,CS.levels,inline=True,fmt=fmt,fontsize=10)
plt.show()
```

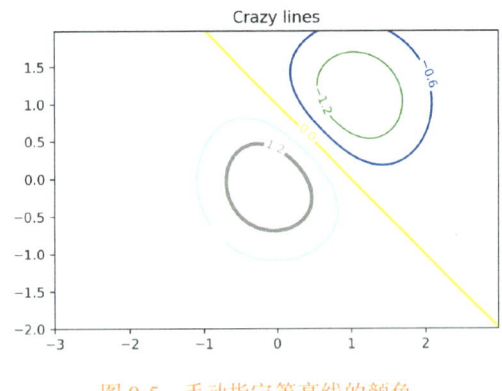

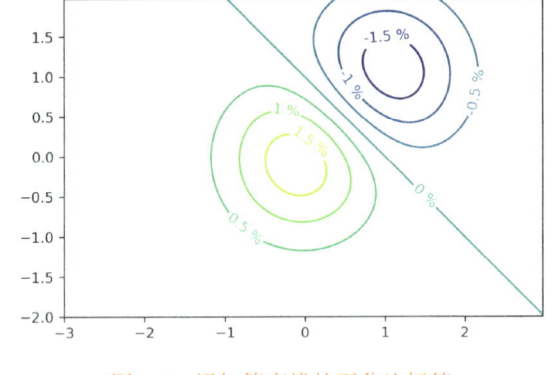

图 9-5　手动指定等高线的颜色　　　　　图 9-6　添加等高线的百分比标签

8）使用字典为等高线标注字符串标签。将①后的代码替换为如下代码即可实现。运行结果如图 9-7 所示。

```
CS=ax.contour(X,Y,Z)
# 创建格式化字典,将等高线级别映射到字符串标签
fmt={}
strs=['first','second','third','fourth','fifth','sixth','seventh']
for l,s in zip(CS.levels,strs):
    fmt[l]=s
# 使用自定义字符串标签为每隔一条等高线添加标签
ax.clabel(CS,CS.levels[::2],inline=True,fmt=fmt,fontsize=10)
plt.show()
```

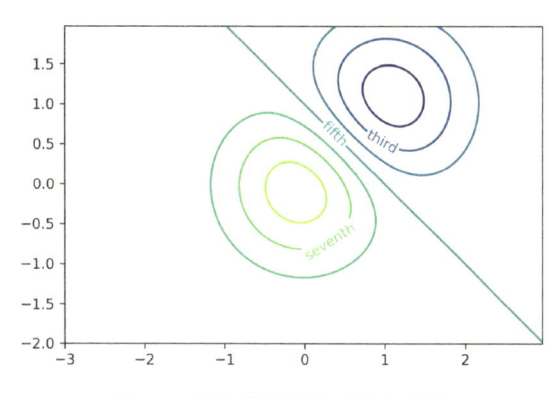

图 9-7　添加等高线的字符串标签

9）为等高线标注指数标签。将①后的代码替换为如下代码即可实现。运行结果如图 9-8 所示。

```
CS=ax.contour(X,Y,100**Z,locator=plt.LogLocator())
fmt=ticker.LogFormatterMathtext()
fmt.create_dummy_axis()
ax.clabel(CS,CS.levels,fmt=fmt)
plt.show()
```

10）使用颜色映射表指定颜色。将①后的代码替换为如下代码即可实现。运行结果如图 9-9 所示。

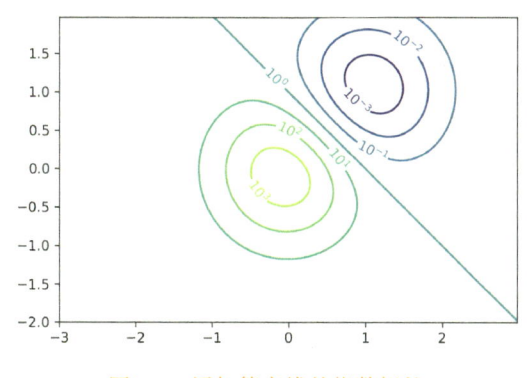

图 9-8　添加等高线的指数标签 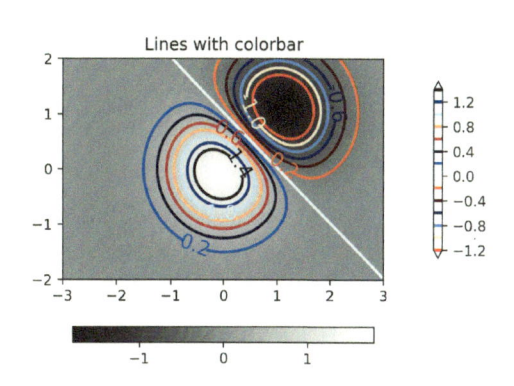　　　　图 9-9　使用颜色映射表指定颜色

```
im=ax.imshow(Z,interpolation='bilinear',origin='lower',
             cmap=cm.gray,extent=(-3,3,-2,2))
levels=np.arange(-1.2,1.6,0.2)
CS=ax.contour(Z,levels,origin='lower',cmap='flag',extend='both',
              linewidths=[4 if level==0 else 2 for level in levels],
              extent=(-3,3,-2,2))              # 绘制等高线图并设置线宽
ax.clabel(CS,levels[1::2],inline=True,fmt='%1.1f',fontsize=14)
CB=fig.colorbar(CS,shrink=0.8)                 # 为等高线图添加颜色条
ax.set_title('Lines with colorbar')
```

```
CBI=fig.colorbar(im,orientation='horizontal',
                shrink=0.8)                              # 为图像添加颜色条
l,b,w,h=ax.get_position().bounds
ll,bb,ww,hh=CB.ax.get_position().bounds
CB.ax.set_position([ll,b+0.1*h,ww,h*0.8])
plt.show()
```

9.2 填充的等高线图

contourf 函数用于填充等高线内部的区域,与 contour 函数类似,参数也基本相同,基本语法如下。

```
contourf(X,Y,Z,levels=10,cmap=None,norm=None,vmin=None,vmax=None,
        alpha=None,origin=None,extent=None,locator=None,
        extend='neither',xunits=None,yunits=None,antialiased=False,
        Nchunk=0,*,linewidths=None,linestyles=None,hatches=None,
        data=None,**kwargs)
```

9.2.1 为等高线填充颜色

本小节介绍如何使用不同的颜色为等高线图填充颜色,从而使图形更加直观和美观。

【例 9-2】 使用 axes.Axes.contourf 绘制填充颜色的等高线图示例。代码如下。

```
import matplotlib.pyplot as plt
import numpy as np

delta=0.025                                    # 定义网格密度
x=y=np.arange(-3.0,3.01,delta)                 # 生成 x 和 y 的范围
X,Y=np.meshgrid(x,y)                           # 生成网格数据
Z1=np.exp(-X**2-Y**2)                          # 第一个高斯函数
Z2=np.exp(-(X-1)**2-(Y-1)**2)                  # 第二个高斯函数,中心点位移
Z=(Z1-Z2)*2                                    # 计算最终的 Z 值
nr,nc=Z.shape                                  # 获取 Z 的形状
Z[-nr // 6:,-nc // 6:]=np.nan                  # 将右下角的部分区域设为 NaN
Z=np.ma.array(Z)                               # 转换为掩码数组
Z[:nr // 6,:nc // 6]=np.ma.masked              # 将左上角的部分区域进行掩码
interior=np.sqrt(X**2+Y**2) < 0.5
Z[interior]=np.ma.masked                       # 在中心位置掩码一个圆形区域
fig1,ax2=plt.subplots(layout='constrained')

# ①
# 使用 contourf 函数绘制填充等高线图,使用颜色映射
CS=ax2.contourf(X,Y,Z,10,cmap=plt.cm.bone)
# 使用 contour 函数在等高线图上叠加轮廓线,并将轮廓线颜色设为红色
CS2=ax2.contour(CS,levels=CS.levels[::2],colors='r')
ax2.set_title('Nonsense (3 masked regions)')
ax2.set_xlabel('word length anomaly')
```

```
ax2.set_ylabel('sentence length anomaly')
cbar=fig1.colorbar(CS)                              # 添加颜色条
cbar.ax.set_ylabel('verbosity coefficient')         # 设置颜色条标签
cbar.add_lines(CS2)                                 # 在颜色条上添加轮廓线
plt.show()
```

运行结果如图 9-10 所示。下面对代码进行讲解。

1）绘制一个填充和不填充的等高线图，并对特定区域进行掩码处理。

2）通过 numpy 创建从 -3 到 3 的 x 和 y 网格，计算两个高斯函数的差值作为 Z 值。将右下角区域的值设为 NaN，contourf 会自动将这些区域掩码。将左上角和中心圆形区域的值设置为掩码。

3）使用 contourf 函数绘制填充等高线图，颜色映射使用 bone 色图。使用 contour 函数在填充等高线图上叠加红色轮廓线，每隔一级绘制一次。为填充等高线图添加颜色条，并在颜色条上添加轮廓线。

4）使用指定的颜色列表填充色图进行绘制等高线图。将①后的代码替换为如下代码。

```
levels=[-1.5,-1,-0.5,0,0.5,1]
CS3=ax2.contourf(X,Y,Z,levels,colors=('r','g','b'),extend='both')
# 将数据范围超出最低等高线级别的部分设为黄色,超出最高等高线级别的部分设为青色
CS3.cmap.set_under('yellow')
CS3.cmap.set_over('cyan')

# 使用 contour 函数绘制轮廓线,并将轮廓线颜色设为黑色,线宽设为 3
CS4=ax2.contour(X,Y,Z,levels,colors=('k',),linewidths=(3,))
ax2.set_title('Listed colors (3 masked regions)')
ax2.clabel(CS4,fmt='%2.1f',colors='w',fontsize=14)
fig1.colorbar(CS3)
plt.show()
```

运行结果如图 9-11 所示。

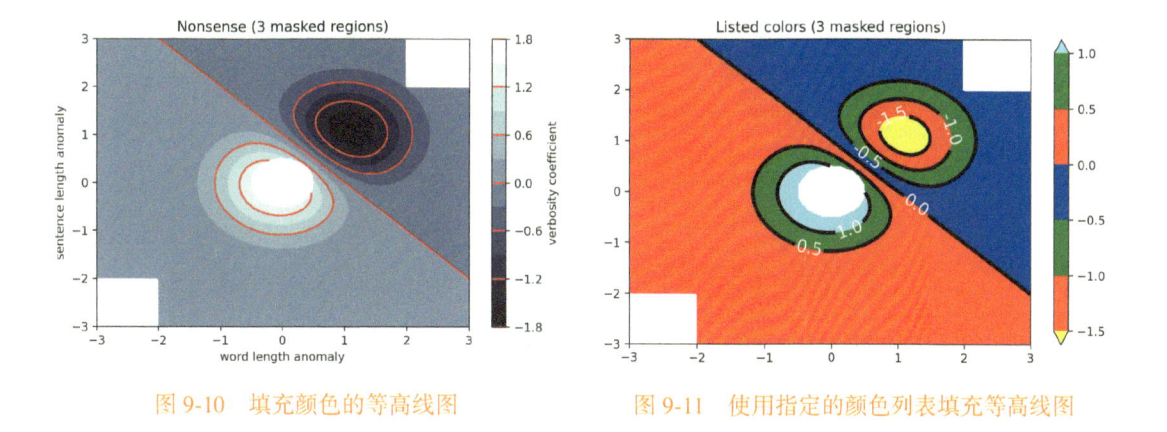

图 9-10　填充颜色的等高线图　　　　图 9-11　使用指定的颜色列表填充等高线图

5）参数 extend 有四种可能。当参数 extend="neither" 时，将①后的代码替换为如下代码。运行结果如图 9-12a 所示。

Matplotlib 科研绘图：基于 Python

```
levels=[-1.5,-1,-0.5,0,0.5,1]
# 设置颜色映射并定义极值颜色
cmap=plt.colormaps["winter"].with_extremes(under="magenta",over="yellow")
# 绘制等高线图
cs=ax2.contourf(X,Y,Z,levels,cmap=cmap,extend="neither")          # ③
fig1.colorbar(cs,ax=ax2,shrink=0.9)
ax2.set_title("extend=neither")
ax2.locator_params(nbins=4)
plt.show()
```

将代码语句③中的 extend 分别设为 extend="both"、extend="min"、extend="max"后，运行结果如图 9-12b~c 所示。

a) extend="neither"

b) extend="both"

c) extend="min"

d) extend="max"

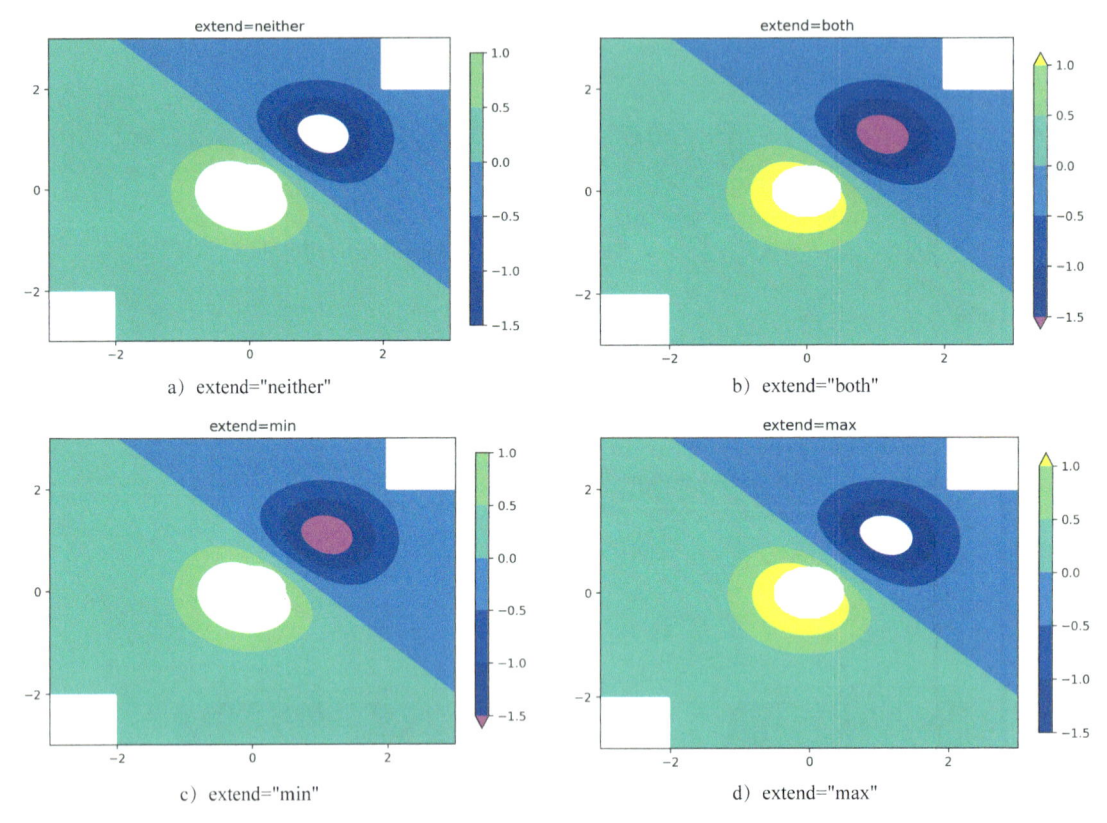

图 9-12 填充颜色等高线图

9.2.2 为等高线填充图案

本小节介绍如何使用不同的图案填充等高线，提供另一种填充的方法。

【例 9-3】 使用 contourf 函数绘制填充图案的等高线图示例。代码如下。

```
import matplotlib.pyplot as plt
import numpy as np
```

```
x=np.linspace(-3,5,150).reshape(1,-1)      # 创建从-3 到 5 的 150 个点
y=np.linspace(-3,5,120).reshape(-1,1)      # 创建从-3 到 5 的 120 个点
z=np.cos(x)+np.sin(y)                      # 计算 z 值
x,y=x.flatten(),y.flatten()                # 将 x 和 y 成为 1 维数组
#①
fig1,ax1=plt.subplots()
# 使用填充等高线图,设置不同的阴影图案和颜色映射
cs=ax1.contourf(x,y,z,hatches=['-','/','\\','//'],
                cmap='gray',extend='both',alpha=0.5)
fig1.colorbar(cs)
plt.show()
```

运行结果如图 9-13 所示。下面对代码进行讲解。

1)使用 np.linspace 生成从-3 到 5 的均匀分布的点,将 x 重塑为 1 行 150 列,将 y 重塑为 120 行 1 列,计算 z 值为 cos(x)+sin(y)。

2)使用 contourf 函数绘制带有填充的等高线图,设置不同的阴影图案和颜色映射,alpha=0.5 使填充具有透明度,添加颜色条以展示不同的填充颜色。

3)绘制没有颜色的等高线图,将①后的代码替换为如下代码。运行结果如图 9-14 所示。

```
fig2,ax2=plt.subplots()
n_levels=6
ax2.contour(x,y,z,n_levels,colors='black',linestyles='-')
cs=ax2.contourf(x,y,z,n_levels,colors='none',
                hatches=['.','/','\\',None,'\\\\','*'],
                extend='lower')
plt.show()
```

图 9-13 填充图案的等高线图

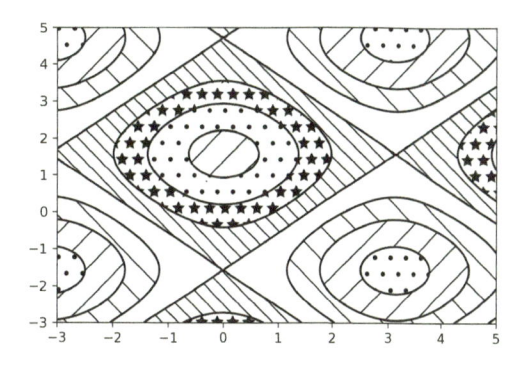

图 9-14 填充图案不填充颜色的等高线图

9.3 等高线的方向

本节介绍如何在等高线图中标注等高线的方向,帮助读者理解数据的变化趋势。

【例 9-4】 使用参数 origin 确定等高线图的方向。代码如下。

```
import matplotlib.pyplot as plt
import numpy as np
x=np.arange(1,10)
y=x.reshape(-1,1)
h=x*y

fig,ax=plt.subplots()
ax.set_title("origin='upper'")                          #①
# 绘制等高线图,设置 origin 为 upper
ax.contourf(h,levels=np.arange(5,70,5),
            extend='both',origin="upper")               #②
plt.show()
```

运行结果如图 9-15 所示。下面对代码进行讲解。

1）使用 contourf 函数绘制等高线图，origin 参数设置为 upper，表示数据的起始点在图形的左上角。levels=np.arange(5,70,5) 指定了等高线的级别，每隔 5 画一条等高线，从 5 到 65。extend='both' 表示在等高线级别之外的数据区域将被填充颜色。

2）将 origin 参数设置为 lower，可以改变方向。将语句①、②替换为如下代码。运行结果如图 9-16 所示。

```
ax.set_title("origin='lower'")
ax.contourf(h,levels=np.arange(5,70,5),extend='both',origin="lower")
```

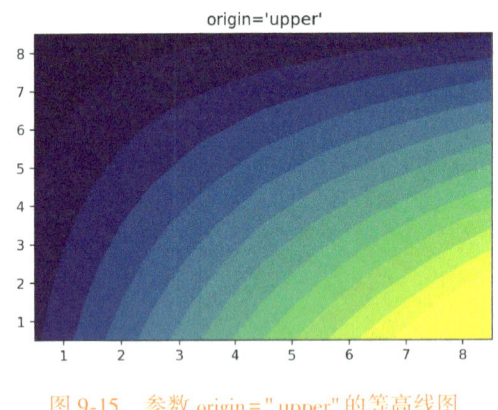

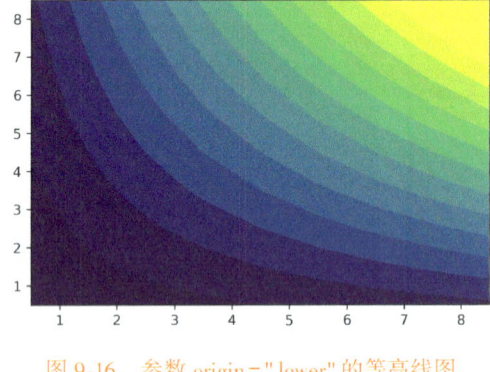

图 9-15　参数 origin="upper" 的等高线图　　　　图 9-16　参数 origin="lower" 的等高线图

9.4　为等高线添加对数色标

本节讨论如何为等高线图添加对数色标，适用于数据范围跨度较大的情况。

【例 9-5】　添加等高线的对数色标。代码如下。

```
import matplotlib.pyplot as plt
import numpy as np
from numpy import ma
from matplotlib import cm,ticker
```

```
N=100
x=np.linspace(-3.0,3.0,N)                              # 生成从-3.0到3.0的100个点
y=np.linspace(-2.0,2.0,N)                              # 生成从-2.0到2.0的100个点
X,Y=np.meshgrid(x,y)                                   # 生成网格数据
Z1=np.exp(-X**2-Y**2)                                  # 生成第一个隆起
Z2=np.exp(-(X*10)**2-(Y*10)**2)                        # 生成第二个尖峰
z=Z1+50*Z2                                             # 合成最终的z值
z[:5,:5]=-1                                            # 在左下角放入一些负值

# 下面这段代码不是严格必要的,但它会消除一个警告,将其注释掉可以查看警告
z=ma.masked_where(z<=0,z)                              # 掩盖所有非正值,避免对数刻度下的计算问题

# 自动选择级别并使用对数定位器告诉contourf使用对数刻度
fig,ax=plt.subplots()
cs=ax.contourf(X,Y,z,locator=ticker.LogLocator(),cmap=cm.PuBu_r)
cbar=fig.colorbar(cs)
plt.show()
```

运行结果如图9-17所示。下面对代码进行讲解。

1）使用contourf函数绘制等高线图,使用np.linspace生成从-3到3的100个x值,以及从-2到2的100个y值。Z1和Z2分别表示一个隆起和一个尖峰,Z2的幅度较大。合成z=Z1+50*Z2,组合两个函数的结果。

2）在z的左下角放入一些负值,以在对数刻度下引起问题。使用np.ma.masked_where掩盖所有非正值,避免对数刻度下的计算问题。除自动选择级别并使用对数定位器来使用对数刻度外,还可以手动进行设置。代码如下。

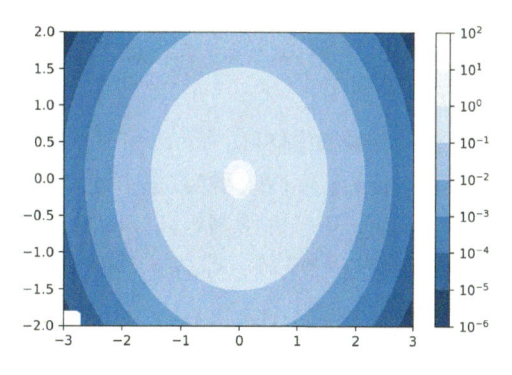

图9-17　添加等高线的对数色标

```
# 另一种方法是手动设置级别和规范
lev_exp=np.arange(np.floor(np.log10(z.min())-1),
                  np.ceil(np.log10(z.max())+1))
levs=np.power(10,lev_exp)
cs=ax.contourf(X,Y,z,levs,norm=colors.LogNorm())
```

3）使用ax.contourf绘制填充等高线图,使用对数刻度和PuBu_r颜色映射。使用fig.colorbar为等高线图添加颜色条。

9.5　等高线图掩蔽操作

在绘制等高线图时,如果某些数据点被掩码(mask),即这些点的数据无效或缺失,那么如何处理这些掩码点周围的角点就变得很重要。

Matplotlib 科研绘图：基于 Python

【例 9-6】 corner_mask 参数对等高线图掩码操作示例。代码如下。

```
import matplotlib.pyplot as plt
import numpy as np

x,y=np.meshgrid(np.arange(7),np.arange(10))
z=np.sin(0.5*x)*np.cos(0.52*y)
# 屏蔽特定的 z 值
mask=np.zeros_like(z,dtype=bool)
mask[2,3:5]=True
mask[3:5,4]=True
mask[7,2]=True
mask[5,0]=True
mask[0,6]=True
z=np.ma.array(z,mask=mask)

fig1,ax1=plt.subplots()
cs1=ax1.contourf(x,y,z,corner_mask=False)               #①
ax1.contour(cs1,colors='k')                             #②
ax1.set_title('corner_mask=False')                      #③
ax1.grid(c='k',ls='-',alpha=0.3)
ax1.plot(np.ma.array(x,mask=~mask),y,'ro')# 用红色圆圈标记屏蔽点
plt.show()
```

运行结果如图 9-18 所示。下面对代码进行讲解。

1) 生成 x 和 y 的网格数据，计算 z 值，并屏蔽特定的 z 值，创建子图，之后设置 corner_mask=False，表示在绘制等高线图时，不考虑掩码点周围的角点，这样处理会使得掩码点周围可能出现空白区域，等高线图在掩码点周围会有明显的中断，适合于希望明确显示掩码区域的情况。

2) 绘制等高线填充图和等高线，添加网格，并用红色圆圈标记屏蔽点。

3) 当 corner_mask=True 时，表示在绘制等高线图时，会考虑掩码点周围的角点。将语句①、②、③替换为如下代码。运行结果如图 9-19 所示。

```
cs1=ax1.contourf(x,y,z,corner_mask=True)
ax1.contour(cs1,colors='k')
ax1.set_title('corner_mask=True')
```

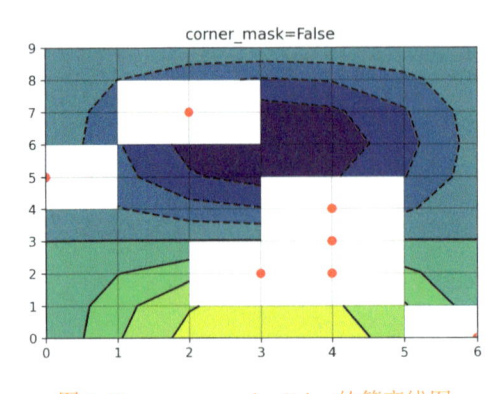

图 9-18　corner_mask=False 的等高线图 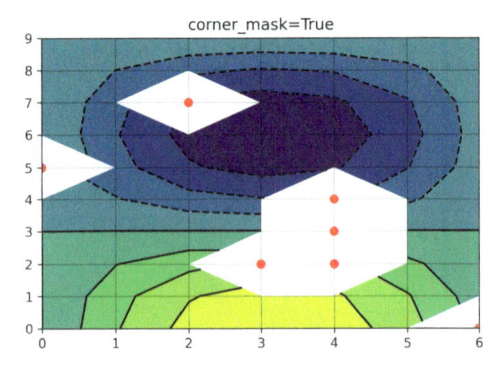　　　图 9-19　corner_mask=True 的等高线图

9.6 绘制不规则间距数据的等高线图

由于等高线图（contour 和 contourf）需要数据位于规则网格上，因此绘制不规则间距数据的等高线图需要使用不同的方法。

将数据插值到规则网格可以通过内置方法（例如使用 LinearTriInterpolator）或使用外部功能（例如通过 scipy.interpolate.griddata）来完成。然后用常规的等高线图绘制插值后的数据。

【例 9-7】 绘制不规则间距数据的等高线图示例。代码如下。

```
import matplotlib.pyplot as plt
import numpy as np
import matplotlib.tri as tri

np.random.seed(19781112)
npts=200                                    # 定义数据点数和网格点数
ngridx=100                                  # 定义 x 网格点数
ngridy=200                                  # 定义 y 网格点数
x=np.random.uniform(-2,2,npts)              # 生成 200 个均匀分布的随机点
y=np.random.uniform(-2,2,npts)              # 生成 200 个均匀分布的随机点
z=x*np.exp(-x**2-y**2)                      # 计算 z 值

fig,ax1=plt.subplots()
# 通过在网格上的插值来绘制不规则间距数据坐标的等高线图
xi=np.linspace(-2.1,2.1,ngridx)             # 创建 x 网格值
yi=np.linspace(-2.1,2.1,ngridy)             # 创建 y 网格值
# 在线性三角剖分的基础上将数据(x,y)插值到由(xi,yi)定义的网格上
triang=tri.Triangulation(x,y)
interpolator=tri.LinearTriInterpolator(triang,z)
Xi,Yi=np.meshgrid(xi,yi)
zi=interpolator(Xi,Yi)

# scipy.interpolate 也可以在网格上插值数据。以下两行代码是上述四行代码的替代方案
# from scipy.interpolate import griddata
# zi=griddata((x,y),z,(xi[None,:],yi[:,None]),method='linear')
# ①
ax1.contour(xi,yi,zi,levels=14,linewidths=0.5,colors='k')
cntr1=ax1.contourf(xi,yi,zi,levels=14,cmap="RdBu_r")
fig.colorbar(cntr1,ax=ax1)
ax1.plot(x,y,'ko',ms=3)
ax1.set(xlim=(-2,2),ylim=(-2,2))
ax1.set_title('grid and contour (%d points,%d grid points)' % (npts,ngridx*ngridy))
plt.show()
```

运行结果如图 9-20 所示。下面对代码进行讲解。

1）定义数据点数和网格点数，生成 200 个在 -2 到 2 之间均匀分布的随机数据点 x 和 y，在 x 和 y 轴上分别创建 100 和 200 个均匀分布的网格点，范围略超出随机点范围，以确保覆

盖所有数据点。

2）使用 Triangulation 创建一个三角剖分，然后使用 LinearTriInterpolator 进行线性插值，将数据插值到由 xi 和 yi 定义的网格上。

3）使用插值后的数据在网格上绘制等高线图和填充等高线图。levels = 14 表示绘制 14 条等高线，在图形上添加颜色条，使用黑色圆点标记在等高线图上绘制原始数据点。

4）第二种方法是使用 tricontour 函数来处理不规则间距的数据，将①处后的代码替换成如下代码。运行结果如图 9-21 所示。

```
# 三角等高线图，直接将无序的不规则间距坐标传递给 tricontour
ax1.tricontour(x,y,z,levels=14,linewidths=0.5,colors='k')
cntr2=ax1.tricontourf(x,y,z,levels=14,cmap="RdBu_r")
fig.colorbar(cntr2,ax=ax1)
ax1.plot(x,y,'ko',ms=3)                    # 绘制原始数据点
ax1.set(xlim=(-2,2),ylim=(-2,2))
ax1.set_title('tricontour (%d points)' % npts)
plt.show()
```

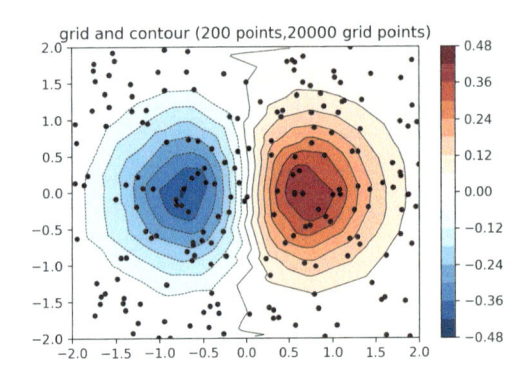

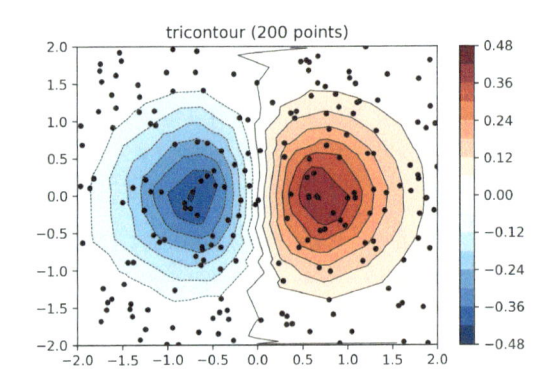

图 9-20　不规则间距数据的等高线图　　图 9-21　tricontour 函数处理不规则间距数据的等高线图

9.7　非结构化三角形网格的等值线图

本节介绍如何绘制非结构化三角形网格的等值线图，其在处理非规则数据中应用广泛。

【例 9-8】　非结构化三角形网格的等值线图示例 1。代码如下。

```
import matplotlib.pyplot as plt
import numpy as np
import matplotlib.tri as tri

n_angles=48                                 # 角度数量
n_radii=8                                   # 半径数量
min_radius=0.25                             # 最小半径
radii=np.linspace(min_radius,0.95,n_radii)  # 创建半径的数组
angles=np.linspace(0,2*np.pi,n_angles,endpoint=False)
angles=np.repeat(angles[...,np.newaxis],n_radii,axis=1)
```

```
angles[:,1::2] +=np.pi/n_angles
x=(radii*np.cos(angles)).flatten()        #计算每个点的x坐标,展成一维数组
y=(radii*np.sin(angles)).flatten()        #计算每个点的y坐标,展成一维数组
z=(np.cos(radii)*np.cos(3*angles)).flatten()
triang=tri.Triangulation(x,y)             #创建三角剖分
triang.set_mask(np.hypot(x[triang.triangles].mean(axis=1),
                         y[triang.triangles].mean(axis=1))
                < min_radius)             #屏蔽不需要的三角形
#①
fig1,ax1=plt.subplots()
ax1.set_aspect('equal')
tcf=ax1.tricontourf(triang,z)             #绘制填充等高线图
fig1.colorbar(tcf)                         #添加颜色条
ax1.tricontour(triang,z,colors='k')       #绘制等高线图
ax1.set_title('Contour plot of Delaunay triangulation')
plt.show()
```

运行结果如图 9-22 所示。下面对代码进行讲解。

1）导入 matplotlib.tri 用于三角剖分和插值。定义角度和半径的数量，以及最小半径。使用 np.linspace 创建半径数组和角度数组，并重复使其与半径数量一致。

2）调整每隔一个半径的角度，使其旋转一定的弧度，计算每个点的 x、y 和 z 坐标，并将其展开成一维数组。

3）使用 Triangulation 对点进行 Delaunay 三角剖分。计算每个三角形中心点的距离，并根据其是否小于最小半径来决定是否屏蔽。

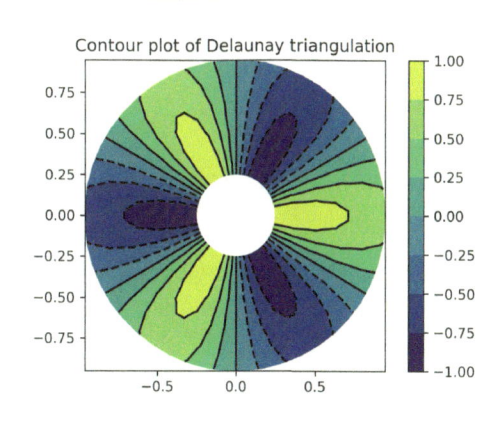

图 9-22　非结构化三角形网格的等值线图

4）创建图形和轴对象，设置轴的纵横比相等，绘制填充和不填充的等高线图，添加颜色条以解释颜色和数值之间的关系，设置标题并显示图形。

5）指定填充图案沿着和不同的颜色映射，将①后的代码替换为如下代码。运行结果如图 9-23 所示。

```
fig2,ax2=plt.subplots()
ax2.set_aspect("equal")
tcf=ax2.tricontourf(triang,z,hatches=["*","-","/","//","\\",None],
                    cmap="cividis")
fig2.colorbar(tcf)
ax2.tricontour(triang,z,linestyles="solid",colors="k",linewidths=2.0)
ax2.set_title("Hatched Contour plot of Delaunay triangulation")
plt.show()
```

6）生成无颜色标记的填充图案，将①后的代码替换为如下代码。运行结果如图 9-24 所示。

```
fig3,ax3=plt.subplots()
n_levels=7
tcf=ax3.tricontourf(triang,z,n_levels,colors="none",
              hatches=[".","/","\\",None,"\\\\","*"],)
ax3.tricontour(triang,z,n_levels,colors="black",linestyles="-")
plt.show()
```

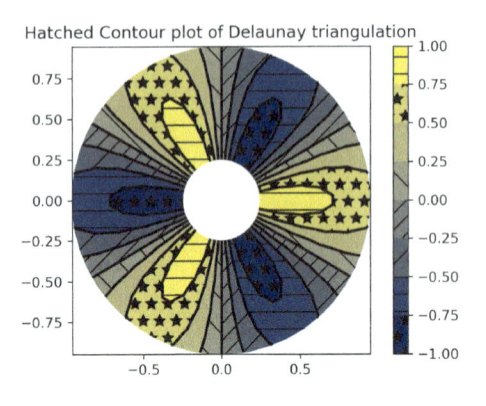

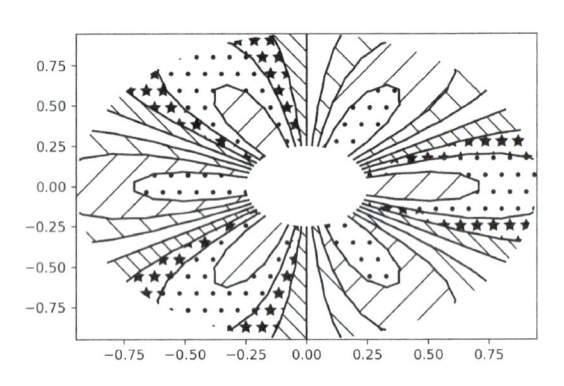

图 9-23 填充图案和颜色的三角形网格的等值线图　　图 9-24 仅填充图案的三角形网格的等值线图

7）使用 tripcolor 函数在三角剖分的基础上为不规则网格数据生成伪彩色图，基本语法如下。

```
matplotlib.pyplot.tripcolor(triangulation,C=None,*,cmap=None,
    norm=None,vmin=None,vmax=None,alpha=None,
    shading='flat',edgecolors='none',**kwargs)
```

主要参数见表 9-2。

表 9-2　tripcolor 函数的参数含义

参　数	说　明
triangulation	triangulation 对象，三角剖分对象，由 x，y 点的三角剖分生成
x	数组，点的 x 坐标
y	点的 y 坐标
triangles	数组，描述三角形的顶点索引的数组
C	数组或标量，每个三角形或每个顶点的颜色值
cmap	Colormap 对象，用于映射标量数据到颜色的 Colormap 对象
norm	Normalize 对象，用于缩放数据值到颜色的 Normalize 对象
vmin	标量，用于规范化的最小数据值
vmax	标量，用于规范化的最大数据值
alpha	标量，图像的透明度，值在 0 到 1 之间
shading	{'flat','gouraud'}，控制颜色插值方法，flat 表示每个三角形一个颜色，gouraud 表示顶点颜色插值
edgecolors	{'none','face',颜色}，三角形边的颜色，可以是 none face 或颜色
**kwargs	传递给 PolyCollection 的其他参数

①当参数 shading='flat'时，将①后的代码替换为如下代码。运行结果如图 9-25 所示。

```
fig1,ax1=plt.subplots()
ax4.set_aspect('equal')
tpc=ax4.tripcolor(triang,z,shading='flat')
fig4.colorbar(tpc)
ax4.set_title('tripcolor of Delaunay triangulation,flat shading')
plt.show()
```

②当参数 shading='gouraud'时，将①后的代码替换为如下代码。运行结果如图 9-26 所示。

```
fig5,ax5=plt.subplots()
ax5.set_aspect('equal')
tpc=ax5.tripcolor(triang,z,shading='gouraud')
fig5.colorbar(tpc)
ax5.set_title('tripcolor of Delaunay triangulation,gouraud shading')
plt.show()
```

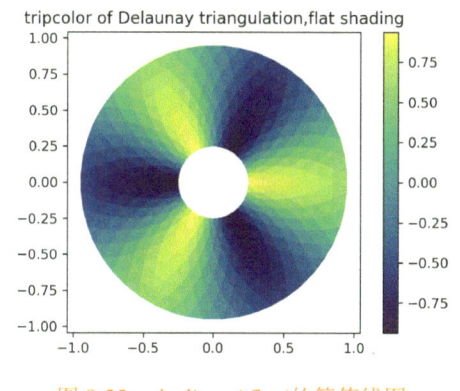

图 9-25　shading='flat'的等值线图 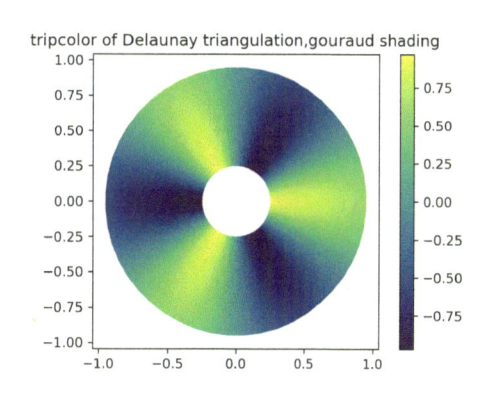　　　　图 9-26　shading='gouraud'的等值线图

【例 9-9】　非结构化三角形网格的等值线图示例 2。代码如下。

```
import matplotlib.pyplot as plt
import numpy as np
import matplotlib.tri as tri

xy=np.loadtxt('Tri_dataA.txt')                    # 从 TXT 文件中读取数据
# xy=np.genfromtxt('data.csv',delimiter=',')      # 从 CSV 文件中读取数据
x=np.degrees(xy[:,0])
y=np.degrees(xy[:,1])
x0=-5
y0=52
z=np.exp(-0.01*((x-x0)**2+(y-y0)**2))

triangles=np.loadtxt('Tri_dataB.txt',dtype=int)   # 从 TXT 文件中读取数据
#①
fig1,ax1=plt.subplots()
```

Matplotlib 科研绘图：基于 Python

```
ax1.set_aspect('equal')
tcf=ax1.tricontourf(x,y,triangles,z)
fig1.colorbar(tcf)
ax1.set_title('Contour plot of user-specified triangulation')
ax1.set_xlabel('Longitude (degrees)')
ax1.set_ylabel('Latitude (degrees)')
plt.show()
```

运行结果如图 9-27 所示。代码中使用了 Triangulation 对象，并多次使用同一个三角剖分以保存重复的计算。

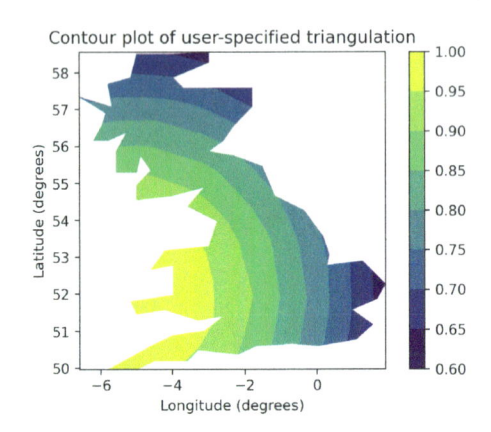

图 9-27　使用 Triangulation 对象绘制的等值线图

使用 triplot 可以创建和绘制非结构化三角形网格，基本语法如下。

```
matplotlib.pyplot.triplot(x,y,triangles=None,
                mask=None,*args,**kwargs)
matplotlib.pyplot.triplot(triangulation,*args,**kwargs)
```

主要参数见表 9-3。

表 9-3　triplot 函数的参数含义

参　　数	含　　义
triangulation	triangulation 对象，三角剖分对象，由 x,y 点的三角剖分生成
x	数组，点的 x 坐标
y	数组，点的 y 坐标
triangles	数组，描述三角形的顶点索引的数组
mask	数组或 None，描述哪些三角形被屏蔽的布尔数组
args	可选位置参数，用于传递给 plot 函数的参数
kwargs	用于传递给 plot 函数的参数

将上述代码中的①后的代码替换为如下代码。运行结果如图 9-28 所示。

```
fig2,ax2=plt.subplots()
ax2.set_aspect('equal')
```

```
ax2.triplot(x,y,triangles,'go-',lw=1.0)
ax2.set_title('triplot of user-specified triangulation')
ax2.set_xlabel('Longitude (degrees)')
ax2.set_ylabel('Latitude (degrees)')
plt.show()
```

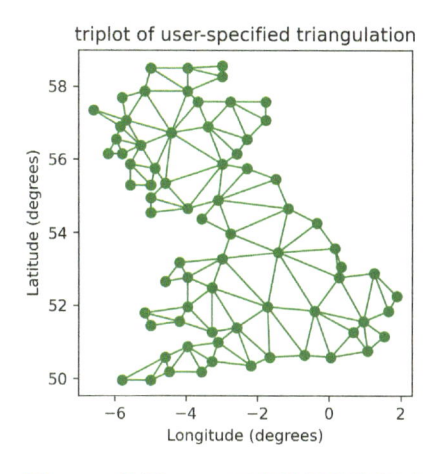

图 9-28　使用 triplot 函数绘制等值线图

9.8　本章小结

　　本章深入探讨了使用 Matplotlib 绘制等高线图的相关方法和技巧。通过学习不填充和填充的等高线图、为等高线填充颜色和图案、标注等高线方向、添加对数色标、进行掩蔽操作、处理不规则间距数据以及非结构化三角形网格的等值线图，读者能够掌握等高线图的绘制和优化技巧。这些知识将为科学数据的可视化提供强有力的工具，提升数据分析和展示的效果。

第 10 章
专业图绘制

本章将介绍多种专业图绘制方法，这些方法在数据分析、工程设计和科学研究中具有重要应用。通过学习本章内容，读者将掌握石川图、左心室靶心图、极轴上绘制图形、条形码和 Hinton 图、地理图形以及使用样式表绘制统计图形的方法。这些专业图形能够帮助读者更有效地可视化和分析复杂数据，从而提升图形的表达能力和专业性。

10.1 石川图

石川图（Ishikawa Diagram），也被称为鱼骨图或因果图，是一种用于识别潜在问题或质量缺陷的工具。它可以帮助团队系统地思考和分析问题的根本原因，从而找到解决问题的方法。

【例 10-1】 绘制石川图示例。

第一步：绘制主脊柱、头部和尾部。

1）创建一个图形和轴对象，图形尺寸为 10×6 英寸，使用 constrained 布局。设置 x 轴和 y 轴的显示范围，从 –5 到 5，关闭坐标轴的显示。

2）定义 draw_spine 函数绘制石川图的主脊柱、鱼头和鱼尾部分。绘制主脊柱，从 xmin –0.1 到 xmax，颜色为深红色，线宽为 4。在鱼头处添加文本标签 PROBLEM，字体大小为 11，粗体，颜色为白色。

3）创建一个半圆形的鱼头，中心在（xmax,0），半径为 1，起始角度为 270°，结束角度为 90°，填充颜色为深红色，将半圆形添加到轴对象中。

4）定义鱼尾的三个顶点坐标，创建一个三角形的鱼尾，填充颜色为深红色，将三角形添加到轴对象中。代码如下。

```
import matplotlib.pyplot as plt

# 设置画布和轴
fig,ax=plt.subplots(figsize=(10,6),layout='constrained')
ax.set_xlim(-5,5)
ax.set_ylim(-5,5)
ax.axis('off')
from matplotlib.patches import Polygon,Wedge
```

```
def draw_spine(ax,xmin: int,xmax: int):
    """
    绘制主脊柱、头和尾
    参数
    xmin : int
        脊柱头部的 x 坐标位置
    xmax : int
        脊柱尾部的 x 坐标位置
    """
    # 绘制主脊柱
    ax.plot([xmin-0.1,xmax],[0,0],color='darkred',linewidth=4)
    # 绘制鱼头
    ax.text(xmax+0.1,-0.05,'PROBLEM',fontsize=11,
            weight='bold',color='white')
    semicircle=Wedge((xmax,0),1,270,90,fc='darkred')
    ax.add_patch(semicircle)
    # 绘制鱼尾
    tail_pos=[[xmin-0.8,0.8],[xmin-0.8,-0.8],[xmin,-0.01]]
    triangle=Polygon(tail_pos,fc='darkred')
    ax.add_patch(triangle)
# 画主脊柱、鱼头和鱼尾
draw_spine(ax,xmin=-3,xmax=3)
plt.show()
```

运行结果如图 10-1 所示。

图 10-1 绘制石川图的主脊柱、头部和尾部

第二步：绘制石川图中的问题部分。

1）定义 problems 函数及调用。在图上添加注释，将问题类别的名称转换为大写。确定箭头指向的位置和坐标系。确定文本的位置和坐标系，字体大小为 10，颜色为黑色，文字加粗。文本垂直且水平居中。

2）箭头样式为单向箭头，箭头颜色为黑色，线宽为 2，文本背景框的样式为正方形，填充颜色为浅绿色，边框颜色为黑色，边框填充量为 0.8。

3）在 plt.show() 前面加入如下代码，绘制石川图中的问题部分。

```
def problems(ax,data: str,problem_x: float,
             problem_y: float,angle_x: float,angle_y: float):
    """
    绘制石川图中的问题部分
    参数
    ----------
```

Matplotlib 科研绘图：基于 Python

```
    data：str
        问题类别的名称
    problem_x,problem_y：float
        问题箭头的X和Y位置
    angle_x,angle_y：float
        问题注释的角度
    返回
    -------
    None.
    """
    ax.annotate(str.upper(data),xy=(problem_x,problem_y),
            xytext=(angle_x,angle_y),
            fontsize=10,color='black',weight='bold',xycoords='data',
            verticalalignment='center',horizontalalignment='center',
            textcoords='offset fontsize',
            arrowprops=dict(arrowstyle="->",
                    facecolor='black',linewidth=2),
            bbox=dict(boxstyle='square',facecolor='lightgreen',
                    edgecolor='black',pad=0.8))

# 绘制示例问题
problems(ax,'Method',problem_x=2,problem_y=0,angle_x=-12,angle_y=16)
```

运行结果如图 10-2 所示。

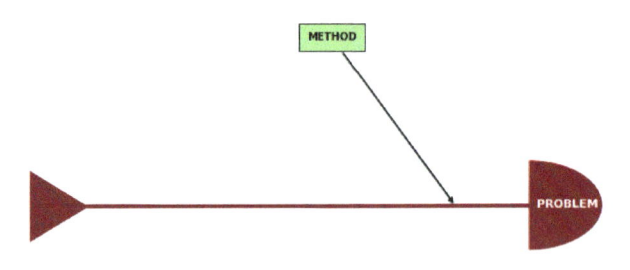

图 10-2　绘制石川图中的问题部分

第三步：绘制石川图中的原因部分。

1）通过循环遍历 data 列表，将每个原因放置在相对于问题注释的位置，创建一个列表包含原因注释相对于问题注释的坐标偏移量。

2）根据 index 和 top 参数调整 cause_x 和 cause_y 的值，以确定每个原因注释的位置。使用 ax.annotate( )方法在图上添加注释，给定原因的文本内容。箭头指向和文本的位置和坐标系，字体大小为9，颜色为黑色，箭头样式为单向箭头，颜色为黑色。

3）调用 causes 函数，绘制三个原因 Timeconsumption、Cost 和 Procedures，箭头指向位置从（1.26,1.7）开始，原因注释绘制在问题注释的上方。

4）在 plt.show( )前面加入如下代码，绘制石川图中的原因部分。

```
def causes(ax,data: list,cause_x: float,cause_y: float,
        cause_xytext=(-9,-0.3),top: bool=True):
```

```
"""
将每个原因放置在相对于问题注释的位置
参数
data：list 输入数据
cause_x,cause_y：float
    原因注释的 X 和 Y 位置
cause_xytext：tuple,可选
    设置原因文本与问题箭头之间的距离
top：bool,默认为：True
    确定下一个原因注释将绘制在上方还是下方
"""
for index,cause in enumerate(data):
    coords=[[0.02,0],[0.23,0.5],[-0.46,-1],
            [0.69,1.5],[-0.92,-2],[1.15,2.5]]
    cause_x -=coords[index][0]
    cause_y +=coords[index][1] if top else -coords[index][1]
    ax.annotate(cause,xy=(cause_x,cause_y),
                horizontalalignment='center',xytext=cause_xytext,
                fontsize=9, color='black', xycoords='data',
                textcoords='offset fontsize',
                arrowprops=dict(arrowstyle="->",facecolor='black'))
# 绘制示例原因
causes(ax,['Time consumption','Cost','Procedures'],cause_x=1.26,
       cause_y=1.7,top=True)
```

运行结果如图 10-3 所示。

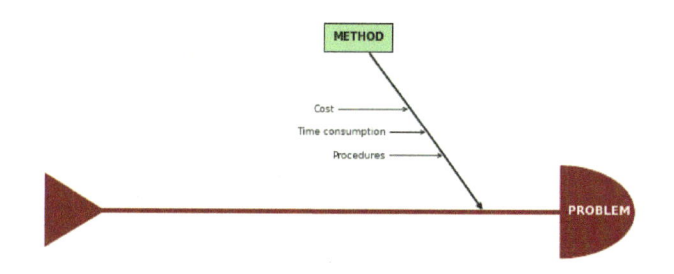

图 10-3　绘制石川图的中的原因部分

第四步：绘制整个石川图。

1）定义 draw_body 函数。计算石川图脊柱的长度，取问题类别数量的一半，向上取整再减 1。调用 draw_spine 函数，绘制脊柱及其头尾，位置范围根据计算的长度调整，初始化 offset，用于调整问题注释的位置。

2）定义 prob_section 确定问题注释的初始位置，遍历 data 字典的值（每个问题类别对应的具体原因列表），使用 plot_above 判断当前问题是否绘制在脊柱的上方，根据 plot_above 确定原因箭头和问题注释的 Y 坐标偏移量。

3）使用 prob_arrow_x 和 cause_arrow_x 计算问题和原因注释的 X 坐标位置，如果问题绘制在下方，减少 offset 以避免重叠，若问题类别数量超过 6，则抛出错误。

4) 调用 problems 和 causes 函数,绘制问题和原因注释,定义字典 categories 确定问题类别及其对应的具体原因。

5) 调用 draw_body 函数,传入轴对象 ax 和问题数据 categories,绘制完整的石川图。

先注释掉如下代码。

```python
draw_spine(ax,xmin=-3,xmax=3)
problems(ax,'Method',problem_x=2,problem_y=0,angle_x=-12,angle_y=16)
causes(ax,['Time consumption','Cost','Procedures'],cause_x=1.26,
       cause_y=1.7,top=True)
```

在 plt.show() 前面加入如下代码。

```python
import math

def draw_body(ax,data: dict):
    """
    将每个问题部分放置在正确的位置
    参数
    data : dict
        输入数据(可以是列表或元组的字典)
    """
    length=(math.ceil(len(data)/2))-1
    draw_spine(ax,-2-length,2+length)
    offset=0
    prob_section=[1.55,0.8]
    for index,problem in enumerate(data.values()):
        plot_above=index % 2==0
        cause_arrow_y=1.7 if plot_above else -1.7
        y_prob_angle=16 if plot_above else -16
        prob_arrow_x=prob_section[0]+length+offset
        cause_arrow_x=prob_section[1]+length+offset
        if not plot_above:
            offset -=2.5
        if index > 5:
            raise ValueError(f'问题的最大数量是 6,您输入了{len(data)}')
        problems(ax,list(data.keys())[index],
                 prob_arrow_x,0,-12,y_prob_angle)
        causes(ax,problem,cause_arrow_x,cause_arrow_y,top=plot_above)
# 输入数据
categories={
    'Method': ['Time consumption','Cost','Procedures',
               'Inefficient process','Sampling'],
    'Machine': ['Faulty equipment','Compatibility'],
    'Material': ['Poor-quality input','Raw materials',
                 'Supplier','Shortage'],
    'Measurement': ['Calibration','Performance','Wrong measurements'],
    'Environment': ['Bad conditions'],
    'People': ['Lack of training','Managers',
               'Labor shortage','Procedures','Sales strategy']
```

```
}
draw_body(ax,categories)                    #绘制整个石川图
```

运行结果如图 10-4 所示。

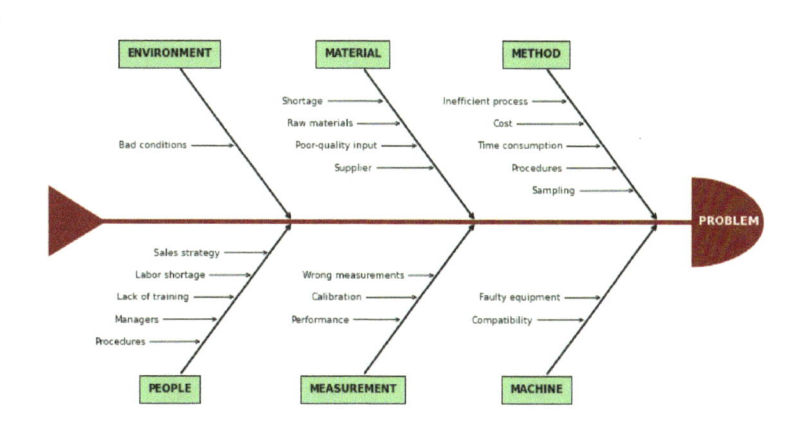

图 10-4　绘制整个石川图

10.2　左心室靶心图

本节介绍如何绘制左心室靶心图，这种图形用于医学图像分析，特别是心脏功能评估。

【例 10-2】　绘制左心室靶心图的示例。代码如下。

```
import matplotlib.pyplot as plt
import numpy as np
import matplotlib as mpl

def bullseye_plot(ax,data,seg_bold=None,cmap="viridis",norm=None):
    """
    左心室靶心图
    参数：
        ax : Axes                              图表的轴对象
        data : list[float]                     每个 17 个分段的强度值
        seg_bold : list[int],optional          需要加粗的分段列表
        cmap : colormap,default: "viridis"     数据的颜色映射
        norm : Normalize or None,optional      数据的归一化对象
    """
#扁平化数据
    data=np.ravel(data)
    if seg_bold is None:
        seg_bold=[]
    if norm is None:
        norm=mpl.colors.Normalize(vmin=data.min(),vmax=data.max())
```

Matplotlib 科研绘图：基于 Python

```python
        r=np.linspace(0.2,1,4)
        ax.set(ylim=[0,1],xticklabels=[],yticklabels=[])
        ax.grid(False)
#填充分段1-6,7-12,13-16.
        for start,stop,r_in,r_out in [
                (0,6,r[2],r[3]),
                (6,12,r[1],r[2]),
                (12,16,r[0],r[1]),
                (16,17,0,r[0]),]:
            n=stop-start
            dtheta=2*np.pi/n
            ax.bar(np.arange(n)*dtheta+np.pi/2,r_out-r_in,dtheta,r_in,
                color=cmap(norm(data[start:stop])))
#绘制分段边界
        for start,stop,r_in,r_out in [
                (0,6,r[2],r[3]),
                (6,12,r[1],r[2]),
                (12,16,r[0],r[1]),]:
            n=stop-start
            dtheta=2*np.pi/n
            ax.bar(np.arange(n)*dtheta+np.pi/2,r_out-r_in,dtheta,r_in,
                clip_on=False,color="none",edgecolor="k",linewidth=[
                4 if i+1 in seg_bold else 2 for i in range(start,stop)])
        ax.plot(np.linspace(0,2*np.pi),np.linspace(r[0],r[0]),"k",
                linewidth=(4 if 17 in seg_bold else 2))
#创建数据
data=np.arange(17)+1
#创建图表和轴对象
fig=plt.figure(figsize=(16,8))
axs=fig.subplots(1,3,subplot_kw=dict(projection='polar'))
fig.canvas.manager.set_window_title('左心室Bullseye图(AHA)')
#设置颜色映射和归一化用于颜色条
cmap=mpl.cm.viridis
norm=mpl.colors.Normalize(vmin=1,vmax=17)
#创建空的ScalarMappable对象用于设置颜色条的颜色映射和归一化
fig.colorbar(mpl.cm.ScalarMappable(cmap=cmap,norm=norm),
        cax=axs[0].inset_axes([0,-.15,1,.1]),
        orientation='horizontal',label='Some units')
#再次设置第二个颜色条
cmap2=mpl.cm.cool
norm2=mpl.colors.Normalize(vmin=1,vmax=17)
fig.colorbar(mpl.cm.ScalarMappable(cmap=cmap2,norm=norm2),
        cax=axs[1].inset_axes([0,-.15,1,.1]),
        orientation='horizontal',label='Some other units')
cmap3=(mpl.colors.ListedColormap(['r','g','b','c'])
        .with_extremes(over='0.35',under='0.75'))
#如果使用ListedColormap,bounds数组的长度必须比颜色列表长1
bounds=[2,3,7,9,15]
```

```
norm3=mpl.colors.BoundaryNorm(bounds,cmap3.N)
fig.colorbar(mpl.cm.ScalarMappable(cmap=cmap3,norm=norm3),
            cax=axs[2].inset_axes([0,-.15,1,.1]),
            extend='both',ticks=bounds,
            spacing='proportional',orientation='horizontal',
            label='Discrete intervals,some other units')
bullseye_plot(axs[0],data,cmap=cmap,norm=norm)
axs[0].set_title('Bulls Eye (AHA)')
bullseye_plot(axs[1],data,cmap=cmap2,norm=norm2)
axs[1].set_title('Bulls Eye (AHA)')
bullseye_plot(axs[2],data,seg_bold=[3,5,6,11,12,16],
            cmap=cmap3,norm=norm3)
axs[2].set_title('Segments [3,5,6,11,12,16] in bold')
plt.show()
```

运行结果如图 10-5 所示。下面对代码进行讲解。

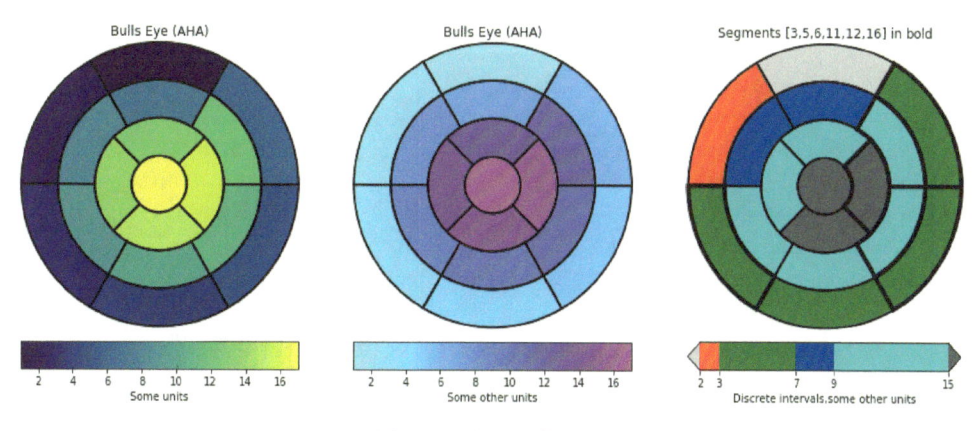

图 10-5　左心室靶心图

1）定义函数 bullseye_plot 用于绘制左心室靶心图，该函数接收参数包括绘图的轴对象 ax、包含 17 段数据的列表 data、可选的突出显示的分段列表 seg_bold、颜色映射 cmap 和归一化对象 norm。在函数中，数据被展平为一维数组，如果没有指定突出显示的分段列表，则设为空列表。如果没有指定归一化对象，则创建一个以数据的最小值和最大值为范围的归一化对象。

2）函数定义每个分段的半径范围，并移除绘图的网格和坐标轴标签。按顺序填充每个分段，分段的颜色由指定的颜色映射和归一化对象决定。函数还分别绘制每个分段的边界线，对于特定的分段，如果在 seg_bold 列表中，则边界线会被加粗。

3）生成一组包含数字 1 到 17 的假数据，这些数据将用于填充每个分段。创建一个图表 fig，包含三个极坐标子图 axs，对每个子图，分别设置不同的颜色映射和归一化对象，并添加相应的颜色条，以便更好地对数据进行视觉化展示。

4）第 1 个子图，使用 viridis 颜色映射和归一化对象 norm，绘制左心室模型，并添加一个水平颜色条。第 2 个子图，使用 cool 颜色映射和归一化对象 norm2，同样绘制左心室模型并添加水平颜色条。第 3 个子图使用自定义的 ListedColormap 颜色映射和 BoundaryNorm 归一化对象，绘制左心室模型，并在分段 3、5、6、11、12 和 16 上加粗边界线，以突出显示这些分段。

10.3 极轴上绘制图形

本节讨论在极坐标系上绘制图形的方法，包括极轴条形图和极轴散点图。

10.3.1 极轴条形图

本小节介绍如何在极坐标系上绘制条形图，用于展示角度数据和周期数据。

【例 10-3】 绘制极轴条形图的示例。代码如下。

```
import matplotlib.pyplot as plt
import numpy as np

np.random.seed(19781112)
N=20                                                        # 切片数量
theta=np.linspace(0.0,2*np.pi,N,endpoint=False)             # 每个切片的角度
radii=10*np.random.rand(N)                                  # 每个切片的半径
width=np.pi/4*np.random.rand(N)                             # 每个切片的宽度(弧度)
colors=plt.cm.hsv(np.linspace(0,1,N))                       # 使用 tab10 调色板
fig=plt.figure(dpi=300)                                     # 创建极坐标子图
ax=plt.subplot(projection='polar')
bars=ax.bar(theta,radii,width=width,bottom=0.0,color=colors,alpha=0.9)
                                                            # 极坐标中绘制条形图
for bar,color in zip(bars,colors):                          # 调整颜色透明度
    bar.set_alpha(0.9)
plt.show()
```

运行结果如图 10-6 所示。下面对代码进行讲解。

1）生成的数据包括切片数量、每个切片的角度、半径和宽度。具体来说，生成 20 个切片，角度在 0 到 2π 之间等间距分布，半径在 0 到 10 之间随机分布，宽度在 0 到 π/4 之间随机分布。

2）为每个切片设置颜色，使用的是 hsv 调色板，通过在 0 到 1 之间等间距生成 20 个值来确定颜色索引。

3）创建一个分辨率为 300dpi 的图形和一个极坐标子图。在极坐标子图中，绘制了条形图，每个条形的角度、半径、宽度和颜色分别由之前生成的数据决定，条形从原点开始，透明度设置为 0.9。遍历所有条形，并将每个条形的透明度设置为 0.9，以确保图形的整体透明度一致。

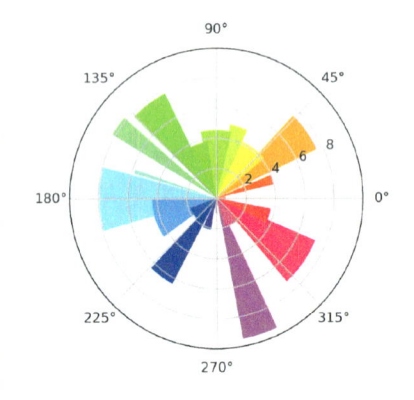

图 10-6 极轴上的条形图

10.3.2 极轴散点图

本小节介绍如何在极坐标系上绘制散点图，用于展示极坐标下的数据分布情况。

【例10-4】 绘制极轴散点图的示例。代码如下。

```
import matplotlib.pyplot as plt
import numpy as np

np.random.seed(19781112)
# 创建区域和颜色
N=150
r=2*np.random.rand(N)
theta=2*np.pi*np.random.rand(N)
area=200*r**2
colors=theta
fig=plt.figure()
ax=fig.add_subplot(projection='polar')
c=ax.scatter(theta,r,c=colors,s=area,cmap='hsv',alpha=0.8)
#①
plt.show()
```

运行结果如图 10-7 所示。下面对代码进行讲解。

1）生成 150 个散点，150 个在 0 到 2 之间的随机数，表示散点离原点的距离，生成 150 个在 0 到 2π 之间的随机数，表示每个散点的角度，计算散点的面积，生成 150 个对应的面积值。用角度 theta 作为颜色值，这样可以通过颜色映射来体现散点的角度信息。

2）创建一个图形对象，并添加一个极坐标子图 ax，使用 scatter 方法绘制极坐标散点图，传入散点的角度、半径、颜色、面积、颜色映射方案和透明度。

3）极轴上绘制一个环形散点图，在①处添加如下代码。运行结果如图 10-8 所示。

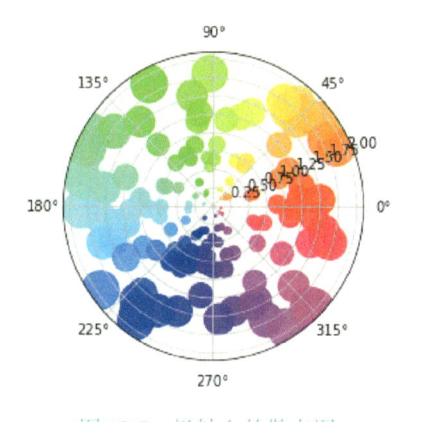

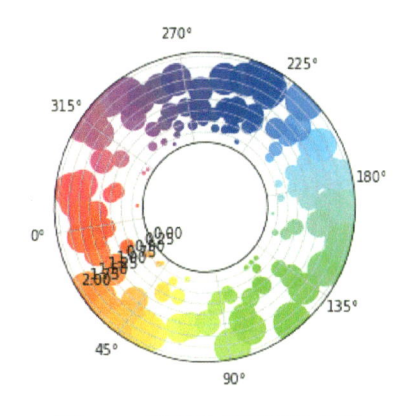

图 10-7 极轴上的散点图　　图 10-8 极轴上的环形散点图

```
ax.set_rorigin(-1.5)
ax.set_theta_zero_location('W',offset=10)
plt.show()
```

4）极轴上绘制一个扇形散点图，在①处添加如下代码。运行结果如图 10-9 所示。

```
ax.set_thetamin(45)
ax.set_thetamax(135)
plt.show()
```

Matplotlib 科研绘图：基于 Python

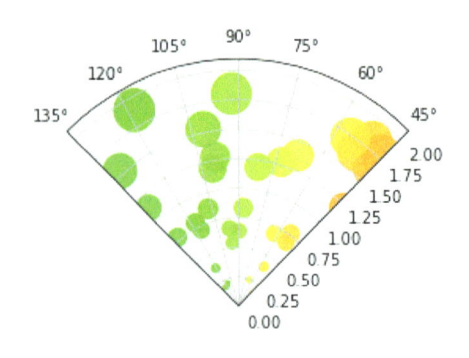

图 10-9　极轴上的扇形散点图

10.4　条形码和 Hinton 图

本节介绍条形码和 Hinton 图的绘制方法，这两种图形用于表示数据的分布和权重。

10.4.1　条形码

本小节介绍如何绘制条形码图，用于展示二进制数据或分类数据。

【例 10-5】　绘制条形码的示例。代码如下。

```
import matplotlib.pyplot as plt
import numpy as np

code=np.array([1,0,1,0,1,1,1,0,1,1,0,0,0,1,0,0,1,0,1,0,0,1,1,
        1,0,0,0,1,0,1,1,0,0,0,0,1,0,1,0,0,1,1,0,0,1,0,
        1,0,1,0,1,0,0,0,0,1,0,1,1,1,0,1,0,0,1,1,0,1,1,
        0,0,1,1,0,0,1,1,0,1,0,1,1,1,0,0,1,0,0,0,1,0,0,
        1,0,1])                     #定义一个包含二进制代码的 numpy 数组
pixel_per_bar=4                     #每个条形的像素数
dpi=100                             #分辨率(每英寸点数)
#创建一个图形,宽度根据 code 长度和每个条形的像素数计算,高度为 2 英寸
fig=plt.figure(figsize=(len(code)*pixel_per_bar/dpi,2),dpi=dpi)
ax=fig.add_axes([0,0,1,1])          #整个图形范围
ax.set_axis_off()                   #关闭轴线(去掉刻度、标签等)
#显示二进制代码,将其重塑为 1 行多列的数组
#使用二值化的颜色映射,设置长宽比为自动调整,插值方法为最近邻插值
ax.imshow(code.reshape(1,-1),cmap='binary',aspect='auto',
        interpolation='nearest')
plt.show()
```

运行结果如图 10-10 所示。下面对代码进行讲解。

1）创建一个包含二进制条形码的数组。设置每个条形的像素数和图像的分辨率（dpi），根据条形码的长度和每个条形的像素数，计算图形的宽度，并设置图形的高度为 2

英寸。

2）添加一个覆盖整个图形的轴，并关闭轴线以仅显示条形码，使用 imshow 函数显示条形码，设置颜色映射为二值化，长宽比自动调整，插值方法为最近邻插值。

3）可以根据需求自定义条形码的颜色，在"# 显示二进制代码，将其重塑为 1 行多列的数组"前面添加如下代码。运行结果如图 10-11 所示。

```
# 定义一个自定义的颜色映射：蓝色和白色
from matplotlib.colors import LinearSegmentedColormap
cmap=LinearSegmentedColormap.from_list('blue_white',['blue','white'])
```

图 10-10　条形码　　　　　　　　　图 10-11　蓝色和白色的条形码

10.4.2　Hinton 图

Hinton 图对于可视化 2D 数组的值（例如权重矩阵）非常有用，正值和负值分别由白色和黑色方块表示，每个方块的大小表示每个值的大小。

【例 10-6】　绘制 Hinton 图的示例。代码如下。

```
import matplotlib.pyplot as plt
import numpy as np

def hinton(matrix,max_weight=None,ax=None):
    """绘制 Hinton 图来可视化权重矩阵
    参数
    matrix:要可视化的权重矩阵(2D numpy 数组)
    max_weight:用于缩放矩形大小的最大权重
    ax:要绘制的轴对象,若为 None,将使用当前轴
    """
    ax=ax if ax is not None else plt.gca()        # 使用提供的轴或获取当前轴
    if max_weight is None:
        max_weight=2 ** np.ceil(np.log2(np.abs(matrix).max()))
    ax.patch.set_facecolor('gray')                # 设置背景颜色为灰色
    ax.set_aspect('equal','box')                  # 保持坐标轴的纵横比相等
    ax.xaxis.set_major_locator(plt.NullLocator()) # 隐藏 x 轴刻度
    ax.yaxis.set_major_locator(plt.NullLocator()) # 隐藏 y 轴刻度

    for (x,y),w in np.ndenumerate(matrix):
        color='white' if w > 0 else 'black'       # 根据权重符号设置颜色
        size=np.sqrt(abs(w)/max_weight)           # 根据权重绝对值缩放矩形
```

```
            rect=plt.Rectangle([x-size/2,y-size/2],size,size,
                        facecolor=color,edgecolor=color)
        ax.add_patch(rect)                  # 将矩形添加到图中
    ax.autoscale_view()                     # 调整视图范围
    ax.invert_yaxis()                       # 翻转 y 轴,以匹配矩阵方向

if __name__=='__main__':
    np.random.seed(19781112)
    hinton(np.random.rand(20,20) -0.5)
    plt.show()
```

运行结果如图 10-12 所示。下面对代码进行讲解。

1）自定义 hinton 函数，接收一个权重矩阵、一个最大权重值（用于缩放矩形的大小）和一个轴对象。如果没有提供轴对象，就使用当前的轴对象。如果没有提供最大权重值，函数会计算矩阵中绝对值最大元素的 2 的次幂作为最大权重值。这样做是为了使矩形的大小适应数据的范围。

2）使用循环遍历矩阵的每个元素，并根据权重的符号设置颜色（正值为白色，负值为黑色）。然后，根据权重的绝对值和最大权重值计算矩形的大小，并将矩形添加到图中。调整视图范围以适应所有的矩形，翻转 y 轴，使矩阵的显示方向与通常的矩阵方向一致（即原点在左上角）。

3）在主程序中，首先设置随机数种子以确保结果可重复。然后生成一个 20×20 的随机矩阵，值在 [-0.5,0.5] 之间。最后，调用 hinton 函数来绘制 Hinton 图并显示。

4）将 ax.patch.set_facecolor('gray') 和 color='white' if w > 0 else 'black' 替换为 ax.patch.set_facecolor('w') 和 color='r' if w > 0 else 'blue'。运行结果如图 10-13 所示。

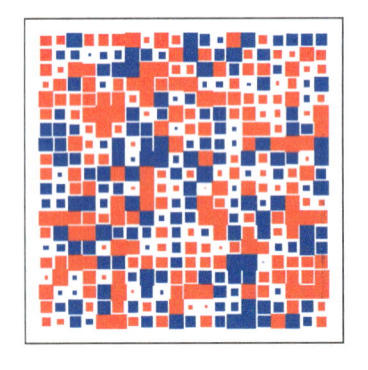

图 10-12　Hinton 图　　　　　　　图 10-13　红色和蓝色的 Hinton 图

10.5　地理图形

本节介绍地理数据的可视化方法，包括地形阴影图、地球经纬度图和流线图，其在地理信息系统和气象学中应用广泛。

10.5.1 地形阴影图

绘制地形阴影图（Hillshade）是通过结合地形数据（通常是数字高程模型 DEM 数据）和光照模型来实现的。

【例 10-7】 绘制带有颜色条的阴影图。代码如下。

```
import matplotlib.pyplot as plt
import numpy as np
from matplotlib.colors import LightSource,Normalize
# ①
def display_colorbar():
    """显示一个带颜色条的阴影图"""
    y,x=np.mgrid[-4:2:200j,-4:2:200j]            # 生成网格数据
    z=10*np.cos(x**2+y**2)                       # 计算 z 值
    cmap=plt.cm.copper                           # 使用铜色颜色映射
    ls=LightSource(315,45)                       # 创建光源
    rgb=ls.shade(z,cmap)                         # 对 z 进行着色
    fig,ax=plt.subplots()
    ax.imshow(rgb,interpolation='bilinear')      # 显示着色后的图像
    im=ax.imshow(z,cmap=cmap)
    im.remove()                                  # 移除图像,但保留颜色条信息
    fig.colorbar(im,ax=ax)                       # 添加颜色条
    ax.set_title('Using a colorbar with a shaded plot',size='x-large')
display_colorbar()
plt.show()
```

运行结果如图 10-14 所示。下面对代码进行讲解。

1）np.mgrid 生成一个从 −4 到 2 的 200×200 的网格数据，选择 copper 颜色映射，设置光源的方位角为 315°，高度角为 45°，使用 shade 函数对 z 进行着色，生成一个 RGB 图像，使用双线性插值（bilinear interpolation）显示 RGB 图像。

2）imshow 创建了一个图像对象 im，但随后将其移除，只保留颜色条信息并将其绑定到子图 ax 上。

3）使用 viridis 颜色映射，将 cmap=plt.cm.copper 改为如下代码。

```
cmap=plt.cm.viridis
```

运行结果如图 10-15 所示。

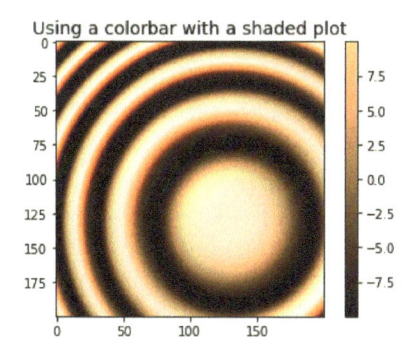

图 10-14　带有颜色条的阴影图 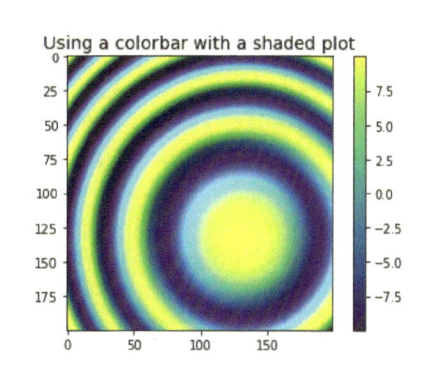　　　图 10-15　使用 viridis 颜色映射的阴影图

Matplotlib 科研绘图：基于 Python

4) 使用自定义标准来控制阴影图中显示的 z 范围，将①后的代码替换为如下代码。

```python
def avoid_outliers():
    """使用自定义标准来控制阴影图中显示的 z 范围"""
    y,x=np.mgrid[-4:2:200j,-4:2:200j]              # 生成网格数据
    z=10*np.cos(x**2+y**2)                          # 计算 z 值
    z[100,105]=2000
    z[120,110]=-9000
    ls=LightSource(315,45)                          # 创建光源
    fig,(ax1,ax2)=plt.subplots(ncols=2,figsize=(8,4.5))
    rgb=ls.shade(z,plt.cm.copper)                   # 对 z 进行着色
    ax1.imshow(rgb,interpolation='bilinear')        # 显示着色后的图像
    ax1.set_title('Full range of data')
    rgb=ls.shade(z,plt.cm.Spectral,vmin=-10,vmax=10)
    ax2.imshow(rgb,interpolation='bilinear')        # 显示着色后的图像
    ax2.set_title('Manually set range')
    fig.suptitle('Avoiding Outliers in Shaded Plots',size='x-large')
avoid_outliers()
plt.show()
```

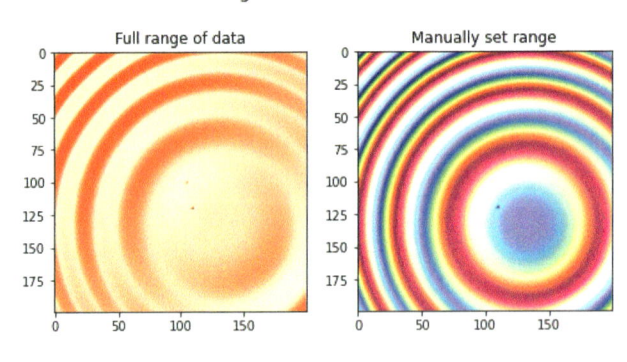

运行结果如图 10-16 所示。

图 10-16　避免极端值（离群值）对阴影图的影响

5) 通过阴影和颜色显示不同的变量，将①后的代码替换为如下代码。

```python
def shade_other_data():
    """通过阴影和颜色显示不同的变量"""
    y,x=np.mgrid[-4:2:200j,-4:2:200j]              # 生成网格数据
    z1=np.sin(x**2)                                 # 用于阴影的数据
    z2=np.cos(x**2+y**2)                            # 用于着色的数据
    norm=Normalize(z2.min(),z2.max())               # 标准化 z2 数据
    cmap=plt.cm.inferno
    ls=LightSource(315,45)                          # 创建光源
    rgb=ls.shade_rgb(cmap(norm(z2)),z1)             # z1 阴影着色,z2 颜色着色
    fig,ax=plt.subplots()
    ax.imshow(rgb,interpolation='bilinear')         # 显示着色后的图像
    ax.set_title('Shade by one variable,color by another',size='x-large')
```

```
shade_other_data()
plt.show()
```

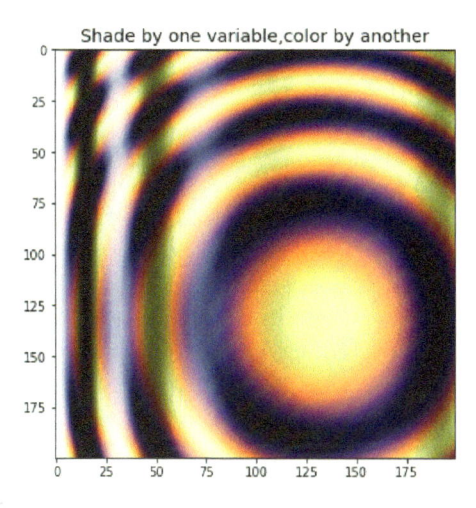

运行结果如图 10-17 所示。

图 10-17　不同阴影和颜色的阴影图

【例 10-8】　绘制地形山体阴影图。代码如下。

```
import matplotlib.pyplot as plt
import numpy as np
from matplotlib.cbook import get_sample_data
from matplotlib.colors import LightSource

# 获取示例数据文件路径,并加载 numpy 数组
dem=get_sample_data('jacksboro_fault_dem.npz',np_load=True)
z=dem['elevation']
dx,dy=dem['dx'],dem['dy']
ymin=dem['ymin']
# 转换 dx 和 dy 为米
dy=111200*dy
dx=111200*dx*np.cos(np.radians(ymin))

# 从西北方向进行阴影处理,太阳与水平线的夹角为 45°
ls=LightSource(azdeg=315,altdeg=45)
cmap=plt.cm.gist_earth
fig,axs=plt.subplots(nrows=2,ncols=3,figsize=(8,6))
plt.setp(axs.flat,xticks=[],yticks=[])
# ①
for col,ve in zip(axs.T,[0.1,1,10]):
# 在第一行显示阴影强度图像
    col[0].imshow(ls.hillshade(z,vert_exag=ve,dx=dx,dy=dy),cmap='gray')
    col[0].set_title(f'{ve}',size=18)
# 在第二行中放置具有不同混合模式的阴影图
```

Matplotlib 科研绘图：基于 Python

```
        mode='overlay'
        rgb=ls.shade(z,cmap=cmap,blend_mode=mode,
                    vert_exag=ve,dx=dx,dy=dy)
        col[1].imshow(rgb)
# 为行和列添加标签
for ax,mode in zip(axs[:,0],['Hillshade','overlay']):
    ax.set_ylabel(mode,size=18)
# ②
# 添加组标签
axs[0,1].annotate('Vertical Exaggeration',(0.5,1),xytext=(0,30),
                textcoords='offset points',xycoords='axes fraction',
                ha='center',va='bottom',size=20)
axs[1,1].annotate('Blend Mode',(-1.2,1.3),xytext=(-30,0),
                textcoords='offset points',xycoords='axes fraction',
                ha='right',va='center',size=20,rotation=90)
fig.subplots_adjust(bottom=0.05,right=0.95,hspace=-0.3)
plt.show()
```

运行结果如图 10-18 所示。下面对代码进行讲解。

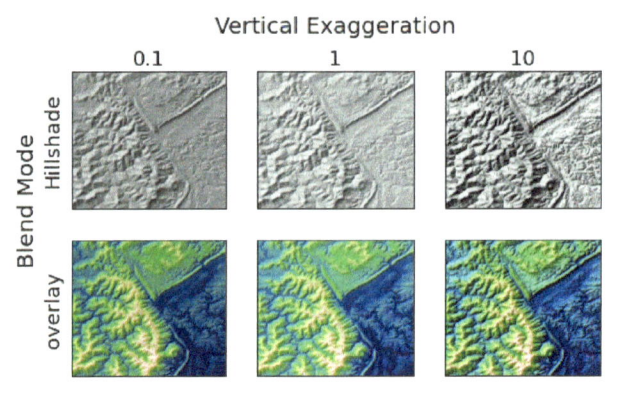

图 10-18　地形山体阴影图

1）get_sample_data 从 Matplotlib 的示例数据中获取数据文件路径，LightSource 用于计算地形的阴影着色，dem 是加载的示例数据文件，包含地形高度和网格间距。

2）将 dx 和 dy 从度转换为米，使用 LightSource 设置光源方向和角度，使用 cmap 设置颜色映射（色表），隐藏所有子图的 x 和 y 轴刻度。

3）遍历垂直夸大值 ve，在第一行显示阴影强度图像，在第二行中绘制不同混合模式的阴影图。

4）overlay 和 soft 混合模式适用于复杂曲面（如本例），而默认的 hsv 混合模式最适用于平滑曲面（如许多数学函数）。

5）在大多数情况下，山体阴影用于视觉目的，dx/dy 可以忽略。在这种情况下，可以通过反复试验来调整 vert_exag（垂直放大），以获得所需的视觉效果。但是，此示例演示如何使用 dx 和 dy 关键字参数来确保 vert_exag 参数是起到真正垂直放大的作用。

6）使用 hsv 和 soft 混合模式，将①和②之间的代码替换为如下代码。

```
for col,ve in zip(axs.T,[0.1,1,10]):
    for ax,mode in zip(col,['hsv','soft']):
        rgb=ls.shade(z,cmap=cmap,blend_mode=mode,
                    vert_exag=ve,dx=dx,dy=dy)
        ax.imshow(rgb)
# 为行和列添加标签
for ax,mode in zip(axs[:,0],['HSV','Soft']):
    ax.set_ylabel(mode,size=18)
# 为列添加标题
for ax,ve in zip(axs[0],[0.1,1,10]):
    ax.set_title(f'{ve}',size=18)
```

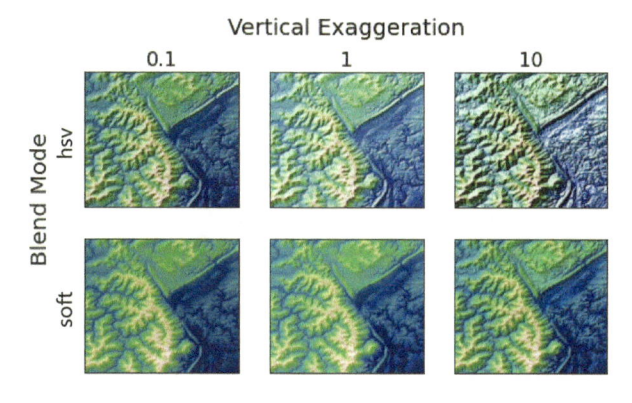

运行结果如图 10-19 所示。

图 10-19　hsv 和 soft 混合模式的地形山体阴影图

10.5.2　地球经纬度图

地理投影是一种将地球的三维曲面表示为二维平面图的技术。不同的地理投影方法适用于不同的应用，具有各自的优缺点。Matplotlib 支持多种地理投影类型，可以通过设置 projection 参数来使用。

【例 10-9】　绘制地球经纬度图的示例。代码如下。

```
import matplotlib.pyplot as plt

plt.figure()
# 添加 Aitoff 投影的子图
ax=plt.subplot(projection="aitoff")
plt.title("Aitoff")
plt.grid(True,color='blue',linestyle='--',linewidth=1)
# 设置外圈(边框)为红色,并设置边框的线宽
for spine in ax.spines.values():
    spine.set_edgecolor('red')
    spine.set_linewidth(2)
plt.show()
```

Matplotlib 科研绘图：基于 Python

运行结果如图 10-20 所示。下面对代码进行讲解。

1）使用 Aitoff 投影绘制地球经纬度的图形，Aitoff 投影是一种伪圆柱投影，通常用于绘制全天图。启用网格线，并设置网格线的颜色为蓝色、线型为虚线、线宽为 1。将外圈边框的颜色设置为红色，设置这种样式可以让图形更具视觉吸引力和可读性。

2）使用 Hammer 投影绘制地球经纬度的图形。代码如下。

```
import matplotlib.pyplot as plt
# 创建 Hammer 投影的子图
fig,ax=plt.subplots(subplot_kw={'projection':'hammer'})
ax.set_title('Hammer Projection')
ax.grid(True,color='green',linestyle='--',linewidth=1)
for spine in ax.spines.values():
    spine.set_edgecolor('red')
    spine.set_linewidth(2)
plt.show()
```

运行结果如图 10-21 所示。

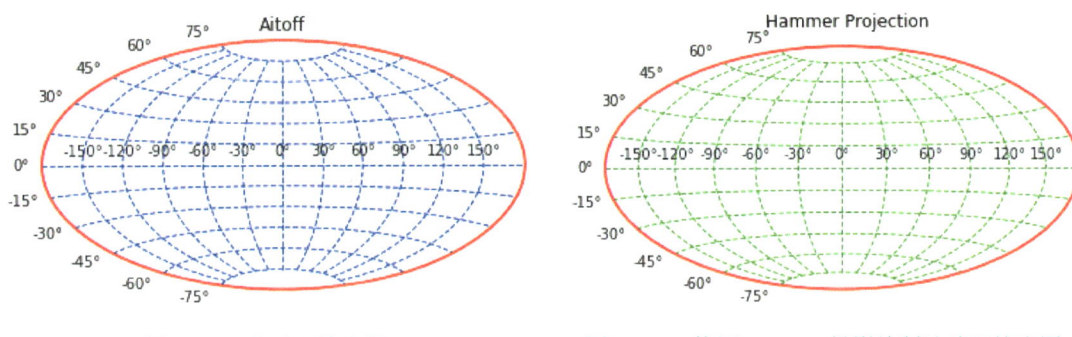

图 10-20　地球经纬度图　　　　图 10-21　使用 Hammer 投影绘制地球经纬度图

3）使用 Mollweide 投影绘制地球经纬度的图形。代码如下。

```
import matplotlib.pyplot as plt

# 创建 Mollweide 投影的子图
fig,ax=plt.subplots(subplot_kw={'projection':'mollweide'})
ax.set_title('Mollweide Projection')
ax.grid(True,color='purple',linestyle='--',linewidth=1)
for spine in ax.spines.values():
    spine.set_edgecolor('red')
    spine.set_linewidth(2)
plt.show()
```

运行结果如图 10-22 所示。

4）使用 Lambert 投影绘制地球经纬度的图形。代码如下。

```
import matplotlib.pyplot as plt

# 创建 Lambert 投影的子图
fig,ax=plt.subplots(subplot_kw={'projection':'lambert'})
```

```
ax.set_title('Lambert Projection')
ax.grid(True,color='orange',linestyle='--',linewidth=1)
for spine in ax.spines.values():
    spine.set_edgecolor('red')
    spine.set_linewidth(2)
plt.show()
```

运行结果如图 10-23 所示。

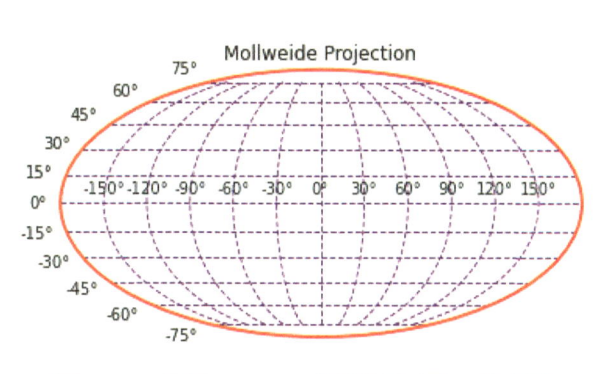

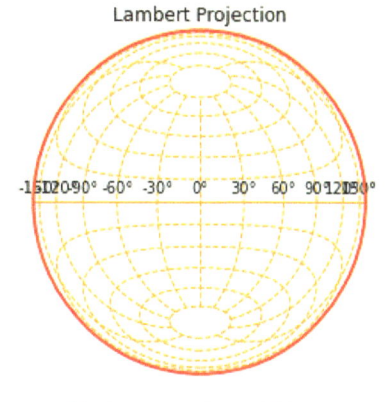

图 10-22　使用 Mollweide 投影绘制地球经纬度图　　　图 10-23　使用 Lambert 投影绘制地球经纬度图

10.5.3　流线图

流线图显示了流体的流动路径，流线代表了流体粒子的轨迹，而线的方向则表示流动的方向。线的密度和颜色可以用来表示流速的大小。streamplot 函数用于在二维网格上绘制流线图，该函数的基本语法如下。

```
plt.streamplot(X,Y,U,V,density=1,linewidth=1,color='k',cmap=None,
               norm=None,arrowsize=1,arrowstyle='-|>',minlength=0.1,
               transform=None,start_points=None,maxlength=4.0,
               integration_direction='both',broken_streamlines=True)
```

部分参数的含义见表 10-1。

表 10-1　streamplot 函数的参数含义

参 数 名	类型和说明
X	类数组，网格点的 x 坐标。可以是 1 维数组或 2 维数组（与 Y 形状匹配）
Y	类数组，网格点的 y 坐标。可以是 1 维数组或 2 维数组（与 X 形状匹配）
U	类数组，x 方向的速度分量。在 X 和 Y 网格点上定义的 2 维数组
V	类数组，y 方向的速度分量。在 X 和 Y 网格点上定义的 2 维数组
density	浮点数或长度为 2 的元组，流线的密度，默认值为 1。可以是一个浮点数或长度为 2 的元组（density_x, density_y），分别指定 x 和 y 方向的密度
linewidth	浮点数或类数组，流线的线宽，默认值为 1。可以是一个浮点数，或一个与 U 和 V 形状匹配的数组

Matplotlib 科研绘图：基于 Python

（续）

参　数　名	类型和说明
color	颜色或 2 维数组，流线的颜色，默认值为 k（黑色）。可以是一个颜色字符串，或一个与 U 和 V 形状匹配的 2 维数组，用于指定流线的颜色
cmap	字符串或颜色映射表，颜色映射表名称或 Colormap 对象，用于映射流线的颜色。仅在 color 参数为数组时有效
norm	归一化对象，Normalize 对象，用于缩放数据到 [0,1] 范围内
arrowsize	浮点数，箭头大小，默认值为 1
arrowstyle	字符串，箭头样式，默认值为 -
minlength	浮点数，流线的最小长度，以图形坐标为单位。默认值为 0.1
transform	Transform（变换对象）：Transform 对象，应用于 X、Y、U、V，默认值为 None
start_points	N 行 2 列的类数组，指定流线起始点的数组。每个起始点为 [x,y] 坐标对
maxlength	浮点数，流线的最大长度，以图形坐标为单位
integration_direction	{'forward','backward','both'}，流线积分方向。可以是 forward（正向积分）、backward（反向积分），或 both（双向积分）
broken_streamlines	布尔值，是否允许流线在超出 U 或 V 范围时中断，默认值为 True

【例 10-10】 绘制流线图示例。代码如下。

```
import matplotlib.pyplot as plt
import numpy as np

w=3
Y,X=np.mgrid[-w:w:100j,-w:w:100j]
U=-1-X**2+Y
V=1+X-Y**2
#①
# 不同密度的流线图
fig,ax=plt.subplots()
ax.streamplot(X,Y,U,V,density=[0.5,1])
ax.set_title('Varying Density')
plt.show()
```

运行结果如图 10-24 所示。下面对代码进行讲解。

1）定义网格的宽度范围为 3，使用 mgrid 生成一个二维网格，100j 表示在每个方向上生成 100 个点，X 和 Y 分别是网格的 x 坐标和 y 坐标，U 和 V 分别定义速度场在 x 和 y 方向上的分量。

2）使用 streamplot 函数在子图上绘制流线图。density 参数指定流线的密度，这里设置为 [0.5,1]，表示 x 方向的密度较低，而 y 方向的密度较高。

3）绘制不同颜色的流线图，将①后的代码替换成如下代码。

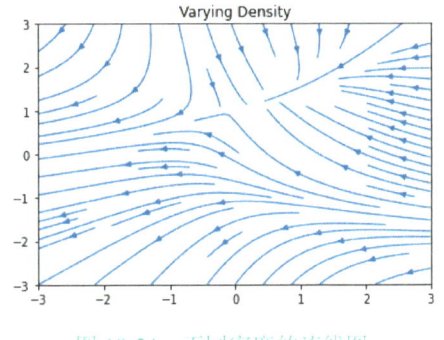

图 10-24　不同密度的流线图

```
fig,ax=plt.subplots()
strm=ax.streamplot(X,Y,U,V,color=U,linewidth=2,cmap='autumn')
fig.colorbar(strm.lines)
ax.set_title('Varying Color')
plt.show()
```

运行结果如图 10-25 所示。

4）绘制不同线宽的流线图，将①后的代码替换成如下代码。

```
fig,ax=plt.subplots()
lw=5*speed/speed.max()
ax.streamplot(X,Y,U,V,density=0.6,color='k',linewidth=lw)
ax.set_title('Varying Line Width')
```

运行结果如图 10-26 所示。

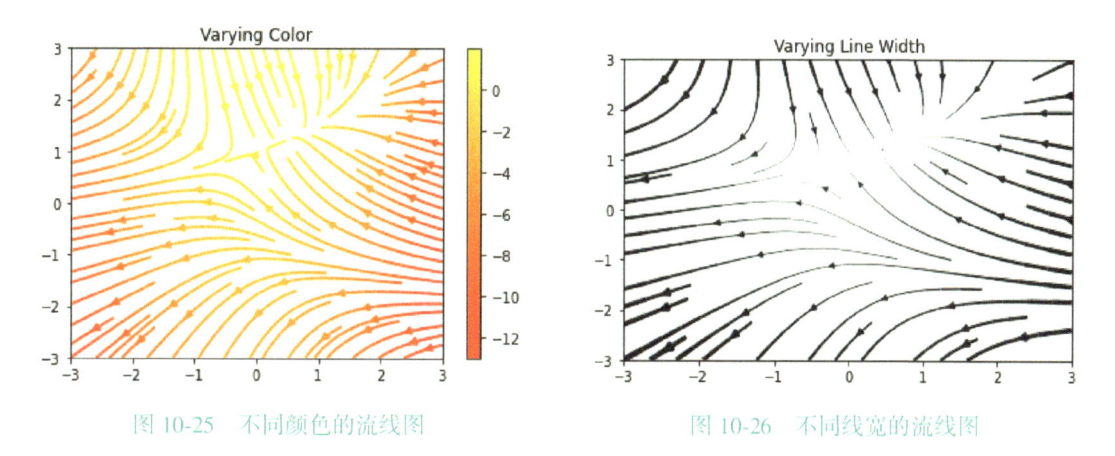

图 10-25　不同颜色的流线图　　　　图 10-26　不同线宽的流线图

5）控制流线的起始点，将①后的代码替换成如下代码。

```
fig,ax=plt.subplots()
seed_points=np.array([[-2,-1,0,1,2,-1],[-2,-1,0,1,2,2]])
strm=ax.streamplot(X,Y,U,V,color=U,linewidth=2,cmap='autumn',start_points=seed_points.T)
fig.colorbar(strm.lines)
ax.plot(seed_points[0],seed_points[1],'bo')
ax.set(xlim=(-w,w),ylim=(-w,w))
ax.set_title('Controlling Starting Points')
plt.show()
```

运行结果如图 10-27 所示。

6）使用掩码的流线图，将①后的代码替换成如下代码。

```
# 创建一个mask
mask=np.zeros(U.shape,dtype=bool)
mask[40:60,40:60]=True
U[:20,:20]=np.nan
U=np.ma.array(U,mask=mask)
```

Matplotlib 科研绘图：基于 Python

```
# 使用掩码的流线图
fig,ax=plt.subplots()
ax.streamplot(X,Y,U,V,color='r')
ax.imshow(~mask,extent=(-w,w,-w,w),
        alpha=0.5,cmap='gray',aspect='auto')
ax.set_aspect('equal')
ax.set_title('Streamplot with Masking')
plt.show()
```

运行结果如图 10-28 所示。

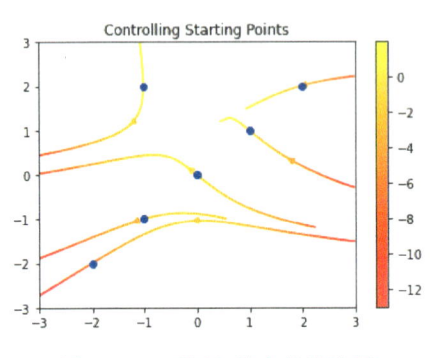

图 10-27　不同起始点的流线图 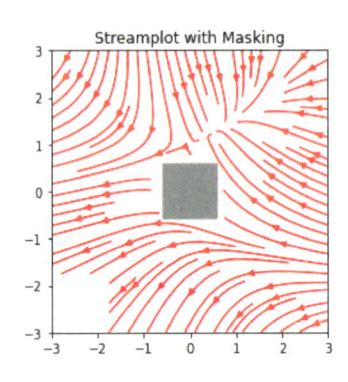　　　　图 10-28　使用掩码的流线图

10.6　使用样式表绘制统计图形

Matplotlib 提供了多种预定义的样式，以便用户能够快速更改图表的外观，可以通过以下代码查看常见的样式。

```
import matplotlib.pyplot as plt
styles=plt.style.availabel
print(styles)
```

运行后输出结果如下。

['Solarize_Light2','_classic_test_patch','_mpl-gallery','_mpl-gallery-nogrid','bmh','classic','dark_background','fast','fivethirtyeight','ggplot','grayscale','seaborn','seaborn-bright','seaborn-colorblind','seaborn-dark','seaborn-dark-palette','seaborn-darkgrid','seaborn-deep','seaborn-muted','seaborn-notebook','seaborn-paper','seaborn-pastel','seaborn-poster','seaborn-talk','seaborn-ticks','seaborn-white','seaborn-whitegrid','tableau-colorblind10']

【例 10-11】　使用各种样式来绘制图形。代码如下。

```
import matplotlib.pyplot as plt
import numpy as np
import matplotlib.colors as mcolors
from matplotlib.patches import Rectangle
```

```python
np.random.seed(19781112)
def plot_scatter(ax,prng,nb_samples=100):
    """散点图"""
    for mu,sigma,marker in [(-.5,0.75,'o'),(0.75,1.,'s')]:
        x,y=prng.normal(loc=mu,scale=sigma,size=(2,nb_samples))
        ax.plot(x,y,ls='none',marker=marker)
    ax.set_xlabel('X-label')
    ax.set_title('Axes title')
    return ax

def plot_colored_lines(ax):
    """绘制颜色随样式颜色周期变化的线条"""
    t=np.linspace(-10,10,100)
    def sigmoid(t,t0):
        return 1/(1+np.exp(-(t-t0)))
    nb_colors=len(plt.rcParams['axes.prop_cycle'])
    shifts=np.linspace(-5,5,nb_colors)
    amplitudes=np.linspace(1,1.5,nb_colors)
    for t0,a in zip(shifts,amplitudes):
        ax.plot(t,a*sigmoid(t,t0),'-')
    ax.set_xlim(-10,10)
    return ax

def plot_bar_graphs(ax,prng,min_value=5,max_value=25,nb_samples=5):
    """并排绘制两个条形图"""
    x=np.arange(nb_samples)
    ya,yb=prng.randint(min_value,max_value,size=(2,nb_samples))
    width=0.25
    ax.bar(x,ya,width)
    ax.bar(x+width,yb,width,color='C2')
    ax.set_xticks(x+width,labels=['a','b','c','d','e'])
    return ax

def plot_colored_circles(ax,prng,nb_samples=15):
    """
    绘制圆形补丁
    注意:绘制固定数量的样本,而不是使用颜色周期的长度,因为不同的样式可能有不同数量的颜色。
    """
    for sty_dict,j in zip(plt.rcParams['axes.prop_cycle'](),
                          range(nb_samples)):
        ax.add_patch(plt.Circle(prng.normal(scale=3,size=2),
                                radius=1.0,color=sty_dict['color']))
    ax.grid(visible=True)
    plt.title('ax.grid(True)',family='monospace',fontsize='small')
    ax.set_xlim([-4,8])
    ax.set_ylim([-5,6])
    ax.set_aspect('equal',adjustable='box')
    return ax
```

```python
def plot_image_and_patch(ax,prng,size=(20,20)):
    """绘制具有随机值的图像并叠加一个圆形补丁"""
    values=prng.random_sample(size=size)
    ax.imshow(values,interpolation='none')
    c=plt.Circle((5,5),radius=5,label='patch')
    ax.add_patch(c)
# 移除刻度
    ax.set_xticks([])
    ax.set_yticks([])

def plot_histograms(ax,prng,nb_samples=10000):
    """绘制4个直方图和一个文本注释"""
    params=((10,10),(4,12),(50,12),(6,55))
    for a,b in params:
        values=prng.beta(a,b,size=nb_samples)
        ax.hist(values,histtype="stepfilled",bins=30,
                alpha=0.8,density=True)
    ax.annotate('Annotation',xy=(0.25,4.25),
                xytext=(0.9,0.9),textcoords=ax.transAxes,
                va="top",ha="right",
                bbox=dict(boxstyle="round",alpha=0.2),
                arrowprops=dict(arrowstyle="->",
                    connectionstyle="angle,angleA=-95,angleB=35,rad=10"),)
    return ax

def plot_figure(style_label="default"):
    """设置并绘制带有给定样式的演示图形"""
# 使用专用的 RandomState 实例在不同图形之间绘制相同的"随机"值
    prng=np.random.RandomState(96917002)
    fig,axs=plt.subplots(ncols=6,nrows=1,num=style_label,
                         figsize=(14.8,2.8),layout='constrained')
# 除了背景为深色的那些,它们将获得较浅的颜色
    background_color=mcolors.rgb_to_hsv(
        mcolors.to_rgb(plt.rcParams['figure.facecolor']))[2]
    if (background_color < 0.5):
        title_color=[0.8,0.8,1]
    else:
        title_color=np.array([19,6,84])/256
    fig.suptitle(style_label,x=0.01,ha='left',color=title_color,
                 fontsize=14,fontfamily='DejaVuSans',fontweight='normal')
    plot_scatter(axs[0],prng)
    plot_image_and_patch(axs[1],prng)
    plot_bar_graphs(axs[2],prng)
    plot_colored_lines(axs[3])
    plot_histograms(axs[4],prng)
    plot_colored_circles(axs[5],prng)
```

```python
if __name__=="__main__":
# 设置样式为 default
    style_label='default'# ①
# 绘制带有给定样式的图形
    with plt.rc_context({"figure.max_open_warning": 1}):
        with plt.style.context(style_label):
            plot_figure(style_label=style_label)
    plt.show()
```

运行结果如图 10-29 所示。下面对代码进行讲解。

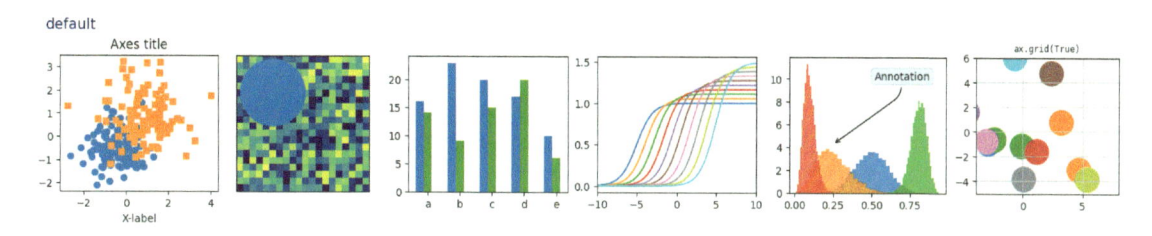

图 10-29　样式（default）绘制图形

1）自定义绘图函数，plot_scatter 绘制散点图，plot_colored_lines 绘制带有不同颜色线条的图，plot_bar_graphs 绘制并排的条形图，plot_colored_circles 绘制不同颜色的圆形补丁，plot_image_and_patch 绘制具有随机值的图像并叠加一个圆形补丁，plot_histograms 绘制多个直方图并添加文本注释。

2）主绘图函数 plot_figure。创建一个新的随机数生成器实例，以确保在每次运行时生成相同的随机数，使用 default 样式创建一个包含 6 个子图的图形，并为每个子图调用相应的绘图函数，设置总标题的颜色。

3）主程序设置样式为 default，绘制图形并显示。

4）设置样式为 classic，将语句①替换为如下代码。运行结果如图 10-30 所示。

```
style_label='classic'
```

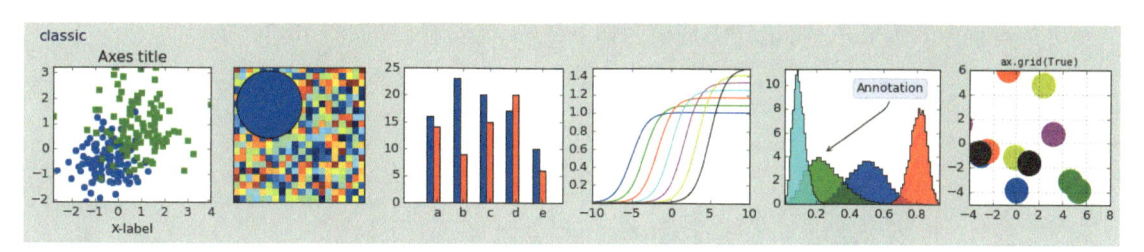

图 10-30　样式（classic）绘制图形

5）设置样式为 Solarize_Light2，将语句①替换为如下代码。运行结果如图 10-31 所示。

```
style_label='Solarize_Light2'
```

6）设置样式为 bmh，将语句①替换为如下代码。运行结果如图 10-32 所示。

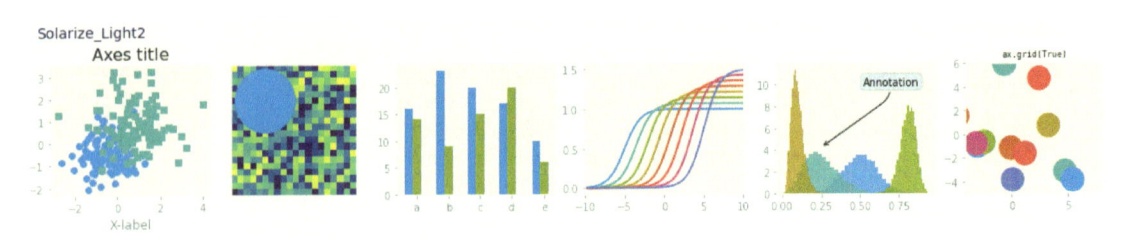

Matplotlib 科研绘图：基于 Python

图 10-31　样式（Solarize_Light2）绘制图形

```
style_label='bmh'
```

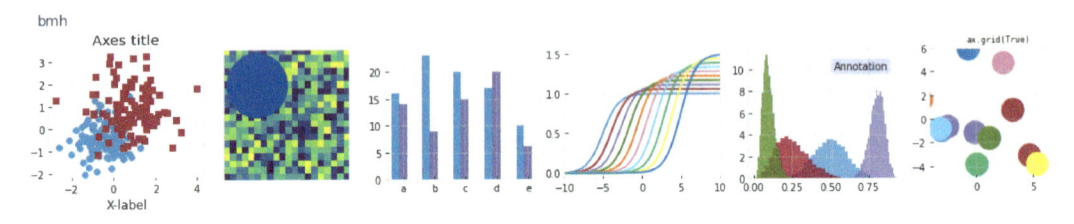

图 10-32　样式（bmh）绘制图形

7) 设置样式为 dark_background，将语句①替换为如下代码。运行结果如图 10-33 所示。

```
style_label='dark_background'
```

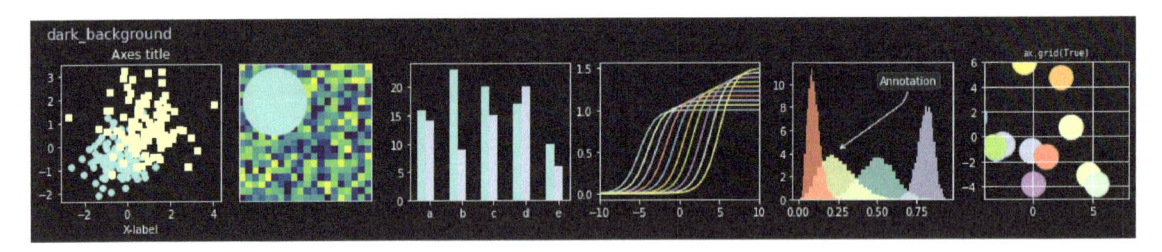

图 10-33　样式（dark_background）绘制图形

8) 设置样式为 fast，将语句①替换为如下代码。运行结果如图 10-34 所示。

```
style_label='fast'
```

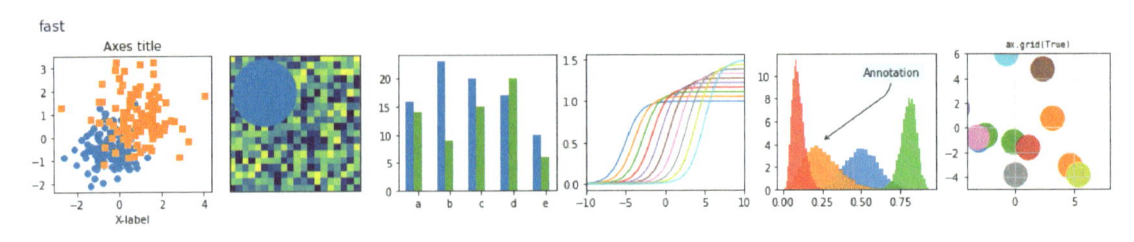

图 10-34　样式（fast）绘制图形

9) 设置样式为 fivethirtyeight，将语句①替换为如下代码。运行结果如图 10-35 所示。

```
style_label='fivethirtyeight'
```

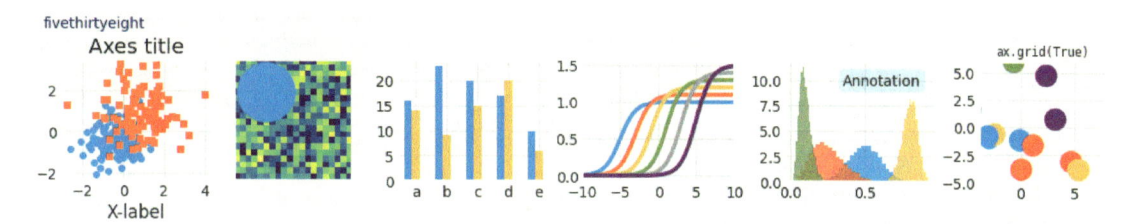

图 10-35　样式（fivethirtyeight）绘制图形

10）设置样式为 ggplot，将语句①替换为如下代码。运行结果如图 10-36 所示。

```
style_label='ggplot'
```

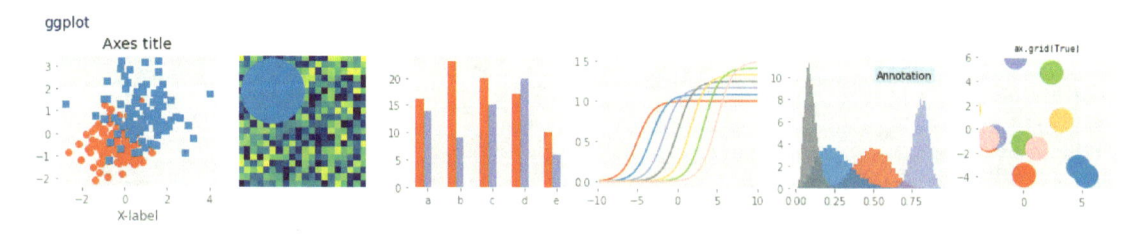

图 10-36　样式（ggplot）绘制图形

11）设置样式为 grayscale，将语句①替换为如下代码。运行结果如图 10-37 所示。

```
style_label='grayscale'
```

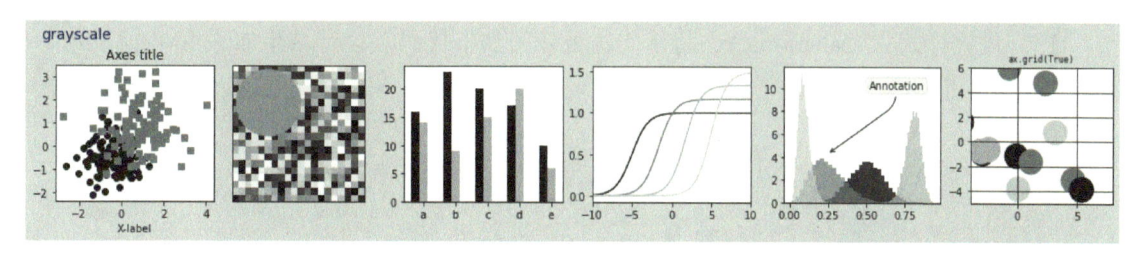

图 10-37　样式（grayscale）绘制图形

12）设置样式为 seaborn-bright，将语句①替换为如下代码。运行结果如图 10-38 所示。

```
style_label='seaborn-bright'
```

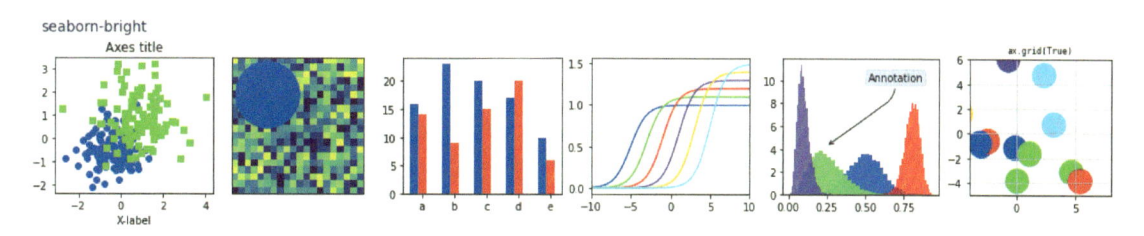

图 10-38　样式（seaborn-bright）绘制图形

13）设置样式为 seaborn-colorblind，将语句①替换为如下代码。运行结果如图 10-39 所示。

```
style_label='seaborn-colorblind'
```

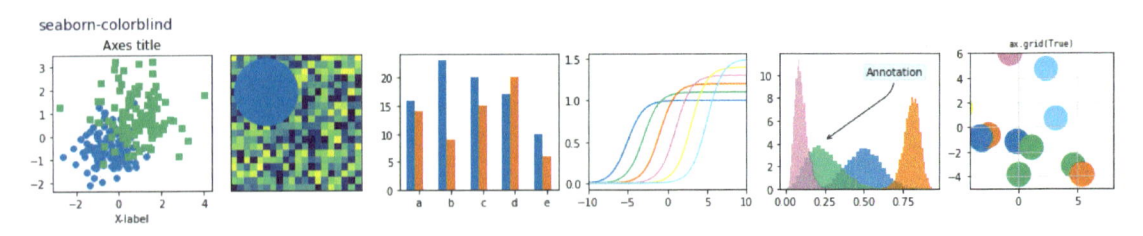

图 10-39　样式（seaborn-colorblind）绘制图形

14）设置样式为 seaborn-dark-palette，将语句①替换为如下代码。运行结果如图 10-40 所示。

```
style_label='seaborn-dark-palette'
```

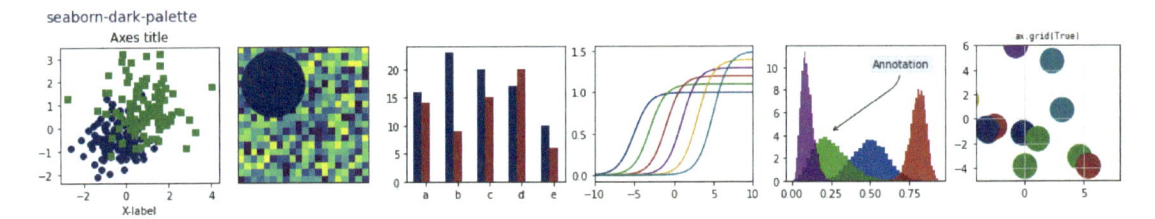

图 10-40　样式（seaborn-dark-palette）绘制图形

15）设置样式为 seaborn-dark，将语句①替换为如下代码。运行结果如图 10-41 所示。

```
style_label='seaborn-dark'
```

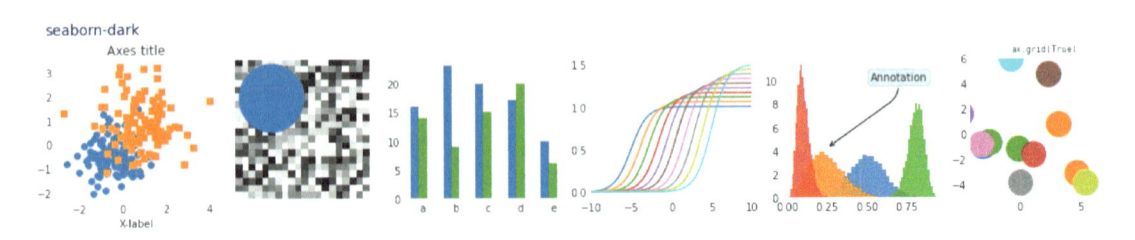

图 10-41　样式（seaborn-dark）绘制图形

16）设置样式为 seaborn-deep，将语句①替换为如下代码。运行结果如图 10-42 所示。

```
style_label='seaborn-deep'
```

17）设置样式为 seaborn-muted，将语句①替换为如下代码。运行结果如图 10-43 所示。

```
style_label='seaborn-muted'
```

18）设置样式为 seaborn-notebook，将语句①替换为如下代码。运行结果如图 10-44 所示。

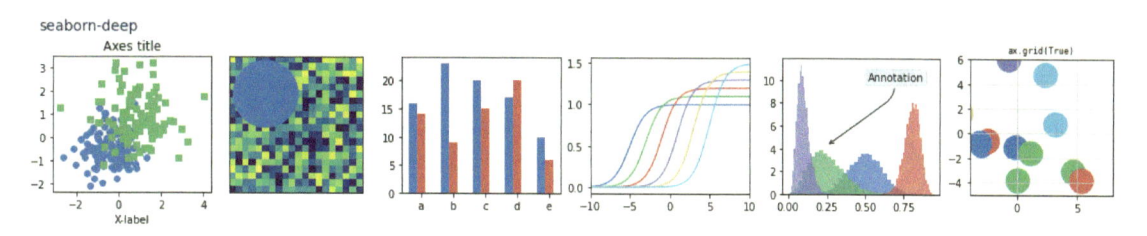

图 10-42　样式（seaborn-deep）绘制图形

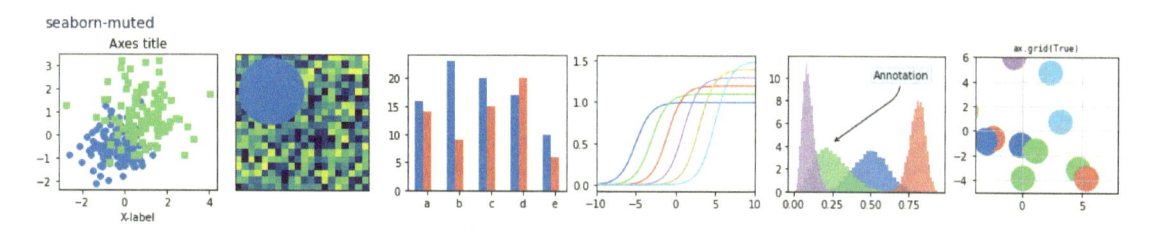

图 10-43　样式（seaborn-muted）绘制图形

```
style_label='seaborn-notebook'
```

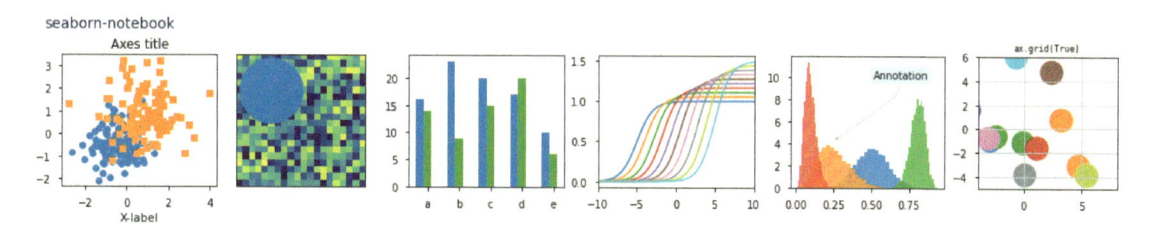

图 10-44　样式（seaborn-notebook）绘制图形

19）设置样式为 seaborn-poster，将语句①替换为如下代码。运行结果如图 10-45 所示。

```
style_label='seaborn-poster'
```

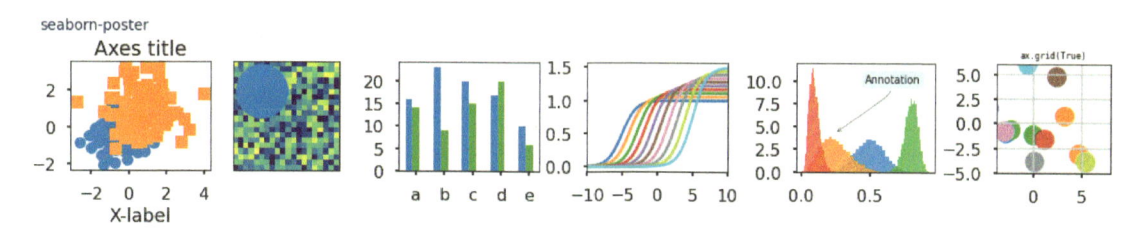

图 10-45　样式（seaborn-poster）绘制图形

20）设置样式为 seaborn-white，将语句①替换为如下代码。运行结果如图 10-46 所示。

```
style_label='seaborn-white'
```

21）设置样式为 seaborn-whitegrid，将语句①替换为如下代码。运行结果如图 10-47 所示。

Matplotlib 科研绘图：基于 Python

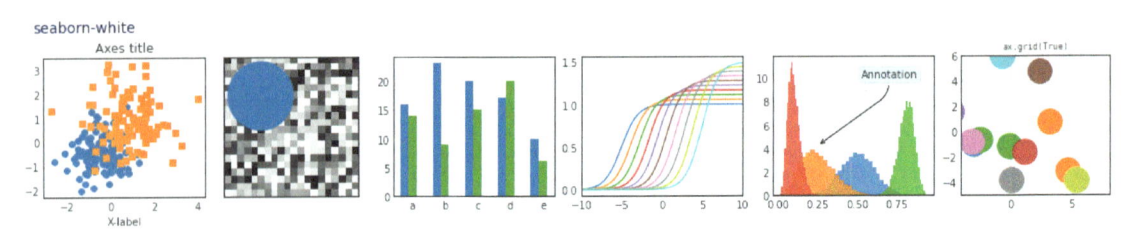

图 10-46　样式（seaborn-white）绘制图形

```
style_label='seaborn-whitegrid'
```

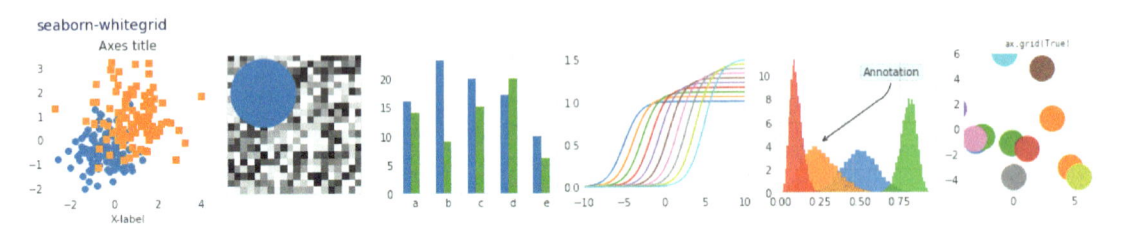

图 10-47　样式（seaborn-whitegrid）绘制图形

【例 10-12】　使用样式（dark_background）来绘制图形。代码如下。

```python
import matplotlib.pyplot as plt
import numpy as np

plt.style.use('dark_background')
fig,ax=plt.subplots()
L=6
x=np.linspace(0,L)
ncolors=len(plt.rcParams['axes.prop_cycle'])
shift=np.linspace(0,L,ncolors,endpoint=False)
for s in shift:
    ax.plot(x,np.sin(x+s),'o-')
ax.set_xlabel('x-axis')
ax.set_ylabel('y-axis')
ax.set_title("'dark_background' style sheet")
plt.show()
```

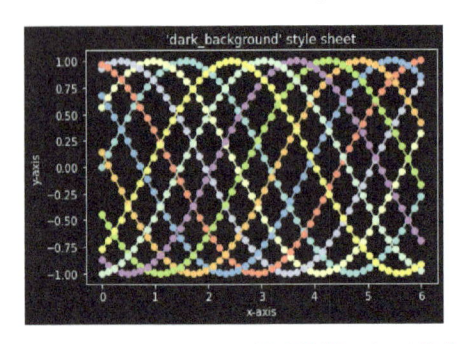

运行结果如图 10-48 所示。代码中使用 dark_background 样式绘制一组带有相位偏移的正

图 10-48　dark_background 样式绘制一组正弦曲线

弦曲线，通常使用白色表示文本、边框等元素。注意，并非所有图元素都默认为 rc 参数定义的颜色。

10.7 本章小结

本章详细介绍了多种专业图形的绘制方法，包括石川图、左心室靶心图、极轴图形、条形码和 Hinton 图、地理图形以及使用样式表绘制统计图形。这些方法不仅拓展了读者的绘图技能，还为复杂数据的可视化提供了强有力的工具。通过本章学习，希望读者能够更加专业地展示和分析数据，提升数据可视化的能力。

第 11 章
图像处理

图像处理是计算机视觉和数字图像分析的基础，涵盖了对数字图像进行操作以增强视觉效果或提取有用信息的技术和方法。在本章中将介绍一些常见的图像处理操作，包括图像调色、图像裁剪、图像旋转、图像镜像、图像拼接和图像合成。这些操作不仅在学术研究中具有重要地位，而且在工业应用中也使用广泛。

11.1 图像调色

IPython 是对标准 Python 提示符出色的增强功能，与 Matplotlib 的兼容性很好，可以直接在 shell 中启动，也可以使用 Linux Notebook。IPython 启动后，需要连接 GUI，用于告诉 IPython 在哪里（以及如何）显示图。要连接到 GUI 循环，请在 IPython 提示符下执行%matplotlib。

【例 11-1】 图像调色示例。

1）启动命令和导入相关的库。

本文使用的是 Notebook 来演示，使用 Matplotlib 的隐式绘图接口 pyplot，输入如下代码。

```
%matplotlib inline
```

之后将打开内置打印，其中打印图形将显示在 Notebook 中，导入必要的库。代码如下。

```
from PIL import Image
import matplotlib.pyplot as plt
import numpy as np
```

2）将图像数据转换为 NumPy 数组。

准备要处理的图像，如图 11-1 所示，将图像保存到指定的路径，本文演示的路径为 D:/MatPicture/stinkbug.png，这是一个 24 位 RGB 的 PNG 图像（R、G、B 各 8 位）。

使用 Pillow 打开一个图像（使用 PIL.Image.open），并将 PIL.Image.Image 对象转换为 8 位（dtype=uint8） numpy 数组，输入如下代码。

图 11-1 蚂蚁图像

```
img=np.asarray(Image.open('D:/MatPicture/stinkbug.png'))
print(repr(img))
```

运行后输出结果如下。

```
array([[[104,104,104,255],
        [104,104,104,255],
        [104,104,104,255],
        ...,                       # 中间略
        [114,114,114,255],
        [114,114,114,255],
        [113,113,113,255]]],dtype=uint8)
```

每个内部列表代表一个像素。这里，对于 RGB 图像有 3 个值。由于它是一个黑色和白色图像，R、G 和 B 都是相似的。RGBA（其中 A 是 alpha 或透明度）每个内部列表有 4 个值，而简单的亮度图像只有一个值（因此只是一个二维数组，而不是三维数组）。对于 RGB 和 RGBA 图像，Matplotlib 支持 float32 和 uint8 数据类型。对于灰度图像，Matplotlib 只支持 float32。

3）使用 imshow( ) 函数将 numpy 数组绘制为图像，这个函数可以处理二维数组（灰度图像）和三维数组（彩色图像），并且可以应用不同的颜色映射（colormaps），基本语法如下。

```
matplotlib.pyplot.imshow(X,cmap=None,norm=None,aspect=None,
        interpolation=None,alpha=None,vmin=None,vmax=None,
        origin=None,extent=None,filternorm=True,filterrad=4.0,
        resample=None,url=None,*,data=None,**kwargs)
```

部分参数的含义见表 11-1。

表 11-1　imshow( ) 函数的参数含义

参　　数	含　　义
X	数组，要显示的数据。可以是二维（灰度图像）或三维（彩色图像）数组
cmap	字符串或 Colormap 对象，颜色映射，用于灰度图像的颜色
norm	Normalize 对象，数据值到颜色值的归一化方法
aspect	{'equal','auto'} 或 float，图像纵横比。equal 保持像素的长宽比，auto 自动调整长宽比
interpolation	字符串，插值方法，如 none、nearest、bilinear、bicubic 等
alpha	浮点数，图像的透明度，范围从 0（完全透明）到 1（完全不透明）
vmin	浮点数，数据映射到颜色时的最小值
vmax	浮点数，数据映射到颜色时的最大值
origin	{'upper','lower'}，图像的原点，默认为 upper，即左上角
extent	四元组，图像在坐标轴上的显示范围，格式为（left，right，bottom，top）
filternorm	布尔值，是否规范化过滤器的权重
filterrad	浮点数，滤波器半径，默认为 4.0
resample	布尔值，是否重新采样图像
url	字符串，图像的超链接
data	索引，数据索引
**kwargs	字典，其他关键字参数

Matplotlib 科研绘图：基于 Python

将 numpy 数组绘制为图像，输入如下代码。

```
imgplot=plt.imshow(img)
```

运行结果如图 11-2 所示。

4）将伪彩色应用于图像绘图。它是一种非常有用的工具，可用于增强对比度和更轻松地显示数据，伪彩色仅与单通道、灰度、亮度图像相关。由于 R、G 和 B 都是相似的，可以使用数组切片来选择数据的一个通道。代码如下。

```
lum_img=img[:,:,0]
plt.imshow(lum_img)
plt.show()
```

运行结果如图 11-3 所示。

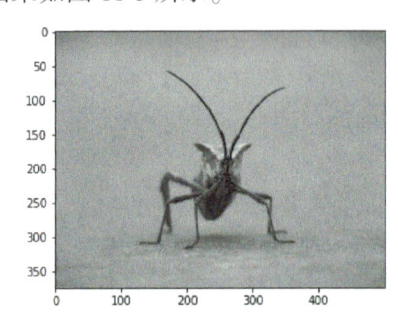

图 11-2 使用 numpy 数组绘制蚂蚁图像

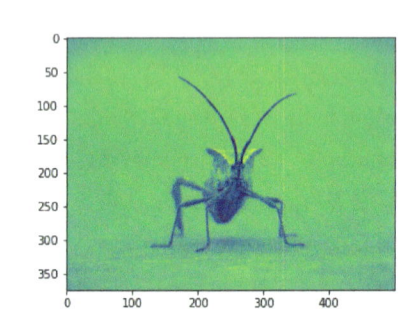

图 11-3 绿色的蚂蚁图像

5）使用亮度（2D，无颜色）图像，应用默认的颜色映射表，默认值为 viridis，有很多其他的选择，输入如下代码。

```
lum_img=img[:,:,0]
plt.imshow(lum_img,cmap="hot")
```

运行结果如图 11-4 所示。

6）可以使用 set_cmap() 参数更改现有绘图对象上的颜色映射表。代码如下。

```
lum_img=img[:,:,0]
imgplot=plt.imshow(lum_img)
imgplot.set_cmap('nipy_spectral')
```

运行结果如图 11-5 所示。

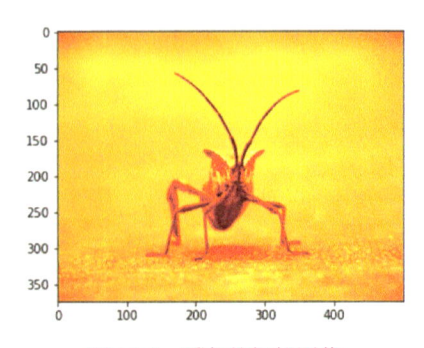

图 11-4 暖色的蚂蚁图像

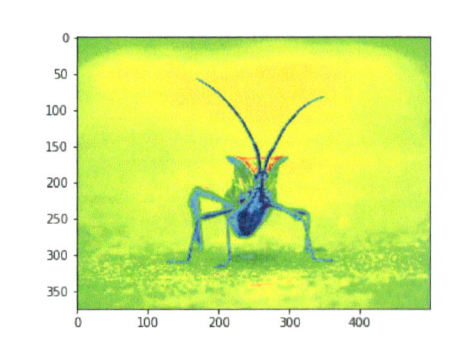

图 11-5 参数为 nipy_spectral 颜色映射的蚂蚁图像

7）添加颜色条来实现了解图像的颜色。代码如下。

```
lum_img=img[:,:,0]
imgplot=plt.imshow(lum_img)
imgplot.set_cmap('inferno')
```

运行结果如图 11-6 所示。

8）检查特定数据范围。有时想增强图像的对比度，或者扩大特定区域的对比度，同时牺牲变化不大或无关紧要的颜色细节，可以通过直方图进行查找数组的范围。代码如下。

```
img=img[:,:,0]
plt.hist(lum_img.ravel(),bins=range(256),fc='b',ec='r')
plt.show()
```

运行结果如图 11-7 所示。

图 11-6　有颜色条的蚂蚁图像 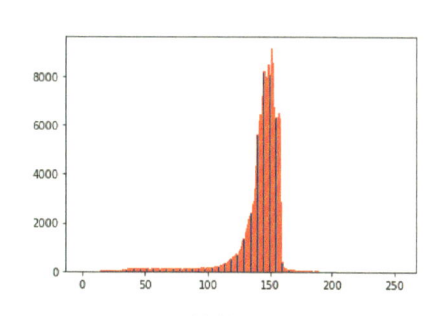　　　　图 11-7　图像数组的取值范围

9）通过 set_clim() 方法来调整图像的对比度，通过图 11-7 可以看出数组值的上限为 175，通过调整最小值和最大值，来控制图像的对比度。代码如下。

```
lum_img=img[:,:,0]
imgplot=plt.imshow(lum_img)
imgplot.set_clim(0,175)
```

运行结果如图 11-8 所示。

10）将 set_clim() 中的最小值和最大值调整为 100 和 175。代码如下。

```
lum_img=img[:,:,0]
imgplot=plt.imshow(lum_img)
imgplot.set_clim(100,175)
```

运行结果如图 11-9 所示。

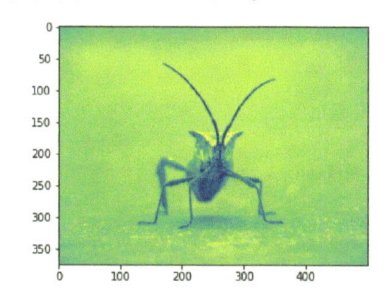

图 11-8　调整颜色映射上限的蚂蚁图像 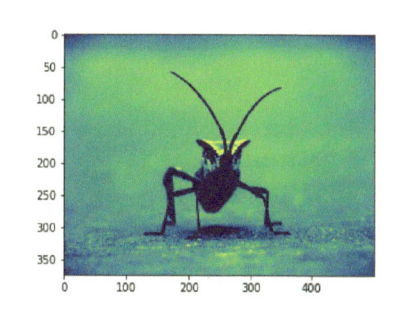　　　　图 11-9　调整颜色映射下限的蚂蚁图像

11）数组插值更改图像。插值根据不同的数学方案计算像素的颜色或值"应该"是什么。当调整图像的大小时，像素数会发生变化，由于像素是离散的，因此存在缺失空间。插值就是填充该空间的方式。使用 thumbnail 方法直接修改原始图像，尽可能保持图像的原始比例，不会拉伸或压缩图像以适应指定的尺寸。

```
Image.thumbnail(size,resample=3,reducing_gap=2.0)
```

部分参数的含义见表 11-2。

表 11-2　thumbnail 函数的参数含义

参　数	含　义
size	元组，指定缩略图的最大宽度和高度，格式为（宽度，高度）
resample	整数，可选的重采样过滤器。默认值为 PIL.Image.BICUBIC（值为 3），可以选择其他重采样模式，如 PIL.Image.NEAREST、PIL.Image.BILINEAR、PIL.Image.BICUBIC、PIL.Image.LANCZOS
reducing_gap	浮点数，可选的最小比例间隙，用于在第一次减小图像大小时计算。默认值为 2.0

把图像缩小，有效地丢弃像素，只保留少数像素。代码如下。

```
img=Image.open('D:/MatPicture/stinkbug.png')
img.thumbnail((64,64))                          #调整图像大小为缩略图
imgplot=plt.imshow(img)
```

运行结果如图 11-10 所示。

12）不同的参数 interpolation。

① 使用参数 interpolation="bilinear"。代码如下。

```
imgplot=plt.imshow(img,interpolation="bilinear")
```

运行结果如图 11-11 所示。

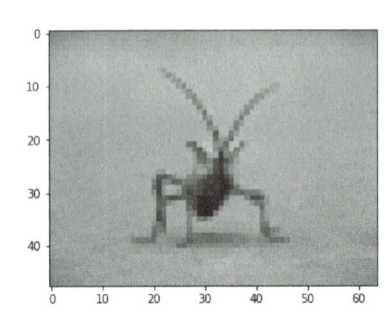

图 11-10　调整蚂蚁图像大小为缩略图　　　　图 11-11　interpolation="bilinear"的蚂蚁图像

② 使用参数 interpolation="bicubic"，使图像变得模糊而非像素化。代码如下。

```
imgplot=plt.imshow(img,interpolation="bicubic")
```

运行结果如图 11-12 所示。

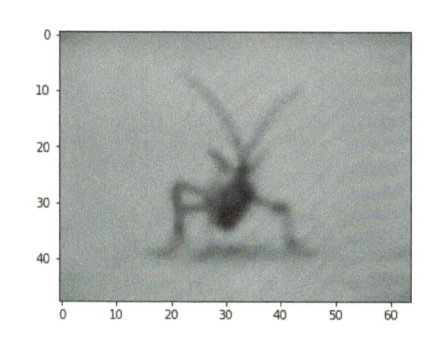

图 11-12 interpolation="bicubic"的蚂蚁图像

11.2 图像裁剪

在图像处理过程中，裁剪是一个常见的操作，通常用于提取图像的特定区域。除了常规的矩形裁剪，还可以使用复杂的形状进行裁剪，例如圆形、椭圆形和五边形等。本节将介绍如何使用 Matplotlib 的补丁功能（patches 模块）裁剪图像，表 11-3 所示为 patches 模块中的类名和含义，并展示了相关的具体应用示例。

表 11-3 patches 模块中的类名和含义

类名	含义	示例
Circle	圆形补丁，用于创建圆形区域	patches.Circle((x,y),radius)
Rectangle	矩形补丁，用于创建矩形区域	patches.Rectangle((x,y),width,height)
Ellipse	椭圆形补丁，用于创建椭圆形区域	patches.Ellipse((x,y),width,height)
Polygon	多边形补丁，用于创建任意多边形区域	patches.Polygon(vertices)
PathPatch	路径补丁，用于创建复杂路径的区域	patches.PathPatch(path)
Arc	圆弧补丁，用于创建圆弧区域	patches.Arc((x,y),width,height,angle)
Wedge	楔形补丁，创建圆饼图的一部分或楔形区域	patches.Wedge((x,y),r,theta1,theta2)
RegularPolygon	正多边形补丁，用于创建正多边形区域	patches.RegularPolygon((x,y),numVertices,radius)

【例 11-2】 使用补丁裁剪图像的示例。代码如下。

```
import matplotlib.pyplot as plt
import matplotlib.cbook as cbook
import matplotlib.patches as patches

# 从示例数据中加载一张图片
with cbook.get_sample_data('grace_hopper.jpg') as image_file:
    image=plt.imread(image_file)                    # 读取图片文件
fig,ax=plt.subplots()
im=ax.imshow(image)                                 # 显示加载的图片
#①
# 创建一个圆形路径,用于剪裁图片
```

```
patch=patches.Circle((260,200),radius=200,transform=ax.transData)
# 将圆形路径应用于图片的剪裁区域
im.set_clip_path(patch)
ax.axis('off')
plt.show()
```

运行结果如图 11-13 所示。下面对代码进行讲解。

1）matplotlib.cbook 用于处理示例数据的工具，matplotlib.patches 用于创建各种图形补丁（如圆形、矩形等）。

2）使用 cbook.get_sample_data 函数从示例数据中加载名为 grace_hopper.jpg 的图片文件。通过 plt.imread 函数读取该图片，使用 ax.imshow（image）将加载的图片显示在坐标轴上。

3）创建一个圆形的路径对象，指定圆心坐标和半径，transform=ax.transData 表示圆形路径与坐标轴数据系统对齐，将圆形路径应用于图片，形成一个圆形的剪裁效果。

图 11-13　使用圆形裁剪图像

4）创建一个椭圆形路径，用于剪裁图片，将①后的代码替换为如下代码。

```
# 参数为 (x,y) 是椭圆中心坐标,width 和 height 是椭圆的长轴和短轴长度
ellipse=patches.Ellipse((260,200),width=400,height=300,
                        transform=ax.transData)
# 将椭圆形路径应用于图片的剪裁区域
im.set_clip_path(ellipse)
ax.axis('off')
plt.show()
```

运行结果如图 11-14 所示。

5）创建一个矩形路径，用于剪裁图片，将①后的代码替换为如下代码。

```
rect=patches.Rectangle((100,100),width=300,height=400,
                       transform=ax.transData)
# 将矩形路径应用于图片的剪裁区域
im.set_clip_path(rect)
ax.axis('off')
plt.show()
```

运行结果如图 11-15 所示。

图 11-14　使用椭圆形裁剪图像 　　　　图 11-15　使用矩形裁剪图像

【例 11-3】 使用五角星裁剪自定义图像的示例,进行剪裁的图像如图 11-16 所示,本案例采取的图片文件为 scenery.png,可以替换为图片文件路径。代码如下。

图 11-16 裁剪原图像

```python
import matplotlib.pyplot as plt
import matplotlib.patches as patches
import numpy as np
import matplotlib.path as mpath

# 从本地文件加载图片
image_file='D:/MatPicture/scenery.png'                    # 替换为图片文件路径
image=plt.imread(image_file)
#①
# 创建均匀五角星路径
def star_path(center,size):
    num_points=5
    outer_radius=size
    inner_radius=size/2.5
    angles=np.linspace(0,2*np.pi,num_points*2+1)
    radius=np.array([outer_radius,inner_radius]*num_points+[outer_radius])
    x=center[0]+radius*np.sin(angles)
    y=center[1]-radius*np.cos(angles)                     # 使用负号来修正方向
    vertices=np.column_stack([x,y])
    codes=[mpath.Path.MOVETO]+[mpath.Path.LINETO]*(len(vertices)-1)
    return mpath.Path(vertices,codes)

# 设置五角星中心和大小
center=(image.shape[1]/2,image.shape[0]/2)
size=min(image.shape[0],image.shape[1])*1/2
                                                          # 将五角星的大小增加到图片尺寸的四分之三
star=star_path(center,size)
fig,ax=plt.subplots()                                     # 创建一个图形和轴对象
im=ax.imshow(image)                                       # 显示加载的图片
patch=patches.PathPatch(star,transform=ax.transData)
                                                          # 创建五角星路径补丁,用于剪裁图片
#②
im.set_clip_path(patch)                                   # 将五角星路径应用于图片的剪裁区域
```

Matplotlib 科研绘图：基于 Python

```
ax.axis('off')
plt.show()
```

运行结果如图 11-17 所示。下面对代码进行讲解。

1）matplotlib.patches 用于创建图形补丁，如五角星形状，matplotlib.path 用于定义路径，本例采用的图片文件路径为 D:/MatPicture/，采用 plt.imread( ) 读取图片文件。

2）创建五角星路径函数。创建一个均匀的五角星路径，num_points = 5 表示五角星有 5 个尖角，定义外圆半径和内圆半径。从 0 到 2π 分成 10 等份（5 个尖角，每个尖角分 2 份）。设置五角星中心为图片中心，五角星大小为图片较小尺寸的一半。

3）创建图形和轴对象，显示加载的图片，创建五角星路径补丁，用于剪裁图片，将五角星路径应用于图片的剪裁区域，关闭坐标轴的显示，使图像更加干净。

4）增大裁剪区域，将 size=min(image.shape[0],image.shape[1]) * 1/2 替换为如下代码。

```
size=min(image.shape[0],image.shape[1])*3/4
```

运行结果如图 11-18 所示。

图 11-17　使用五角星裁剪自定义图像　　图 11-18　增大五角星裁剪区域的自定义图像

5）创建五边形路径函数。将①和②中间的代码替换为如下代码。

```
def pentagon_path(center,size):                       # 创建正五边形路径
    num_points=5                                      # 五边形有 5 个顶点
    angles=np.linspace(0,2*np.pi,num_points,endpoint=False)
    x=center[0]+size*np.sin(angles)                   # x 坐标
    y=center[1]-size*np.cos(angles)                   # y 坐标,负号修正方向
    vertices=np.column_stack([x,y])
    vertices=np.vstack([vertices,vertices[0]])        # 关闭五边形
    codes=[mpath.Path.MOVETO]+[mpath.Path.LINETO]*(len(vertices)-2)
          +[mpath.Path.CLOSEPOLY]                     # 创建路径代码
    return mpath.Path(vertices,codes)                 # 返回正五边形路径
center=(image.shape[1]/2,image.shape[0]/2)            # ③图片的中心
size=min(image.shape[0],image.shape[1])*1/2           # ④设置五边形大小
pentagon=pentagon_path(center,size)                   # 创建正五边形路径
fig,ax=plt.subplots()                                 # 创建一个图形和轴对象
im=ax.imshow(image)                                   # 显示加载的图片
# 创建正五边形路径补丁,用于剪裁图片
patch=patches.PathPatch(pentagon,transform=ax.transData)
```

运行结果如图 11-19 所示。

6）如果想要裁剪左边的树，可以调整裁剪的中心和大小。将语句"#③图片的中心"和语句"#④设置五边形大小"替换为如下代码。

```
#设置五边形中心和大小
center=(image.shape[1] *(3/ 9),image.shape[0] *(3/ 5))    #图片的中心
size=min(image.shape[0],image.shape[1]) *21/40    #五边形大小为图片较小尺寸的一半
```

运行结果如图 11-20 所示。

图 11-19　五边形裁剪自定义图像　　　　图 11-20　五边形裁剪特定区域的图像

11.3　图像旋转

scipy.ndimage.rotate 是 SciPy 库中用于图像旋转的函数。它能够将多维数组（例如图像）旋转指定的角度，该函数的语法如下。

```
scipy.ndimage.rotate(input,angle,axes=(0,1),reshape=True,
            order=3,mode='nearest',cval=0.0,prefilter=True)
```

部分参数的含义见表 11-4。

表 11-4　rotate 函数的参数含义

参数	含　　义
input	需要旋转的输入数组，通常是二维或三维数组（如图像）
angle	浮点数，旋转的角度（以度为单位）。正值表示顺时针旋转，负值表示逆时针旋转
axes	两个整数的元组，指定旋转的两个轴的索引。例如，(0,1) 代表对二维数组的前两个轴进行旋转
reshape	布尔值：如果为 True，调整输出数组的大小以适应旋转后的图像；如果为 False，输出数组的大小保持不变
order	整数，插值顺序。决定图像旋转时使用的插值方法。有效值为 0、1、2 或 3
mode	字符串，输入数组的边界处理模式。决定了旋转后边界像素的处理方式。有效值包括：constant（边界用常数填充）、nearest（边界用最近邻像素填充）、reflect（边界像素反射填充）、wrap（边界像素通过周期性方式环绕）、symmetric（边界像素对称填充）
cval	浮点数，当 mode='constant'时，指定边界填充的常数值
prefilter	布尔值，如果为 True，应用高斯平滑滤波器以减少旋转时的伪影

Matplotlib 科研绘图：基于 Python

【例 11-4】 将图像进行旋转，进行旋转的图像如图 11-21 所示，本案例采取的图片文件为 house_scenery.png，可以替换为其他图片文件路径。代码如下。

```
import matplotlib.pyplot as plt
from scipy.ndimage import rotate
import numpy as np
import matplotlib.cbook as cbook
# 从本地文件加载图片
image_file='D:/MatPicture/house_scenery.png'         # 可以替换为其他图片文件路径
image=plt.imread(image_file)
# 裁剪图像数据到有效范围
if np.issubdtype(image.dtype,np.floating):
    image=np.clip(image,0,1)
else:
    image=np.clip(image,0,255)
rotated_image=rotate(image,45)                       # 旋转图像 45°

# 再次裁剪旋转后的图像数据到有效范围
if np.issubdtype(rotated_image.dtype,np.floating):
    rotated_image=np.clip(rotated_image,0,1)
else:
    rotated_image=np.clip(rotated_image,0,255)

# 显示原始图像和旋转后的图像
fig,ax=plt.subplots(1,2,figsize=(12,6))
ax[0].imshow(image)
ax[0].set_title("original image")
ax[0].axis('off')
ax[1].imshow(rotated_image)
ax[1].set_title("Image after rotating 45 degrees")
ax[1].axis('off')
plt.show()
```

运行结果如图 11-21 所示。下面对代码进行讲解。

图 11-21 原图和旋转 45°后的图像

1) 从指定的文件路径加载图像，使用 plt.imread 函数读取图像文件。
2) 裁剪图像数据到有效范围。检查图像的数据类型：如果图像数据类型是浮点数（np.

floating），则将其值裁剪到 0 到 1 的范围内；如果是整数类型，则将其值裁剪到 0 到 255 的范围内。这样做是为了确保图像数据在 Matplotlib 的 imshow 函数要求的有效范围内。

3）使用 SciPy 的 rotate 函数将图像旋转 45°。默认情况下，rotate 函数会调整图像的尺寸以适应旋转后的形状，因此可能会出现黑边现象。

4）对旋转后的图像数据再次进行裁剪，确保其值在有效范围内。这样可以避免任何因旋转引起的数据超出范围的问题。

5）创建一个包含两个子图的图形，第 1 个子图中显示原始图像，第 2 个子图中显示旋转后的图像。

6）旋转 30°和 90°，将"# 旋转图像 45°"后面的代码替换成如下代码。

```
# 旋转图像
rotated_image_30=rotate(image,30)                  # ①,旋转 30°
rotated_image_90=rotate(image,90)                  # 旋转 90°
# 再次裁剪旋转后的图像数据到有效范围
if np.issubdtype(rotated_image_30.dtype,np.floating):
    rotated_image_30=np.clip(rotated_image_30,0,1)
else:
    rotated_image_30=np.clip(rotated_image_30,0,255)
if np.issubdtype(rotated_image_90.dtype,np.floating):
    rotated_image_90=np.clip(rotated_image_90,0,1)
else:
    rotated_image_90=np.clip(rotated_image_90,0,255)
# 显示旋转后的图像
fig,ax=plt.subplots(1,2,figsize=(12,6))
ax[0].imshow(rotated_image_30)
ax[0].set_title("Image after rotating 30 degrees")
ax[0].axis('off')
ax[1].imshow(rotated_image_90)
ax[1].set_title("Image after rotating 90 degrees")
ax[1].axis('off')
plt.show()
```

运行结果如图 11-22 所示。

图 11-22　旋转 30°和 90°后的图像

7）为避免旋转 30°或者 45°之后，图像出现的黑边现象，可以将语句①替换为如下代码。

```
rotated_image_30=rotate(image,30,reshape=True,cval=255)        # 旋转 30°
```

运行结果如图 11-23 所示。

图 11-23　去除黑边的旋转 30°和 90°后的图像

11.4　图像镜像

图像镜像是通过翻转图像的方式来生成其镜像副本的过程。镜像操作包括水平镜像和垂直镜像，广泛应用于数据增强和图像变换，本节将展示如何进行图像的镜像操作。

【例 11-5】　将图像进行镜像，本案例采取的图片文件为 people.png（图 11-24 所示第一张图），可以替换为其他图片文件路径。代码如下。

```
import matplotlib.pyplot as plt
import numpy as np
# 从本地文件加载图片
image_file='D:/MatPicture/people.png'                   # 可以替换为其他图片文件路径
image=plt.imread(image_file)
# 水平镜像
horizontal_flip=np.fliplr(image)
# 垂直镜像
vertical_flip=np.flipud(image)
# 显示原始图像和镜像后的图像
fig,ax=plt.subplots(1,3,figsize=(18,6))
ax[0].imshow(image)
ax[0].set_title("Original Image")
ax[0].axis('off')
ax[1].imshow(horizontal_flip)
ax[1].set_title("Horizontally Flipped Image")
ax[1].axis('off')
ax[2].imshow(vertical_flip)
ax[2].set_title("Vertically Flipped Image")
```

```
ax[2].axis('off')
plt.show()
```

运行结果如图 11-24 所示。下面对代码进行讲解。

图 11-24 原图和镜像的图像

1) 从本地文件路径加载图像并将其存储在 image 变量中。使用 NumPy 的 fliplr 和 flipud 函数对图像进行水平和垂直镜像操作，分别将图像从左到右翻转和从上到下翻转，并将结果存储在 horizontal_flip 和 vertical_flip 变量中。

2) 创建一个包含三个子图的图形，第 1 个子图显示原始图像，并设置标题为 Original Image。第 2 个子图显示水平镜像后的图像，并设置标题为 Horizontally Flipped Image。第 3 个子图显示垂直镜像后的图像，并设置标题为 Vertically Flipped Image。

11.5 图像拼接

图像拼接是将多幅图像合成为一幅大图像的过程，常用于全景图像生成和图像合成，本节将介绍如何进行图像拼接。

【例 11-6】 将两张图像进行水平拼接，本案例采取的图片文件为 people1.png 和 people2.png，如图 11-25 所示，可以替换为其他图片文件路径。代码如下。

a) people1　　　b) people2

图 11-25 原图

Matplotlib 科研绘图：基于 Python

```python
import matplotlib.pyplot as plt
import numpy as np
from skimage.transform import resize

# 从本地文件加载图片
image1_file='D:/MatPicture/people1.png'            # 可以替换为其他图片文件路径
image2_file='D:/MatPicture/people2.png'            # 可以替换为其他图片文件路径
image1=plt.imread(image1_file)
image2=plt.imread(image2_file)
# 将图像转换为 RGBA 格式
def convert_to_rgba(image):
    if image.shape[2]==3:                          # 如果图像是 RGB 格式
        return np.concatenate([image,np.ones((*image.shape[:2],1),
                              dtype=image.dtype) *255],axis=2)
    elif image.shape[2]==4:                        # 如果图像是 RGBA 格式
        return image
    else:
        raise ValueError("Unsupported image format")
image1_rgba=convert_to_rgba(image1)
image2_rgba=convert_to_rgba(image2)
# 获取图像的高度和宽度
height1,width1,_=image1_rgba.shape
height2,width2,_=image2_rgba.shape
# 缩放较小的图像以匹配较大图像的高度
if height1 > height2:
    scale_factor=height1/height2
    image2_resized=resize(image2_rgba,(height1,int(width2*scale_factor)),anti_aliasing
=True)
else:
    scale_factor=height2/height1
    image1_resized=resize(image1_rgba,(height2,int(width1*scale_factor)),
                          anti_aliasing=True)
# 选择缩放后的图像(如果需要)
image1_final=image1_rgba if height1 >=height2 else image1_resized
image2_final=image2_rgba if height2 >=height1 else image2_resized
# 水平拼接图像
combined_image=np.hstack((image1_final,image2_final))
# 确保图像数据在有效范围内
if combined_image.dtype==np.float32 or combined_image.dtype==np.float64:
    combined_image=np.clip(combined_image,0,1)
# 保存拼接后的图像
output_file='D:/MatPicture/combined_image.png'     # 可以替换为想保存图片的文件路径
plt.imsave(output_file,combined_image)

# 显示拼接后的图像
plt.imshow(combined_image)
plt.axis('off')
plt.title("Horizontally Stitched Image")
plt.show()
```

运行结果如图 11-26 所示。下面对代码进行讲解。

1）使用 skimage.transform 中的 resize 函数来调整图像大小，从本地文件加载两张图片 people1.png 和 people2.png。

2）将图像转换为 RGBA 格式。为了确保图像在拼接时具有一致的通道数，定义一个 convert_to_rgba 函数。如果图像是 RGB 格式（3 通道），则添加一个全白（255）的 alpha 通道，转换为 RGBA 格式（4 通道）。如果图像已经是 RGBA 格式，则直接返回。

图 11-26　将两张图像水平拼接

3）读取两张图像的高度和宽度信息，通过比较两张图像的高度，计算缩放因子，将较小的图像按比例缩放以匹配较大的图像高度，并保持宽高比。

4）根据高度调整后的图像作为最终图像，用于后续拼接，使用 np.hstack 将两张图像水平拼接在一起。

5）检查拼接后的图像数据类型。如果是浮点类型，则将图像数据裁剪到 [0,1] 范围内。将拼接后的图像保存到指定的文件路径，并命名为 combined_image.png。使用 plt.imshow 显示拼接后的图像，并关闭坐标轴显示。

【例 11-7】　将三张图像进行垂直拼接，本案例采取的图片文件为 landscapes0.png、landscapes1.png 和 landscapes2.png，如图 11-27 所示，可以替换为其他图片文件路径。代码如下。

a) landscapes0　　　　　　　b) landscapes1　　　　　　　c) landscapes2

图 11-27　原图

```
import matplotlib.pyplot as plt
import numpy as np
from skimage.transform import resize

# 从本地文件加载图片
image1_file='D:/MatPicture/landscapes.png'      # 可以替换为其他图片文件路径
image2_file='D:/MatPicture/landscapes1.png'     # 可以替换为其他图片文件路径
image3_file='D:/MatPicture/landscapes2.png'     # 可以替换为其他图片文件路径
image1=plt.imread(image1_file)
image2=plt.imread(image2_file)
image3=plt.imread(image3_file)
# 将图像转换为 RGBA 格式
```

```python
def convert_to_rgba(image):
    if image.shape[2]==3:                           # 如果图像是 RGB 格式
        return np.concatenate([image,np.ones((*image.shape[:2],1),
                              dtype=image.dtype)*255],axis=2)
    elif image.shape[2]==4:                         # 如果图像是 RGBA 格式
        return image
    else:
        raise ValueError("Unsupported image format")
image1_rgba=convert_to_rgba(image1)
image2_rgba=convert_to_rgba(image2)
image3_rgba=convert_to_rgba(image3)
# 获取图像的高度和宽度
height1,width1,_=image1_rgba.shape
height2,width2,_=image2_rgba.shape
height3,width3,_=image3_rgba.shape
# 缩放较小的图像以匹配较大图像的宽度
max_width=max(width1,width2,width3)

def resize_to_max_width(image,max_width):
    height,width,_=image.shape
    scale_factor=max_width/width
    return resize(image,(int(height*scale_factor),max_width),
                  anti_aliasing=True)

image1_resized=resize_to_max_width(image1_rgba,max_width)
image2_resized=resize_to_max_width(image2_rgba,max_width)
image3_resized=resize_to_max_width(image3_rgba,max_width)

# 垂直拼接图像
combined_image=np.vstack((image1_resized,image2_resized,image3_resized))
# 确保图像数据在有效范围内
if combined_image.dtype==np.float32 or combined_image.dtype==np.float64:
    combined_image=np.clip(combined_image,0,1)
# 保存拼接后的图像
output_file='D:/MatPicture/combined_image_vertical.png'
                                                # 可以替换为想保存图片的文件路径
plt.imsave(output_file,combined_image)
# 调整图像显示大小
fig,ax=plt.subplots(figsize=(40,60))             # 调整 figsize 参数来更改显示大小
ax.imshow(combined_image)
ax.axis('off')
ax.set_title("Vertically Stitched Image",fontsize=100)
plt.show()
```

运行结果如图 11-28 所示。下面对代码进行讲解。

1) 使用 plt.imread 函数从本地文件路径加载三张图片。定义一个函数 convert_to_rgba，将 RGB 图像转换为 RGBA 格式，确保每张图片都有四个通道（红、绿、蓝、透明度）。如果图像已经是 RGBA 格式，则直接返回图像。

2）获取每张图片的高度和宽度，分别存储在变量 height1、width1、height2、width2、height3、width3 中。

3）找出三张图片中最大宽度的值，并定义一个函数 resize_to_max_width，根据最大宽度缩放图像。通过计算缩放比例 scale_factor，将较小的图像缩放以匹配最大图像的宽度。

4）使用 np.vstack 函数将三张调整后的图片垂直拼接在一起，形成一张新的图像 combined_image。

5）检查拼接后的图像数据类型，并将其裁剪到有效范围内。如果图像数据类型为 float32 或 float64，则使用 np.clip 将图像数据裁剪到［0，1］范围内。

6）使用 plt.imsave 函数将拼接后的图像保存到本地文件路径 output_file 中。使用 Matplotlib 库的 plt.subplots 函数调整显示图像的大小和标题字体，并使用 plt.show( ) 弹出一个窗口显示之前通过 ax.imshou( ) 显示拼接后的图像。

图 11-28　将三张图像垂直拼接

【例 11-8】　将三张图像进行拼接，一张图片放在左侧，另外两张图片垂直拼接后放在右侧，本案例采取的图片文件为 people1.png、llandscapes1.png 和 landscapes2.png，见图 11-25 和图 11-27，可以替换为其他图片文件路径。代码如下。

```
import matplotlib.pyplot as plt
import numpy as np
from skimage.transform import resize

# 从本地文件加载图片
image1_file='D:/MatPicture/people1.png'              # 可以替换为其他图片文件路径
image2_file='D:/MatPicture/landscapes1.png'          # 可以替换为其他图片文件路径
image3_file='D:/MatPicture/landscapes2.png'          # 可以替换为其他图片文件路径
image1=plt.imread(image1_file)
image2=plt.imread(image2_file)
image3=plt.imread(image3_file)
# 将图像转换为 RGBA 格式
def convert_to_rgba(image):
    if image.shape[2]==3:                            # 如果图像是 RGB 格式
        return np.concatenate([image,np.ones((*image.shape[:2],1),
                              dtype=image.dtype)*255],axis=2)
    elif image.shape[2]==4:                          # 如果图像是 RGBA 格式
        return image
    else:
        raise ValueError("Unsupported image format")
image1_rgba=convert_to_rgba(image1)
image2_rgba=convert_to_rgba(image2)
image3_rgba=convert_to_rgba(image3)
# 获取图像的高度和宽度
```

```python
height1,width1,_=image1_rgba.shape
height2,width2,_=image2_rgba.shape
height3,width3,_=image3_rgba.shape
# 缩放较小的图像以匹配较大图像的宽度
max_width=max(width1,width2,width3)

def resize_to_max_width(image,max_width):
    height,width,_=image.shape
    scale_factor=max_width/width
    return resize(image,(int(height*scale_factor),max_width),
                  anti_aliasing=True)

image1_resized=resize_to_max_width(image1_rgba,max_width)
image2_resized=resize_to_max_width(image2_rgba,max_width)
image3_resized=resize_to_max_width(image3_rgba,max_width)
# 垂直拼接右侧两张图像
right_combined=np.vstack((image2_resized,image3_resized))
# 获取左侧图像和右侧拼接图像的高度
left_height=image1_resized.shape[0]
right_height=right_combined.shape[0]
# 将右侧拼接图像的高度缩放到左侧图像的高度
right_combined_resized=resize(right_combined,
                (left_height,right_combined.shape[1]),
                 anti_aliasing=True)
# 水平拼接左侧图像和右侧拼接图像
final_combined_image=np.hstack((image1_resized,right_combined_resized))
# 确保图像数据在有效范围内
if final_combined_image.dtype==np.float32 or final_combined_image.dtype==np.float64:
    final_combined_image=np.clip(final_combined_image,0,1)
# 保存拼接后的图像
output_file='D:/MatPicture/combined_image_horizontal_vertical.png'
                                            # 可以替换为想保存的图片文件路径
plt.imsave(output_file,final_combined_image)
# 调整图像显示大小
fig,ax=plt.subplots(figsize=(10,20))        # 调整 figsize 参数来更改显示大小
ax.imshow(final_combined_image)
ax.axis('off')
ax.set_title("Left and Right Stitched Image",fontsize=30)
plt.show()
```

运行结果如图 11-29 所示。下面对代码进行讲解。

1）使用 np.vstack 将第二张和第三张图片垂直拼接在一起，形成一个新的图像 right_combined。获取左侧图像的高度 left_height，将右侧拼接图像的高度调整到与左侧图像的高度相同，使用 resize 函数进行缩放。

2）使用 np.hstack 将左侧图像和右侧拼接图像水平拼接在一起，形成最终的拼接图像 final_combined_image。使用 plt.imsave 将拼接后的图像保存到本地文件路径 output_file 中。

图 11-29　将三张图像左右拼接

11.6　图像合成

图像合成是将多张图像或图像部分组合成一张新的图像的过程，常用于特效制作和图像增强，合成技术包括图像叠加、透明度控制和图层混合等，本节将介绍如何进行图像合成。

【例 11-9】　将两张图像进行合成，本案例采取的图片文件为 people1.png 和 landscapes1.png，见图 11-25 和图 11-27，可以替换为其他图片文件路径。代码如下。

```
import matplotlib.pyplot as plt
import numpy as np
from skimage.transform import resize

# 从本地文件加载图片
background_file='D:/MatPicture/landscapes1.png'         # 可以替换为其他图片文件路径
overlay_file='D:/MatPicture/people1.png'                # 可以替换为其他叠加图片文件路径
background=plt.imread(background_file)
overlay=plt.imread(overlay_file)
# 将图像转换为 RGBA 格式
def convert_to_rgba(image):
    if image.shape[2]==3:                               # 如果图像是 RGB 格式
        return np.concatenate([image,
            np.ones((*image.shape[:2],1),dtype=image.dtype)*255],axis=2)
    elif image.shape[2]==4:                             # 如果图像是 RGBA 格式
        return image
    else:
        raise ValueError("Unsupported image format")
background_rgba=convert_to_rgba(background)
overlay_rgba=convert_to_rgba(overlay)
# 调整叠加图片的大小以匹配背景图片
overlay_resized=resize(overlay_rgba,
                    background_rgba.shape[:2],anti_aliasing=True)
# 设置透明度
alpha=0.4
# 合成图像
```

```
composite_image=(1-alpha)*background_rgba+alpha*overlay_resized

# 确保图像数据在有效范围内
if composite_image.dtype==np.float32 or composite_image.dtype==np.float64:
    composite_image=np.clip(composite_image,0,1)
else:
    composite_image=np.clip(composite_image,0,255).astype(np.uint8)
# 保存合成后的图像
output_file='D:/MatPicture/combined_image.png'
                    # 可以替换为想保存的图片文件路径
plt.imsave(output_file,composite_image)
# 显示合成后的图像
plt.imshow(composite_image)
plt.axis('off')
plt.title("Composite Image")
plt.show()
```

运行结果如图 11-30 所示。下面对代码进行讲解。

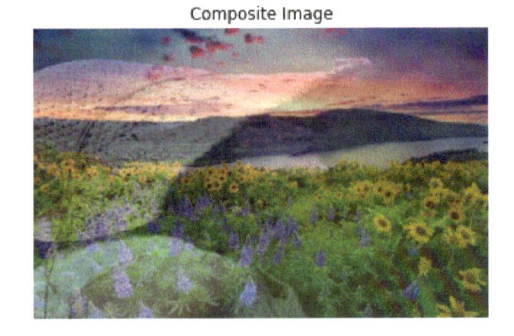

1）使用 plt.imread 从本地文件中加载背景图片（landscapes1.png）和叠加图片（people1.png）。定义 convert_to_rgba 函数，将图像从 RGB 格式转换为 RGBA 格式。如果图像已经是 RGBA 格式，则保持不变。对背景图片和叠加图片分别调用 convert_to_rgba 函数，将它们转换为 RGBA 格式。

图 11-30 将两张图片合成

2）使用 resize 函数将叠加图片的大小调整为与背景图片一致。anti_aliasing=True 参数确保缩放后的图片质量较高。定义 alpha 变量来设置透明度值，此处设置为 0.4，表示背景图像的透明度为 60%，叠加图像的透明度为 40%，可以调整透明度调整叠加效果，将 alpha 值分别改为 0.6 和 0.8，运行结果如图 11-31 所示。

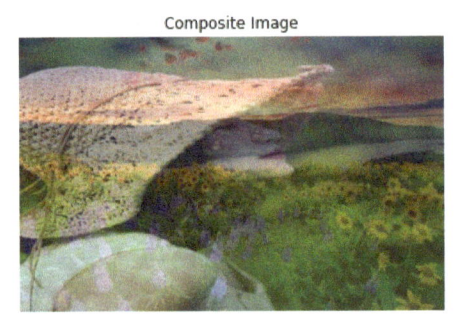

a) alpha=0.6   b) alpha=0.8

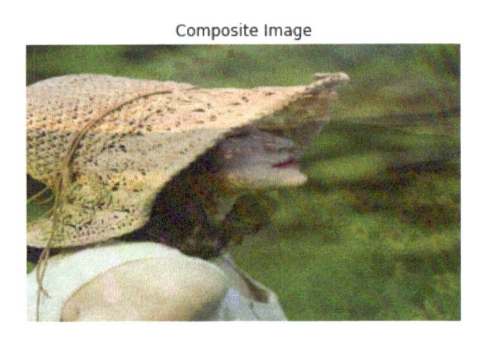

图 11-31 不同透明度的图片合成

3）使用公式(1-alpha) * background_rgba+alpha * overlay_resized 将背景图像和叠加图像合成为一个新的图像。背景图像的透明度为（1-alpha），叠加图像的透明度为 alpha。

4）如果合成后的图像数据类型为浮点数（np.float32 或 np.float64），使用 np.clip 函数将数据限制在 0 到 1 之间。如果图像数据类型不是浮点数，则使用 np.clip 函数将数据限制在 0 到 255 之间，并将数据类型转换为 np.uint8。

5）使用 plt.imsave 函数将合成后的图像保存到本地文件（combined_image.png）。使用 plt.imshow 函数显示合成后的图像，并通过 plt.axis（'off'）去掉坐标轴。

11.7 本章小结

在本章中探讨了几种常见的图像处理操作及其实现方法，通过对图像调色、使用补丁裁剪图像、图像旋转、图像镜像、图像拼接和图像合成的学习，读者应该掌握了如何对图像进行各种基本和复杂的处理操作。本章的内容提供了图像处理的实用知识和技能，为学习更深入的图像处理技术和应用打下了坚实的基础。

第 12 章
图形动画效果

Matplotlib 不仅支持静态图形绘制，还提供了强大的动画功能，通过 matplotlib.animation 模块可以轻松创建各种动画效果。本章将详细介绍如何使用 Matplotlib 实现不同类型的动画效果，包括正弦曲线衰减动画、雨滴模拟动画、多轴动画、三维随机游走动画以及模拟示波器的动画。

其中，FuncAnimation 用于基于函数的动画，通过反复调用一个更新函数来创建动画，该函数的基本语法如下。

```
matplotlib.animation.FuncAnimation(fig,func,frames=None,
    init_func=None,fargs=None,save_count=None,*,
    cache_frame_data=True,**kwargs)
```

部分参数的含义见表 12-1。

表 12-1 FuncAnimation 函数的参数含义

参数	含义
fig	图形对象（matplotlib.figure.Figure）。要在其上创建动画的图形对象
func	函数（function）。每一帧都会调用的函数。它的签名应该是 func（frame，*fargs）
frames	整数或可迭代对象（int 或 iterable）。动画的帧数或帧数据。如果是整数，则表示帧数；如果是可迭代对象，则每个元素代表一帧
init_func	函数（function）。初始化函数，用于设置动画的背景
fargs	元组（tuple）。传递给 func 和 init_func 的附加参数
save_count	整数（int）。保存动画所需的最大帧数。默认是 100
interval	整数（int）。更新间隔，单位为毫秒。默认是 200
repeat	布尔值（bool）。动画是否循环播放。默认是 True
repeat_delay	整数（int）。循环播放之间的延迟时间，单位为毫秒
blit	布尔值（bool）。是否使用局部更新，适用于少数对象变化的动画，能提高效率

12.1 正弦曲线衰减动画

正弦曲线是数学和物理学中常见的波形，可以模拟如阻尼振动、电子信号衰减等实际物理现象。

【例 12-1】 衰减的正弦曲线示例。代码如下。

```python
import itertools
import matplotlib.pyplot as plt
import numpy as np
import matplotlib.animation as animation
from matplotlib.cm import ScalarMappable
from matplotlib.colors import Normalize

def data_gen():
    """
    数据生成器,用于生成时间 t 和随时间变化的 y 值。y 值是一个随时间指数衰减的正弦波
    """
    for cnt in itertools.count():
        t=cnt/10
        yield t,np.sin(2*np.pi*t)*np.exp(-t/10.)

def init():
    """
    初始化函数,用于设置图表的初始状态。
    """
    ax.set_ylim(-1.1,1.1)                       # 设置 y 轴的范围
    ax.set_xlim(0,1)                            # 设置 x 轴的范围
    del xdata[:]                                # 清空 x 数据
    del ydata[:]                                # 清空 y 数据
    line.set_data(xdata,ydata)                  # 设置线条的数据为空
    return line,

fig,ax=plt.subplots()
line,=ax.plot([],[],lw=2)                       # 创建一条空线,线宽为 2
ax.grid()                                       # 添加网格
xdata,ydata=[],[]                               # 初始化 x 和 y 数据为空列表

def run(data):
    """
    更新函数,用于更新动画中的每一帧。
    """
    t,y=data
    xdata.append(t)                             # 更新 x 数据
    ydata.append(y)                             # 更新 y 数据
    xmin,xmax=ax.get_xlim()                     # 获取当前 x 轴的范围

    if t >=xmax:
        ax.set_xlim(xmin,2*xmax)                # 如果超出 x 轴范围,扩大 x 轴范围
        ax.figure.canvas.draw()
    line.set_data(xdata,ydata)                  # 更新线条的数据
```

```
        if len(xdata) > 1:
            norm=Normalize(vmin=0,vmax=len(xdata))
            color_map=plt.get_cmap('cool')
            sm=ScalarMappable(norm=norm,cmap=color_map)
            colors=sm.to_rgba(np.arange(len(xdata)))
            line.set_color(colors[-1])
            line.set_linewidth(3)
    return line,
# 创建动画,使用 FuncAnimation 函数
# 参数说明。fig:图表对象;run:更新函数;data_gen:数据生成器
# interval:更新间隔,单位为毫秒;init_func:初始化函数;save_count:保存的帧数
ani=animation.FuncAnimation(fig,run,data_gen,interval=100,
                    init_func=init,save_count=500)
plt.show()
```

下面对代码进行讲解。

1) itertools 用于创建无限迭代器,matplotlib.animation 用于创建动画,ScalarMappable 和 Normalize 用于颜色映射。

2) 自定义一个 n 生成器函数 data_ge,使用 itertools.count( ) 创建一个无限计数器。对于每个计数 cnt,计算时间 t=cnt/10。生成一个指数衰减的正弦波 y 值,并使用 yield 语句返回时间 t 和对应的 y 值。

3) init 函数用于设置图表的初始状态。设置 x 和 y 轴的范围,清空存储 x 和 y 数据的列表,初始化线条的数据为空,返回更新后的线条对象。

4) 创建一个图形和子图对象,一条初始为空,线宽为 2 的线条,初始化 xdata 和 ydata 列表为空,用于存储 x 和 y 数据。

5) run 函数用于更新动画的每一帧。接收生成器返回的数据 data,解包为时间 t 和 y 值,将时间 t 添加到 xdata,将 y 添加到 ydata,获取当前 x 轴的范围 xmin 和 xmax,如果时间 t 超出了当前 x 轴的最大范围 xmax,将 x 轴的范围扩大一倍。如果 xdata 的长度大于 1,进行颜色映射。

6) animation.FuncAnimation 创建动画对象,可以通过以下代码来保存 gif 格式文件或者 MP4 格式动画。

```
# 保存为 GIF 格式文件
# ani.save('animation.gif',writer='pillow')

# 保存为 MP4 格式动画
# ani.save('animation.mp4',fps=30,extra_args=['-vcodec','libx264'])
```

7) 在图 12-1 中展示了从动画内容中选取的 4 帧动画画面,在结尾处添加如下代码进行获取图片。

```
# 保存 5 张图片,分别在动画的不同时间点
total_frames=100                              # 动画的总帧数
num_images=5                                  # 需要保存的图片数量
frames_to_save=np.linspace(0,total_frames,num=num_images,
```

```
                endpoint=False,dtype=int)
data_gen_instance=data_gen()
for i,frame in enumerate(frames_to_save):# 获取当前帧数据
    for _ in range(frame-(frames_to_save[i-1] if i > 0 else 0)):
        data=next(data_gen_instance)
        run(data)
    fig.savefig(f'frame_{i}.png')
plt.show()
```

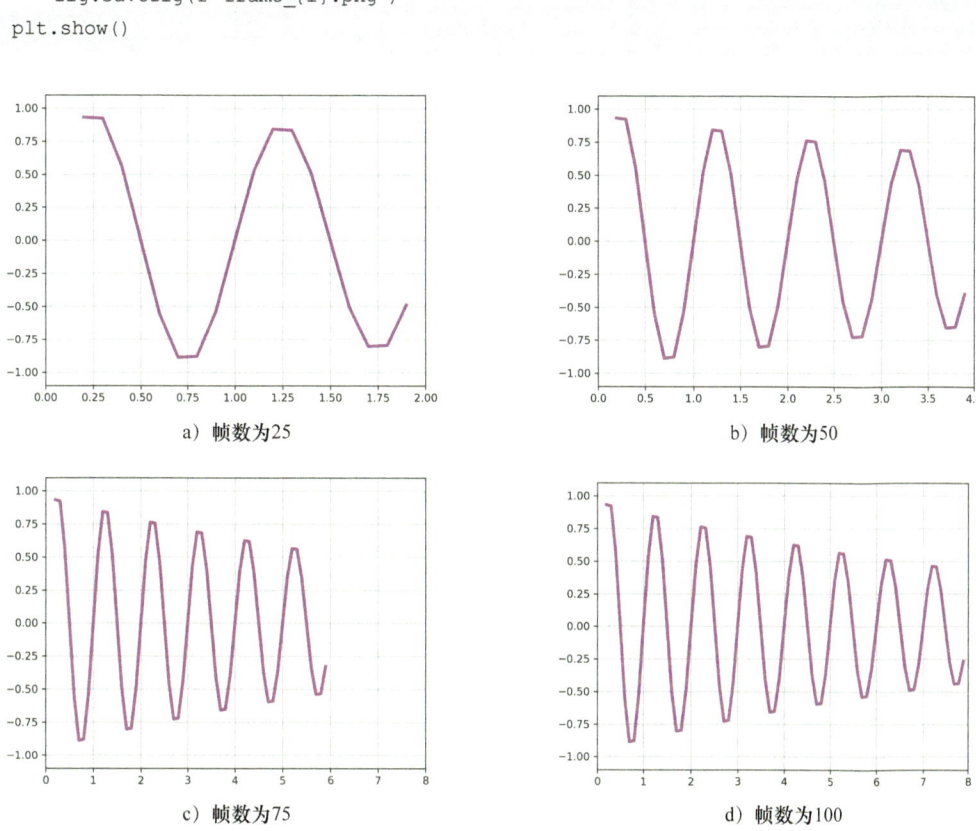

图 12-1 正弦曲线衰减动画

12.2 雨滴模拟动画

　　雨滴模拟动画用于展示自然现象的动态特性，通过模拟雨滴在不同环境条件下的运动轨迹，可以创造具有视觉吸引力的动画效果，帮助观看者深入理解物理学中的运动学原理。

　　【例 12-2】 创建一个动画，模拟雨滴落下并逐渐变大和消失的效果。代码如下。

```
import matplotlib.pyplot as plt
import numpy as np
from matplotlib.animation import FuncAnimation

np.random.seed(19781112)
```

```python
fig,ax=plt.subplots(figsize=(7,7))
ax.set_xlim(0,1),ax.set_xticks([])                    # 设置 x 轴范围和隐藏 x 轴刻度
ax.set_ylim(0,1),ax.set_yticks([])                    # 设置 y 轴范围和隐藏 y 轴刻度

# 创建雨滴数据
n_drops=50
rain_drops=np.zeros(n_drops,dtype=[('position',float,(2,)),
                                    ('size',float),
                                    ('growth',float),
                                    ('color',float,(4,))])
# 初始化雨滴的位置和增长速率
rain_drops['position']=np.random.uniform(0,1,(n_drops,2))
rain_drops['growth']=np.random.uniform(50,200,n_drops)
rain_drops['color']=np.random.rand(n_drops,4)         # 随机 RGBA 颜色
rain_drops['color'][:,3]=1                            # 设置初始透明度为 1
# 构造将在动画期间更新的散点图
scat=ax.scatter(rain_drops['position'][:,0],
                rain_drops['position'][:,1],s=rain_drops['size'],
                lw=0.5,edgecolors=rain_drops['color'],
                facecolors=rain_drops['color'])       # 设置初始面颜色

def update(frame_number):
# 获取可以用来重新生成最旧雨滴的索引
    current_index=frame_number % n_drops
# 随着时间的推移,使所有颜色变得更透明
    rain_drops['color'][:,3] -=1.0/len(rain_drops)
    rain_drops['color'][:,3]=np.clip(rain_drops['color'][:,3],0,1)
# 使所有圆变大
    rain_drops['size'] +=rain_drops['growth']
# 为最旧的雨滴选择一个新位置,重置其大小、颜色和增长因子
    rain_drops['position'][current_index]=np.random.uniform(0,1,2)
    rain_drops['size'][current_index]=5
    rain_drops['color'][current_index]=np.random.rand(4)    # 随机 RGBA 颜色
    rain_drops['color'][current_index,3]=1
    rain_drops['growth'][current_index]=np.random.uniform(50,200)
# 使用新的颜色、大小和位置更新散点图集合
    scat.set_edgecolors(rain_drops['color'])
    scat.set_facecolors(rain_drops['color'])
    scat.set_sizes(rain_drops['size'])
    scat.set_offsets(rain_drops['position'])

# 构建动画
animation=FuncAnimation(fig,update,frames=100,interval=10,save_count=100)
plt.show()
```

下面对代码进行讲解。

1）定义一个包含 50 个雨滴的数组 rain_drops,其中每个雨滴包含位置(position)、大小(size)、增长速率(growth)和颜色(color)。初始化雨滴的位置为 [0,1] 范围内的随机值,增长速率为 [50,200] 范围内的随机值,颜色为随机的 RGBA 值,并设置初始透明度为 1。

2)使用 ax.scatter 创建一个散点图,用于显示雨滴的位置、大小和颜色。

3)更新函数 update。获取当前帧数的雨滴索引 current_index,使所有雨滴的颜色随着时间变化而变得更透明,并使所有雨滴变大,为最旧的雨滴选择一个新位置,重置其大小、颜色和增长速率,之后使用新的颜色、大小和位置更新散点图。

4)使用 FuncAnimation 创建动画,调用 update 函数更新每一帧,设置动画的帧数为 100,每帧间隔为 10 毫秒,并保存 100 个帧,使用 plt.show( )展示动画。

5)在图 12-2 中展示了从动画内容中选取的 5 帧动画画面,在结尾处添加如下代码进行获取图片。

```
# 均匀选择 5 个帧进行展示
total_frames=30                          # 动画的总帧数
num_samples=5
sample_indices=np.linspace(0,total_frames-1,num_samples).astype(int)

# 创建一个新的 Figure 来展示选定的帧
fig_samples,axs=plt.subplots(1,num_samples,figsize=(15,3))

for ax,frame_index in zip(axs,sample_indices):
    update(frame_index)                  # 更新数据到选定的帧
    fig.canvas.draw()                    # 绘制图形以更新画布
    image=np.frombuffer(fig.canvas.tostring_rgb(),dtype='uint8')
    image=image.reshape(fig.canvas.get_width_height()[::-1]+(3,))
    ax.imshow(image)
    ax.axis('off')                       # 隐藏坐标轴
    for spine in ax.spines.values():
        spine.set_visible(False)         # 隐藏边框线
# 保存每个选定帧作为图像文件
    plt.imsave(f'frame_{frame_index}.png',image)
plt.show()
```

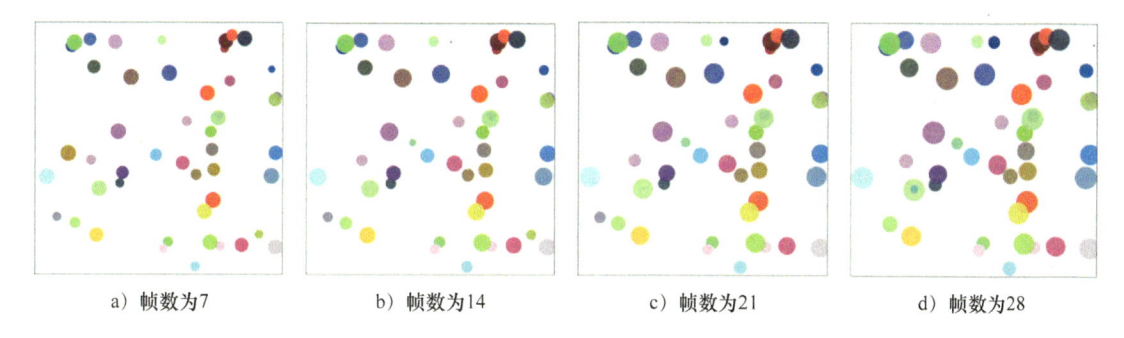

a)帧数为7　　　b)帧数为14　　　c)帧数为21　　　d)帧数为28

图 12-2　雨滴模拟动画

12.3　多轴动画

在多轴动画中,对象通常会在三维空间中沿着多个轴进行复杂的运动,这可以加深观看

Matplotlib 科研绘图：基于 Python

者对运动学、力学以及数学模型的理解。

【例 12-3】 创建一个多轴动画的示例。代码如下。

```python
import matplotlib.pyplot as plt
import numpy as np
import matplotlib.animation as animation
from matplotlib.patches import ConnectionPatch

# 创建两个子图，左边用于画圆，右边用于画正弦曲线
fig,(axl,axr)=plt.subplots(ncols=2,sharey=True,figsize=(6,2),
        gridspec_kw=dict(width_ratios=[1,3],wspace=0),)
axl.set_aspect(1)
axr.set_box_aspect(1/3)
axr.yaxis.set_visible(False)
axr.xaxis.set_ticks([0,np.pi,2*np.pi],["0",r"$ \pi $",r"$2\pi $"])
# 在左图上画圆并初始化动点
x=np.linspace(0,2*np.pi,50)
axl.plot(np.cos(x),np.sin(x),color='blue',lw=2)          # 设置圆形为蓝色线条
point,=axl.plot(0,0,"o",color='purple')                  # 设置动点为紫色

# 在右图上画正弦曲线并设置颜色为红色,线条加粗
sine,=axr.plot(x,np.sin(x),color='red',lw=2)

# 画出连接两幅图的连接线
con=ConnectionPatch( (1,0),(0,0),"data","data",axesA=axl,
        axesB=axr,color="C0",ls="dotted",)
fig.add_artist(con)
def animate(i):
# 更新正弦曲线的数据
    x=np.linspace(0,i,int(i*25/np.pi))
    sine.set_data(x,np.sin(x))
# 更新圆上的动点的位置
    x,y=np.cos(i),np.sin(i)
    point.set_data([x],[y])
# 更新连接线的位置
    con.xy1=x,y
    con.xy2=i,y
    return point,sine,con

# 创建动画对象
num_frames=100
ani=animation.FuncAnimation(fig,animate,frames=np.linspace(0,2*np.pi,
        num_frames),interval=50,blit=False,repeat_delay=100,)
plt.show()
```

下面对代码进行讲解。

1) 创建两个子图，左图用于绘制圆，右图用于绘制正弦曲线，两个子图共享 y 轴，figsize 设置图像大小，gridspec_kw 设置子图的布局参数。

2) 在左图上绘制蓝色的圆形曲线和初始化动点。使用 np.linspace 生成从 0 到 2π 的 50

个点，np.cos 和 np.sin 计算圆上的 x 和 y 坐标。在右图上绘制正弦曲线，使用相同的 x 值计算正弦曲线的 y 值。在右图上绘制红色的正弦曲线。

3）使用 ConnectionPatch 创建一条从左图到右图的连接线。

4）定义动画更新函数，更新正弦曲线、动点和连接线的位置。

5）使用 FuncAnimation 创建动画。frames 参数指定动画的帧数，这里用从 0 到 2π 均匀分布的 100 个点，interval 设置帧之间的时间间隔为 50 毫秒，repeat_delay 设置动画重复播放之间的延迟时间。

6）在图 12-3 中展示了从动画内容中选取的 6 帧动画画面，在结尾处添加如下代码用于获取图片。

```
# 均匀选取 5 个帧进行展示
num_samples=5
sample_indices=np.linspace(0,num_frames-1,num_samples).astype(int)

# 创建一个新的图形用于展示选定的帧
fig_samples,axs=plt.subplots(1,num_samples,figsize=(15,3))

for ax,frame_index in zip(axs,sample_indices):
    animate(np.linspace(0,2*np.pi,num_frames)[frame_index])
    fig.canvas.draw()                                       # 更新画布
    image=np.frombuffer(fig.canvas.tostring_rgb(),dtype='uint8')
    image=image.reshape(fig.canvas.get_width_height()[::-1]+(3,))
    ax.imshow(image)
    ax.axis('off')                                          # 隐藏坐标轴
    for spine in ax.spines.values():
        spine.set_visible(False)                            # 隐藏边框
    plt.imsave(f'frame_{frame_index}.png',image)            # 保存每个选定帧为图像文件
plt.show()
```

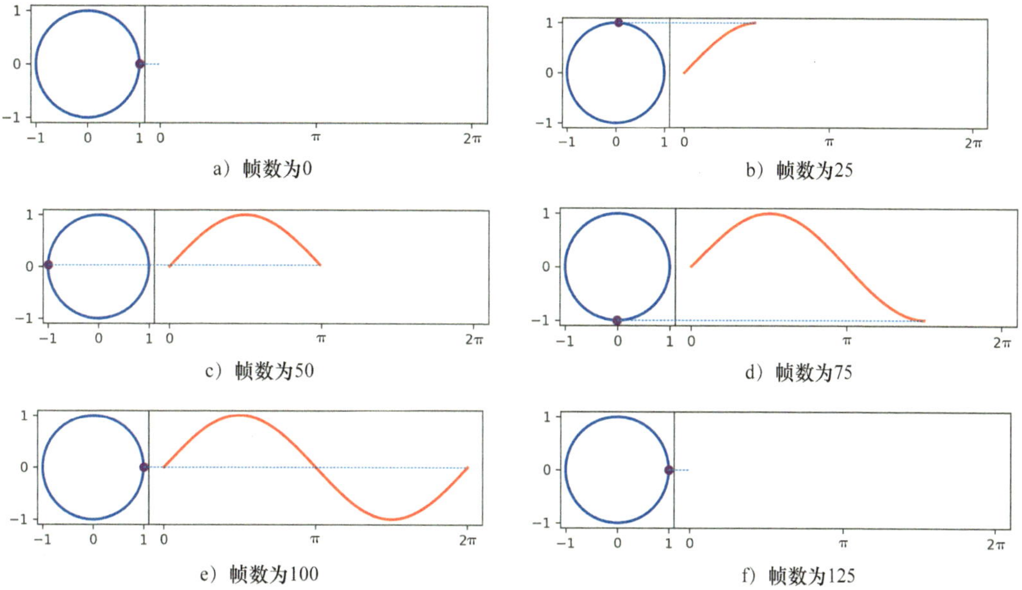

a) 帧数为0

b) 帧数为25

c) 帧数为50

d) 帧数为75

e) 帧数为100

f) 帧数为125

图 12-3　多轴动画

12.4 三维随机游走动画

三维随机游走动画是模拟了粒子在三维空间中的随机运动轨迹,通过对粒子运动进行建模和模拟,能够探索和展示复杂的随机过程,例如气体分子运动、扩散过程或流体动态。

【例 12-4】 创建一个动画,模拟线条三维随机游走的效果。代码如下。

```python
import matplotlib.pyplot as plt
import numpy as np
import matplotlib.animation as animation

# 固定随机种子以确保可重复性
np.random.seed(19781112)

def random_walk(num_steps,max_step=0.05):
    """返回一个3D随机游走数组,形状为(num_steps,3)"""
    start_pos=np.random.random(3)                              # 起始位置在[0,1)范围内随机生成
    # 每一步的步长在[-max_step,max_step)范围内随机生成
    steps=np.random.uniform(-max_step,max_step,size=(num_steps,3))
    walk=start_pos+np.cumsum(steps,axis=0)                     # 累加步长得到每一步的位置
    return walk

def update_lines(num,walks,lines):
    """更新每条线的数据以显示随机游走"""
    for line,walk in zip(lines,walks):
        line.set_data_3d(walk[:num,:].T)                       # 更新每条线的数据
    return lines

# 数据:40条线随机游走,每条线随机游走的形状为(num_steps,3)
num_steps=100
walks=[random_walk(num_steps) for index in range(40)]          # 生成40条线随机游走

fig=plt.figure()
ax=fig.add_subplot(projection="3d")                            # 创建3D轴
# 创建初始为空的线条对象
lines=[ax.plot([],[],[])[0] for _ in walks]
ax.set(xlim3d=(0,1),xlabel='X')                                # 设置x轴的属性
ax.set(ylim3d=(0,1),ylabel='Y')                                # 设置y轴的属性
ax.set(zlim3d=(0,1),zlabel='Z')                                # 设置z轴的属性
ani=animation.FuncAnimation(fig,update_lines,num_steps,
        fargs=(walks,lines),interval=100)                      # 创建动画对象
plt.show()
```

下面对代码进行讲解。

1)定义每条线随机游走的步数。walks是一个包含40条线随机游走的数据的列表,每条线数据的形状为(num_steps,3)。

2)创建3D图和轴。使用 ax.plot([],[],[])[0]创建初始为空的线条对象,这些线条将被用来绘制随机游走。

3）使用 animation.FuncAnimation 创建动画对象。fig 是要绘制动画的图形对象，update_lines 是每一帧调用的更新函数，num_steps 是动画的总帧数，fargs 是传递给 update_lines 函数的附加参数，interval 是每帧之间的时间间隔，单位为毫秒。

4）使用 np.linspace（0，num_steps-1，num_samples）均匀选择 10 个时间点的帧。

5）使用 plt.subplots(1,num_samples,figsize=(15,3))创建一个包含 10 个子图的新图，这里展示 4 张图片，如图 12-4 所示。对每个选定的时间点，调用 update_lines 更新数据，绘制当前帧并保存为图片，使用 plt.imsave 保存每个选定帧为图像文件，使用 plt.show( ) 展示包含选定帧的图像。代码如下。

```
num_samples=10                                          #均匀选取10个时间点的帧
sample_indices=np.linspace(0,num_steps-1,num_samples).astype(int)
fig_samples,axs=plt.subplots(1,num_samples,figsize=(15,3))

for ax,frame_index in zip(axs,sample_indices):
    update_lines(frame_index,walks,lines)               #更新数据到选定的帧
    fig.canvas.draw()                                   #绘制图形以更新画布
    image=np.frombuffer(fig.canvas.tostring_rgb(),dtype='uint8')
    image=image.reshape(fig.canvas.get_width_height()[::-1]+(3,))
    ax.imshow(image)                                    #在子图中显示当前帧的图像
    ax.axis('off')                                      #隐藏坐标轴
    for spine in ax.spines.values():
        spine.set_visible(False)                        #隐藏边框
#保存每个选定帧为图像文件
    plt.imsave(f'frame_{frame_index}.png',image)
plt.show()
```

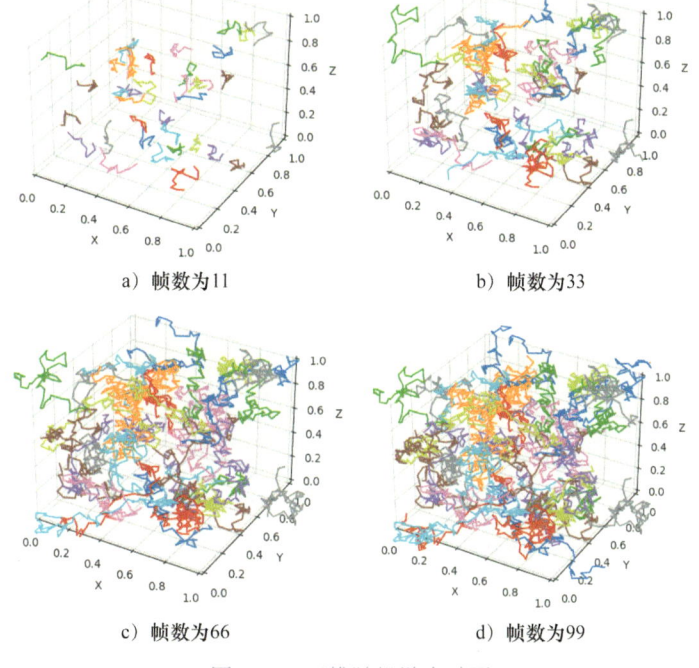

a）帧数为11　　　　　　　　　　b）帧数为33

c）帧数为66　　　　　　　　　　d）帧数为99

图 12-4　三维随机游走动画

12.5 模拟示波器的动画

通过创建示波器的动画，可以模拟实际示波器的显示界面，展示信号的实时变化、频率响应和波形特征，以下案例帮助读者掌握如何创建高效且真实的示波器动画。

【例12-5】 创建一个动画，模拟示波器的变化。代码如下。

```
import matplotlib.pyplot as plt
import numpy as np
import matplotlib.animation as animation
from matplotlib.lines import Line2D

# 定义 Scope 类用于管理绘图数据
class Scope:
    def __init__(self, ax, maxt=2, dt=0.02):
        self.ax=ax
        self.dt=dt
        self.maxt=maxt
        self.tdata=[0]
        self.ydata=[0]
        self.line=Line2D(self.tdata, self.ydata)
        self.ax.add_line(self.line)
        self.ax.set_ylim(-.1, 1.1)
        self.ax.set_xlim(0, self.maxt)

    def update(self, y):
        lastt=self.tdata[-1]
        if lastt >=self.tdata[0] +self.maxt:           # 如果时间超过范围则重置数组
            self.tdata=[self.tdata[-1]]
            self.ydata=[self.ydata[-1]]
            self.ax.set_xlim(self.tdata[0], self.tdata[0] +self.maxt)
            self.ax.figure.canvas.draw()

        t=self.tdata[0] +len(self.tdata) *self.dt
        self.tdata.append(t)
        self.ydata.append(y)
        self.line.set_data(self.tdata, self.ydata)
        return self.line,

def emitter(p=0.1):
    """以概率p返回一个[0,1) 范围内的随机值,否则返回0"""
    while True:
        v=np.random.rand()
        if v > p:
            yield 0.
        else:
            yield np.random.rand()
```

```
np.random.seed(19781112 // 10)
# 创建初始绘图
fig,ax=plt.subplots()
scope=Scope(ax)
# 创建动画
# ani=animation.FuncAnimation(fig,scope.update,emitter,interval=50,
#                             blit=True,save_count=100)
plt.show()
```

下面对代码进行讲解。

1）定义 Scope 类用于管理绘图数据。构造函数初始化绘图轴 ax、时间步长 dt 和最大时间 maxt，tdata 和 ydata 用于存储时间和对应的 y 值，Line2D 对象用于绘制线条，并添加到轴中，设置了 y 轴和 x 轴的显示范围。

2）定义 update 函数用于更新数据。首先检查是否超出最大时间范围，如果是，则重置时间和数据数组，根据时间步长添加新的时间点和数据点，并更新 Line2D 对象。

3）定义 emitter 生成器函数，以概率 p 返回一个 [0,1) 范围内的随机值，否则返回 0。

4）在图 12-5 中展示了从动画内容中选取的 4 帧动画画面，在结尾处添加如下代码进行获取图片。

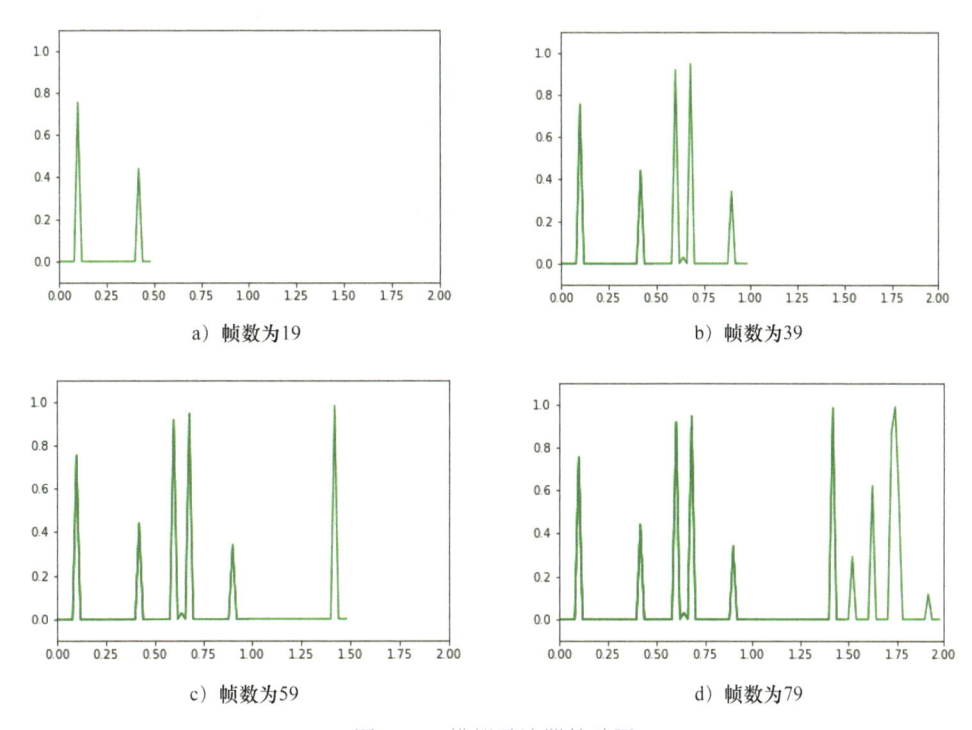

a）帧数为19

b）帧数为39

c）帧数为59

d）帧数为79

图 12-5　模拟示波器的动画

```
# 生成所有帧的数据
num_frames=80
data=[next(emitter()) for _ in range(num_frames)]
```

```python
# 均匀选取 5 个帧进行展示
num_samples=5
sample_indices=np.linspace(0,num_frames-1,num_samples).astype(int)
# 保存每个选定帧为图片文件
for frame_index in sample_indices:
# 重置 Scope 对象
    scope=Scope(ax)
    for i in range(frame_index):
        scope.update(data[i])
    fig.canvas.draw()                          # 绘制图像以更新画布
    plt.savefig(f'frame_{frame_index}.png')
# 创建一个新图显示选定的帧
fig_samples,axs=plt.subplots(1,num_samples,figsize=(15,3))
for ax,frame_index in zip(axs,sample_indices):
    image=plt.imread(f'frame_{frame_index}.png')
    ax.imshow(image)
    ax.axis('off')                             # 隐藏坐标轴
    for spine in ax.spines.values():
        spine.set_visible(False)               # 隐藏边框
plt.show()
```

12.6　本章小结

本章介绍了在 Matplotlib 中实现图形动画效果的相关方法和技巧。通过正弦曲线衰减动画、雨滴模拟动画、多轴动画、三维随机游走动画以及模拟示波器的动画，可以生动地展示数据的动态变化过程，增强数据可视化的表现力。掌握这些动画技巧，不仅能够使数据展示更加直观，还能帮助读者更深入地理解数据的动态特性和变化规律。在实际应用中，动画效果可以用于各种动态数据展示、科学模拟和工程分析，为用户提供更丰富的视觉信息和分析工具。

第 13 章 Matplotlib 整合

数据可视化在数据分析和科学研究中起着至关重要的作用，而 Matplotlib 是 Python 生态系统中最广泛使用的绘图库之一。本章将探讨 Matplotlib 与其他流行数据处理和可视化库（如 Pandas、Seaborn 和 Plotly）的结合，展示如何通过这些整合来提升数据可视化的效果。

13.1 与 Pandas 整合

Pandas 是 Python 语言的一种开源数据分析和数据处理库。它提供了强大的数据结构和数据分析工具，特别适用于处理结构化数据。Pandas 的核心数据结构是 Series（序列）和 DataFrame（数据框），它们使得数据操作和分析变得简洁高效。

【例 13-1】 使用 Pandas 处理和分析销售数据，本例为 csv 文件，文件名为 sales_data.csv，文件路径为 D:/MatPicture/sales_data.csv，文件内容如图 13-1 所示，结合 Matplotlib 进行数据可视化。代码如下。

图 13-1 sales_data.csv 文件内容

```
import pandas as pd
import matplotlib.pyplot as plt

# 导入数据
df=pd.read_csv('D:/MatPicture/sales_data.csv')
'''
csv 文件数据：
date:销售日期
product:产品名称
sales:销售数量
revenue:销售收入
'''
# 查看数据结构
print(df.head())                        # 输出略
# ①
```

下面对代码进行讲解。

Matplotlib 科研绘图：基于 Python

1）绘制产品总销售量柱状图。在①后添加如下代码。

```python
# 处理缺失值,填充为 0
df.fillna(0,inplace=True)
# 计算每个产品的总销售量和总收入
product_sales=df.groupby('product').agg({'sales':'sum','revenue':'sum'})
# 添加月份列
df['date']=pd.to_datetime(df['date'])
df['month']=df['date'].dt.to_period('M')
# 计算每个月的销售趋势
monthly_sales=df.groupby('month')['sales'].sum()
# ②

# 绘制产品总销售量柱状图
plt.figure(figsize=(10,6))
ax1=product_sales['sales'].plot(kind='bar',color='skyblue')
plt.title('Total Sales by Product',fontsize=20)
plt.xlabel('Product',fontsize=20)
plt.ylabel('Total Sales',fontsize=20)
plt.xticks(rotation=45,fontsize=13)
plt.tight_layout()

# 添加数字标签
for p in ax1.patches:
    ax1.annotate(f'{p.get_height()}',
                 (p.get_x()+p.get_width()/2.,p.get_height()),
                 ha='center',va='center',xytext=(0,6),
                 textcoords='offset points',fontsize=15)

plt.show()
```

运行结果如图 13-2 所示。

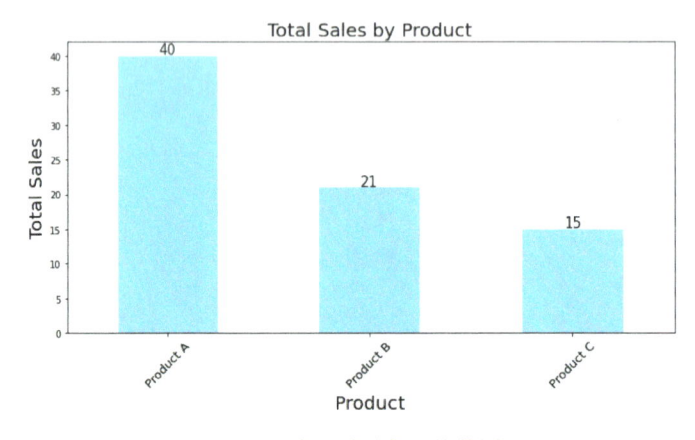

图 13-2　产品总销售量柱状图

2）绘制产品总收入柱状图。在②后添加如下代码。

```python
# 绘制产品总收入柱状图
plt.figure(figsize=(10,6))
ax2=product_sales['revenue'].plot(kind='bar',color='salmon')
plt.title('Total Revenue by Product',fontsize=20)
plt.xlabel('Product',fontsize=20)
plt.ylabel('Total Revenue',fontsize=20)
plt.xticks(rotation=45,fontsize=13)
plt.tight_layout()

# 添加数字标签
for p in ax2.patches:
    ax2.annotate(f'{p.get_height()}',
        (p.get_x()+p.get_width()/2.,p.get_height()),ha='center',
        va='center',xytext=(0,6),textcoords='offset points',fontsize=15)
plt.show()
```

运行结果如图 13-3 所示。

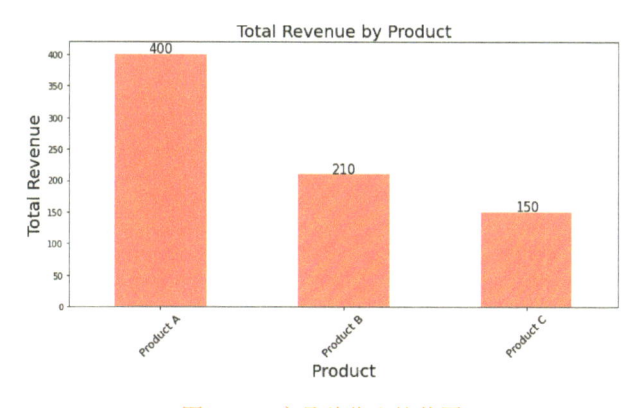

图 13-3　产品总收入柱状图

13.2　与 Seaborn 整合

Seaborn 是一个基于 Matplotlib 的 Python 数据可视化库，旨在使绘图更加简洁和美观。它提供了一些高级的接口，可以帮助用户轻松创建复杂的统计图表和绘图功能，如箱线图、条形图、点图、回归分析、分布绘图等，并且还提供了一些美观的样式、多种主题和调色板，使得用户不需要花费大量时间来调整图表外观。同时，Seaborn 与 Pandas 集成良好，可以直接使用 Pandas 数据框进行绘图。

【例 13-2】　创建汽车数据集，其中包括汽车的马力（horsepower）和重量（weight），使用 Seaborn 绘制散点图和回归线，使用 Matplotlib 进一步定制图表。代码如下。

```
import pandas as pd
import seaborn as sns
import matplotlib.pyplot as plt
```

```python
# 创建示例数据
data={'horsepower':[130,165,150,140,198,220,215,225,190,170,
                    160,150,225,95,95,97,85,88,46,87],
      'weight':[3504,3693,3436,3433,4341,4354,4312,4425,3850,3563,
                3609,3761,3086,2372,2833,2774,2587,2130,1835,2672]}
df=pd.DataFrame(data)

# 使用 Seaborn 绘制散点图和回归线
plt.figure(figsize=(10,6))
sns.regplot(x='horsepower',y='weight',data=df,
            scatter_kws={'s':50,'color':'blue'},line_kws={'color':'red'})

# 使用 Matplotlib 进一步定制图表
plt.title('Relationship between Horsepower and Weight',fontsize=20)
plt.xlabel('Horsepower',fontsize=15)
plt.ylabel('Weight',fontsize=15)
plt.grid(True)

plt.tight_layout()
plt.show()
```

运行结果如图 13-4 所示。下面对代码进行讲解。

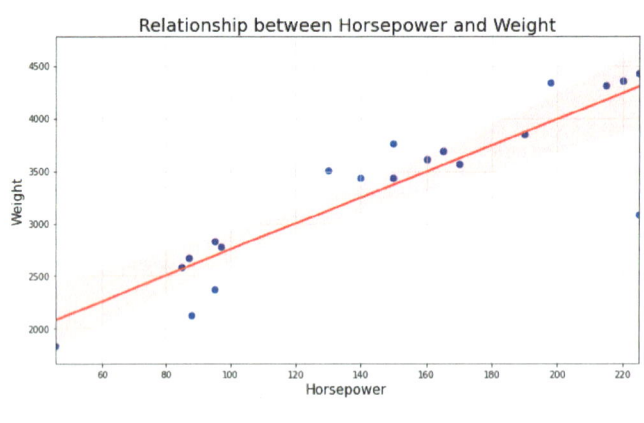

图 13-4　马力和重量之间的关系图

1）创建一个包含汽车马力和重量的示例数据集，并将其转换为 Pandas DataFrame。

2）使用 seaborn.regplot 方法创建一个包含回归线的散点图。scatter_kws 参数用于自定义散点图中的点，例如设置点的大小和颜色。line_kws 参数用于自定义回归线，例如设置线的颜色。

3）使用 Matplotlib 进一步定制图表，设置图表的标题、x 轴和 y 轴标签的字体大小，并启用网格。将生成一个散点图，其中每个点表示汽车的马力和重量，同时显示一条红色的回归线，以直观地展示两者之间的关系。通过结合 Seaborn 和 Matplotlib，可以创建美观且高度定制化的图表。

13.3 与 Plotly 整合

Plotly 是一个用于创建交互式数据可视化的开源库，支持多种编程语言，包括 Python、R、MATLAB 和 JavaScript 等。它特别适合生成 Web 应用中的交互式图表，生成的图表具有强大交互功能，用户可以通过鼠标悬停、单击和缩放等操作与图表进行互动。同时，它还提供了包括散点图、折线图、柱状图、饼图等多种图表类型。

【例 13-3】 使用 Matplotlib 绘制直方图，Plotly 绘制交互式直方图。代码如下。

```
import pandas as pd
import matplotlib.pyplot as plt

# 创建示例数据
data={'weight':[3504,3693,3436,3433,4341,4354,4312,4425,3850,3563,
                3609,3761,3086,2372,2833,2774,2587,2130,1835,2672]}
df=pd.DataFrame(data)

# 使用 Matplotlib 绘制直方图
plt.figure(figsize=(10,6))
plt.hist(df['weight'],bins=10,color='blue',edgecolor='black')
plt.title('Distribution of Car Weights',fontsize=20)
plt.xlabel('Weight',fontsize=15)
plt.ylabel('Frequency',fontsize=15)
plt.grid(True)
plt.tight_layout()
plt.show()
```

运行结果如图 13-5 所示。下面对代码进行讲解。

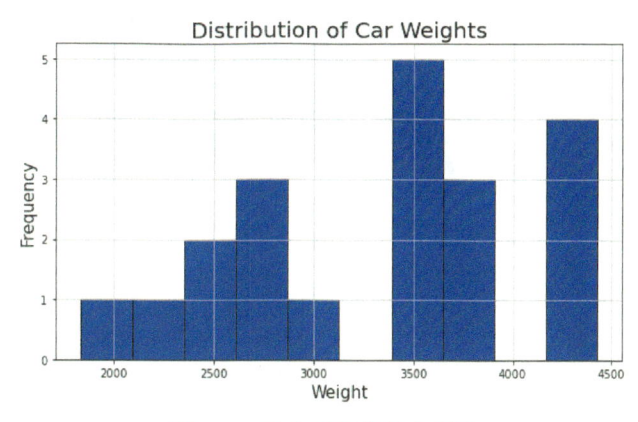

图 13-5 汽车重量分布直方图

1）创建一个包含汽车重量的数据集，并将其转换为 Pandas DataFrame。

2）使用 Matplotlib 绘制静态直方图。通过 plt.hist 方法绘制直方图，设置标题、x 轴和 y 轴标签以及网格。

3）使用 Plotly 重新创建交互式直方图。通过 plotly.express.histogram 方法创建直方图，并设置标题。通过 update_traces 方法自定义直方图条形的颜色和边界颜色。通过 update_layout 方法设置标题和标签的字体大小，可以利用鼠标悬停查看重量信息。

4）fig.show( )方法用于显示交互式图表。fig.write_html 方法用于将图表保存为 HTML 文件并自动打开。代码如下。

```python
import plotly.express as px

# 使用 Plotly 绘制交互式直方图
fig=px.histogram(df,x='weight',nbins=10,
        title='Distribution of Car Weights')
# 自定义图表
fig.update_traces(marker=dict(color='blue',line=dict(color='black',
        width=1)))
fig.update_layout(title=dict(text='Distribution of Car Weights',
        font=dict(size=20,color='black',family='Arial Black')),
        xaxis_title=dict(text='Weight',font=dict(size=20,
        color='black',family='Arial Black')),
        yaxis_title=dict(text='Frequency',font=dict(size=20,
        color='black',family='Arial Black')))        # 显示 Plotly 图表
fig.show()
# 保存 Plotly 图表为 HTML 文件
fig.write_html('histogram_plot.html',auto_open=True)
```

运行结果如图 13-6 所示。

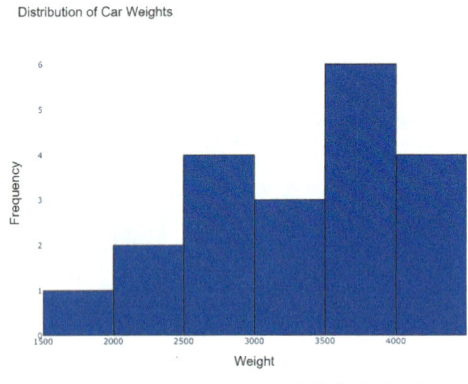

图 13-6　汽车重量交互式分布直方图

13.4　本章小结

通过本章的学习，希望读者可以掌握 Matplotlib 与 Pandas、Seaborn 和 Plotly 的结合方式，遇到问题多去了解 Matplotlib 的社区资源，不断进阶学习，了解数据可视化的未来发展趋势，从而更加全面和深入地理解 Matplotlib，并能够在实际项目中灵活应用这些知识，创建更加美观和有效的数据可视化图表。